# 日本ファッションブランドの価値創造

Value Creation of
Japanese
Fashion Brands

## 江上美幸
Egami Miyuki

中央経済社

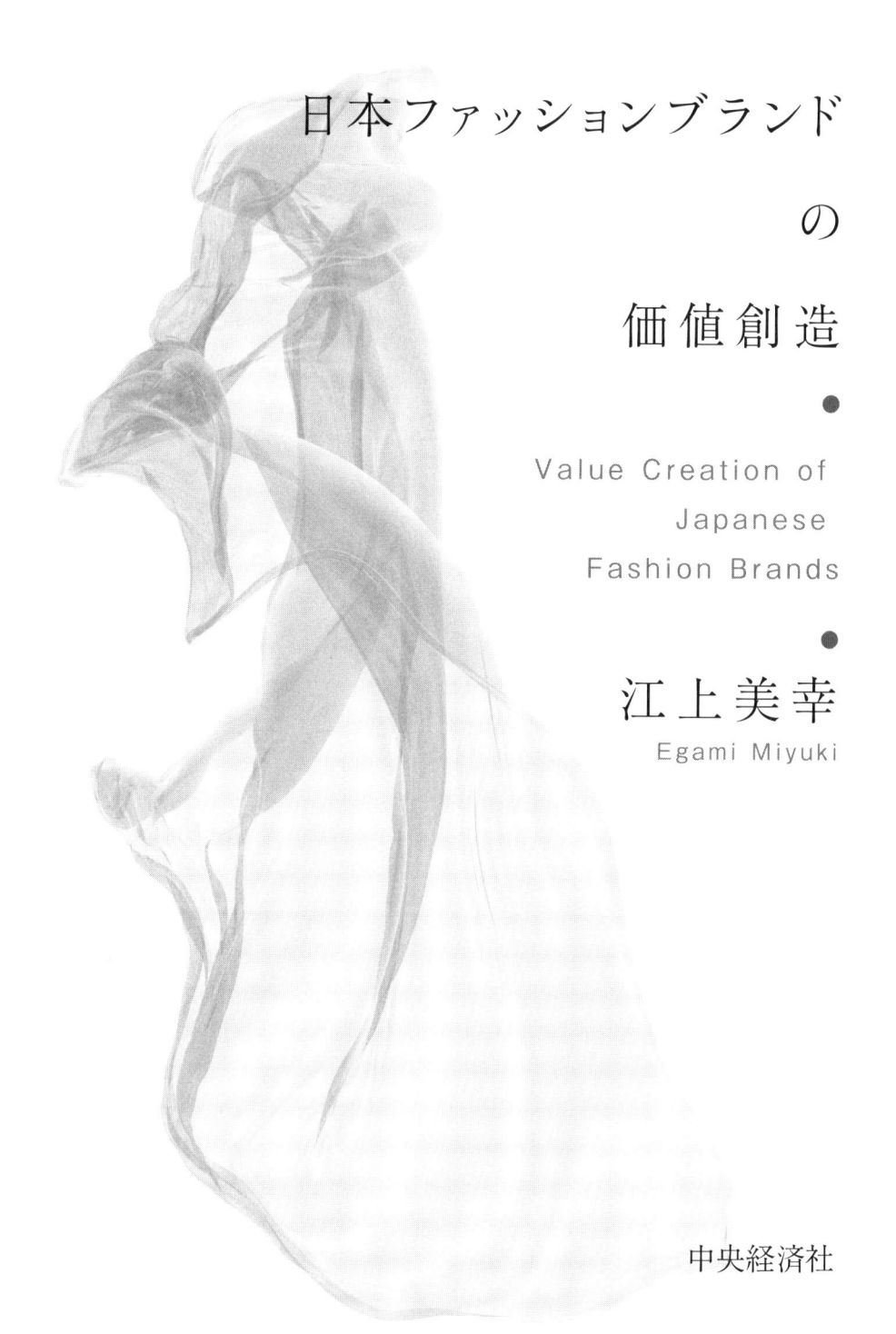

# はしがき

　本書は，日本ファッションブランドの課題として，「販路のグローバル化」と「デジタル化を通しての業態変革」に焦点を当て，それぞれの分野の事例研究から価値創造を考察し，価値次元の議論の進展を試みることを目的としています。

　背景には，1つ目として，日本のファッションマーケットが縮小化傾向にあるのと同時に，海外ファッションブランドとの競争の激化や，インバウンド旅行者及び海外からの越境ECによる日本ファッションブランドの購買により，競争相手・販売対象の国境ボーダレス化があります。このことから，これまで国内需要への傾倒傾向が強いと言われてきた日本のファッション産業に対して，日本人だけを販売対象とする発想に変化が必要なのではないかという考えが生じ，とは言え海外で既に認知の高いファッションブランドもある中で，実際に日本ファッションブランドが，グローバルマーケットにおいてどのような受容性を有するのか考察することは有用であると考えました。

　2つ目として，これまで長きにわたり日本のファッション産業を牽引してきた百貨店及び歴史ある大手アパレルの不振は，コロナ禍を明けた2023年以降，インバウンド需要の恩恵も受け好転した側面があると言えども，抜本的には問題は解決したとは言えないでしょう。また，業界全般における大量生産・大量廃棄・商品の売れ残りを前提とした価格設定への課題も継続しています。業態は慣行化し刷新され，再び慣行化される中で，近年において期待される業態とはどのようなものかと考えました。

　これらの問題意識は，筆者が中国での勤務経験を有しつつ長年日本の繊維・ファッション業界に従事し，世界のファッションマーケットをリサーチしながら，多くの日本ファッションブランドと取引をしてきたことから生じたものでした。日本ファッションブランドで働く人々は，世界のファッションやデザインのトレンド，マーケットの売れ筋情報等を常に勉強し，真摯に日夜企画・モノづくりに励み，その実直な仕事ぶりにはいつも感嘆しました。しかし，競争

相手がグローバル化する中，ただルーティンにデザインを刷新するだけのモノづくりで，果たして本当に競争優位なブランドとなれるのか，維持できるのか，筆者が長年お世話になった業界であるからこそ探求したいと考えました。

　本書では，上述の問題意識を受け，グローバルマーケットにおける日本ファッションブランドの受容性と，新しい業態として近年急成長している，ECでの販売に軸足を置くD2Cファッションブランドの特性を考察しました。そして，この2つのフィールドの価値創造を通して，学問的に議論されてきた価値次元の枠組みに進展を図りました。

　本書で提起する価値次元の理論が，日本のファッション産業のみならず，感性に重きを置く様々な産業の発展の一助となれば幸いです。

2025年1月

江上美幸

# CONTENTS

## 第5章 価値創造に関する先行研究レビュー

## 第6章 リサーチデザイン

## 第7章 調査分析 I-1：中国における 日本ファッションブランドの受容性 …… 101

## 第12章 感性重視型産業における価値創造の要諦とは …………… 229

# 第1章

# 本書執筆の背景

## 1

### 日本ファッションブランドの活性化への期待

　日本のファッションマーケットが縮小化傾向をたどり，長きにわたり日本の
ファッションを牽引してきた百貨店や大手アパレルを中心に業績が低迷してき
たと言われる（e.g., 大村, 2017; 尾原, 2016）。コロナ禍が明けた2023年以降，イ
ンバウンド需要の恩恵も影響しつつ国内マーケットは堅調な方向へ傾いてきた
と言えるが，未だに根幹的な問題は継続し，販路や業態の活性化が必要と考え
られる。

### 1.1　グローバルマーケット

　日本の国内アパレル総小売市場は，ピークであった1991年の15.3兆円から，
コロナ禍前の2019年には11兆円まで縮小し（経済産業省: 商業動態統計），少子
化・人口減少などによる今後の更なるマーケット縮小は不可避と考えられてい
る。

　日本のファッションマーケットには，マーケット規模の縮小と同時に，競争
相手・販売対象の国境ボーダレス化の傾向が見られる。具体的には，例えブラ
ンドが国内販売に留まっていても，日本に実店舗を出店した海外ブランドに加

え，近年は韓国や中国などからの越境ECの加勢により，海外ブランド勢との競争の機会が激化している。同時に，販売対象という視点において，日本から海外への越境ECや，訪日外国人による日本での衣料品の購買[1]などにより，ボーダレスを考慮する必要に迫られている。

　これらのことから，日本のファッション産業に対して，日本人だけを販売対象とする発想に変化が必要なのではないかという問題が提起される。

　日本ファッションブランドは，80年代に欧州において，ISSEY MIYAKE，COMME des GARÇONS，Yohji Yamamoto等により日本人デザイナーが脚光を浴び，2000年代からのUNIQLO，無印良品の飛躍的な海外展開に加え，日本において絶対数が多いとされる中価格帯のレディースファッションブランドもアジア進出を試みてきた経緯がある。しかし，現状，日本ファッションブランドにおいて，グローバルな販路で成功を勝ち得たと言えるブランドは決して多くはなく，国内市場の規模の大きさに依存した発想を続けてきたことから（藤田他，2017; 尾原，2016)，国際プレゼンスが低いと指摘されてきた（大谷他，2014)。

　このような背景を踏まえ，日本ファッションブランドがグローバルな視座でビジネスを構想する上で，日本のファッションがグローバルマーケットにおいて，現状どのような受容性を有するのか，日本ファッションブランドの価値創造を分析し考察することは，ファッションマーケティングの実証研究が今日まで研究の乏しい分野であったことから，有用であると考えられる。

## 1.2　新規業態

　戦後，日本で既製服が浸透するとともにファッション産業の牽引力ともなった百貨店は，1991年の9.7兆円の全国百貨店協会の売上をピークとし，コロナ禍前の2019年は6.4兆円まで減少した（日本百貨店協会統計年報)。百貨店の売り上げ減少の一因としては，「消化仕入れ」という，売れた分だけ百貨店がその商品を仕入れたと見なしアパレル企業に仕入れ代金を支払う百貨店特有の仕入れ体制が挙げられる。消化仕入れは，百貨店の販売力が強力であったからこ

そ成り立つシステムであり，百貨店の販売力が低下すると対応できるブランドが限られ，結果としてどの百貨店も似たようなブランド，商品となってしまい，百貨店の個性が失われていった（杉原・染原，2017）。

2000年以降は百貨店に代わり駅ビルを含むShopping Center（以下，SC）が脚光を浴びるが（現代ビジネス，2018），次第に，OEM（相手先ブランドによる生産）の情報やPOSデータ[2]への過度な依存から，市場は同質化された商品が溢れるようになった（馬場，2021）。

一方，1990年代後半以降に注目されたUNIQLOを代表とするSPA[3]によりファッション商品の低価格化が浸透し，2000年代後半になると，H&Mを筆頭とする低価格商品でトレンドをリードする海外のファストファッションが日本に上陸し，一大ブームを形成した。

しかし，2020年代を前に，大量生産・大量廃棄へのサステナブルな問題提起もあり，ファストファッションブームは沈静化する。同時に，日本ファッションブランドの多数を占める，百貨店及びSCに納める中価格帯ブランドにも，類似の問題が起こり，セールは常態化され，商品の売れ残りを前提とした商品単価が設定されるという，消費者側からは理不尽な現象が生じていった（杉原・染原，2017）。

こうして業態は慣行化，刷新され，再び慣行化される中で期待される業態変革とはどのようなものであろうか。本書では，日本におけるデジタル化を通しての業態変革，即ちECを舞台として近年勃興するDirect to Consumerファッションブランド（以下，Ｄ２Ｃブランド）に着目し，その価値創造を分析し検討する。なお，日本におけるＤ２Ｃブランドは2015年以降に活発化されたブランド体系であり，研究の蓄積が浅いことから，本書において価値創造を通して検討することは，貴重な知見の獲得であると考える。

# 2

研究のフレームワーク

## 2.1 日本ファッションブランドの 価値創造研究の目的

　本書は，複数の先行研究から共通する日本ファッションブランドの課題を3つ挙げ[4]，その中から「グローバル化」と「デジタル化を通しての業態変革」に焦点を当てる。前者はグローバルマーケットという視点で日本ファッションブランドの受容性に着目し，後者はデジタル化という視点で近年勃興する新規業態であるECでの販売に軸足を置く日本のD2Cブランドに着目する。これらの研究は，日本ファッションブランドの発展を考える上で重要であるにもかかわらず，研究蓄積が不十分な領域である。従って，グローバルマーケットにおける日本ファッションブランドの受容性と日本の新規業態D2Cブランドを研究対象として，それぞれの分野の事例研究から価値創造を考察し，価値次元の議論の進展を試みることを，本書の目的とする。

　1つ目の観点である，グローバルマーケットにおける日本ファッションブランドに関しては，世界最大規模のマーケットである中国を事例として，日本ファッションブランドの受容性を考察する。その際に，社会比較理論（Festinger, 1954）に基づき，日本ファッションの特徴をより明確化するために，競合する韓国ファッションと比較しイメージを分析する。そして，日韓ファッションブランドに関して純粋想起を用いてブランド認知を明らかにし，認知ブランドの特徴を分析する。さらに，純粋想起で想起率の高かったブランドであるBAPEを通して価値創造を考察する。

　2つ目の観点である新規業態のD2Cブランドに関しては，日本においてD2Cブランドが勃興して歴史がまだ浅いことから，研究蓄積が著しく乏しく，まずは体系的にどのような特性を有するのかを明らかにする。さらに，D2C

ブランドの中でも，インフルエンサーや大手アパレルの資金力に依拠するわけでなく，自らの力でブランドを急成長させたTREFLE+1（トレフルプラスワン）に対して，当該ブランドの価値創造を考察する。

　最後に，これら2つの価値創造を通して，価値次元の議論の進展を図る。具体的には，BAPEとTREFLE+1の調査から明らかとなった価値創造に関して，コンテクストデザインの理論（原田・三浦, 2012）を用いて両者の共通の概念を検出した上で，これまで不十分であった主観的な感性に関する価値概念の代表として延岡（2008）の意味的価値に対する議論を進展させる。

　意味的価値とは，商品の機能やスペックといった客観的に決まる「機能的価値」に対比する価値であり，特定の顧客が商品の特徴に関して主観的な意味づけをする感覚的な価値である。意味的価値には類似する感覚的な価値として，経験価値（Schmitt, 1999），情緒的価値（遠藤, 2007），感性的価値（青木, 2011）等の議論があり，意味的価値を含めこれら一連の感覚的な価値は商品のコモディティ化を回避する概念とされる。延岡（2008）の意味的価値以外の感覚的な価値は分類的なものであり，延岡は商品の価値を意味的価値と機能的価値の合計とすることから，本書では延岡の意味的価値を感覚的な価値の総称とし議論を進める。

　延岡（2008）は価値概念の意味的価値の中でファッションに触れ，さらに馬場（2017）は明確にファッション商品に関する多くを占める事象が意味的価値であると結論づけている。確かに，アパレルが毎週，毎月，店頭で刷新していく商品は意味的価値の創出品である。しかし，果たしてこのように一括りに意味的価値と単純に捉えて良いのであろうか。何故なら，意味的価値がコモディティ化を回避するものであるならば，ファッション商品の売れ残り問題に対して合理的説明がつかない。

　そこで，本書において，前述したBAPEとTREFLE+1の事例を用いて，意味的価値を批判的に考察し，意味的価値の議論を進展させる。ファッションに限らず，今や機能的価値が多くを占める工業的なモノづくりにおいても，感性的な価値をどのように構築していくかが重要視される時代となっている（e.g., 鷲田, 2014; 経済産業省, 2007）。本書において，最も意味的価値に比重を置いている商品の1つであるファッションを通して，より有効な価値次元の概念を

議論し発展させることは，ファッションだけに限らず多くの産業にとって意義の高い考察を得ることができると考える。

## 2.2 調査・分析の流れ

　本書は，日本ファッションブランドの課題とされる要素のうちの2つの重要な観点から，ブランドの価値創造の事例を考察した上で，最終的には価値次元の検討を行う。重要な課題とされる分野から，成功を獲得している日本ファッションブランド[5]の価値創造を明らかにすることで，他ブランド並びに他産業に示唆を与える価値次元の議論の進展を行うことができると考えられるからである。

　具体的には，1つ目として，日本ファッションブランドの，グローバルマーケットにおける受容性を考察するために，世界最大規模のマーケットである中国を事例とし，最も日本ファッションブランドが進出する，北京と上海在住者を対象に，インターネットによるアンケート調査で日本ファッションのイメージと認知ブランドの定量調査を行う。そして，アンケート調査から得られた認知度の高いBAPEを中心とする裏原系ブランドにおいて，発祥地であり外国人で賑わう裏原宿に来街する中国人の誘引性を考察するため，店舗及び来街者へのインタビュー調査と中国人へのアンケート調査を用いて分析する。その上で，BAPEとの関連を探り，事例研究として文献調査でBAPEの価値創造を考察する。

　2つ目として，ファッション専門誌等で取り上げられているブランド及び，ファッション業界で一定の評価を受けているとフィールドワーク[6]で得られた情報をもとに抽出した，日本において代表的なD2Cブランドである32のブランドを文献調査とインタビュー調査を用いて体系的な特性を探り，さらにD2Cブランドの中でも急成長するTREFLE+1を事例として企業インタビュー，参与観察，顧客インタビューを重ね価値創造を考察する。

　最終的には，上記で考察した2つの価値創造の共通概念を検出し，意味的価値を批判的に検討した上で，より効果的な価値次元の議論の進展を試みる。

## 2.3 用語の定義

### (1) 日本ファッションブランド

経済産業省（2014）によると日本ファッションブランドとは，記述の内容から概ね「日本発祥の企業のファッションブランドで，日本を拠点にファッション商品の企画・製造（ただし日本製とは限らない）・販売を行うブランド」を意味すると思われる。そこで，本書における日本ファッションブランドの定義は上記のものとし，韓国ファッションブランドにおいても同様とする。なお本書におけるファッション商品とはファッションビジネス学会（2017）をもとに，衣料品を中心として服飾雑貨を含んだ商品と定義する。

### (2) 価値創造

延岡（2011）は価値づくりを，基本的には経済学・経営学で定義する付加価値と考え，「社会的に価値の高いものづくりをすることによって，それに見合った経済的な価値を創造すること」（p.26）であるとした。付加価値とは売上高から外部購入価値を引いたものなど，数値として定義する計算式はいくつかあるが，本書では数値を導き出すことを価値創造の定義としていない。本書では，価値とは事物がどれくらい役に立つか，効用を生むか，大切に思えるかという概念と考え，こうした価値を生み出していくことを，価値創造と定義する（詳細については，第5章を参照）。

### (3) 商品と製品

小川（2009）の定義によると，メーカー（製造業者）が供給するモノを製品（Product）とし，流通業が再販売するために供給するモノを商品（merchandise）としている。しかし，文脈によっては必ずしも厳密な使い方がされているわけではないと述べていることから，本書では商品と統一して表現する。ただし，先行研究等で製品と述べられているものに関しては「製品」と表記する。

### (4) グローバルマーケット

　全世界を対象とした市場を指す。ただし，日本のファッションという視点では，日本ファッションブランドが情報ソースや販売の対象として主に考える欧米及びアジアが中心とされることが多い。

### (5) Ｄ２Ｃブランド

　Ｄ２ＣとはDirect to Consumerの略で，本来は製造業が消費者と取引をするという意味である（SB Payment Service, 2023）。ただし，本書ではファッション業界で通称とされているEC（Electronic Commerce）での販売をブランドの販売体制の軸足に置いているファッション系ブランドを指す。

### (6) 新規業態

　業態とは，もともとは小売企業の営業形態に対する区分を指し（ファッションビジネス学会, 2017），新規業態とは旧来的な業態を刷新するものを意味する。

### (7) グローバル化

　内閣府によれば，一般に，グローバル化とは，資本や労働力の国境を越えた移動が盛んになり，貿易や海外投資が拡大することで，世界経済が密接に結び付く現象を意味する。本書では特に，国境を越えての商品生産や販売，マーケティング等を指す。

### (8) 受容性

　ファッションに関係する「受容」という表現を使用した複数の文献から読み取れることとして（e.g.,川崎・川勝, 1976; 東野, 2003），「受容」とは対象から「受け容れられている」という意味で使用されている。本書における「受容性」とは上記と同様の意味をもととし，更に詳しく言えば，高い認知や広く指示を受けていることを意味する。

### (9) 中価格帯衣料

　本書における中価格帯衣料の定義は，日本ファッションブランドの多くが位

置づけられる価格帯ゾーンを指す。単価は，コートで概ね1.5万円〜10万円であり，経済産業省編集（2014）のアッパーミドルの定義をもととしている。

**(10)　百貨店系アパレル・SC系アパレル**

日本のアパレルブランドは，販売上，納入する商業施設の業態をほぼ決めている。本書では，百貨店を主として販売媒体とするブランドを「百貨店系」と称し，駅ビルを含むショッピングセンターを販売媒体とするブランドを「SC系」と称する。前者は，売れた商品だけ仕入れたとする「消化仕入れ」の体制であり，後者は賃貸料を当該商業施設に支払うという違いを有する。また，後者は前者よりも商品着用年代の若いブランドが多く，単価も前者と比較すると比較的安価という特徴がある。

**(11)　FL性**

FLとはファッション・リーダーシップの略として本書で使用している。ファッション・リーダーシップとはGutman & Mills（1982）を中心に尺度化された概念であり，Rogers（1962）の普及学を基盤にファッションの採用と普及のフレームワークを構築したSproles（1979）の流れを組む（McLean, 1980）。FLとは一般の消費者より先んじて新しいファッションを取り入れる消費者群であり，後続する人々に影響を与える。

**(12)　ストリートファッション**

ストリートファッションとは，広義には，街に集まる若者より自然発生的に生まれたファッションを指すが，本書では中村（2006）の定義を引用し，HIP HOPスタイルやスポーツカジュアルの要素をベースに古着などを組み合わせたファッションテイストのこととする。なお，広義のストリートファッションを意味する時は，「ストリート発のファッション」としている。

**(13)　裏原系**

1990年代，大通りを避けた裏原宿という裏路地で発生したストリートファッションであり，スケートボードやHIP HOP音楽など，ストリートカルチャー

と親和性の高いメンズを中心としたファッションである（藤田他, 2017）。その始まりは1993年のBAPEを創設したNIGOこと長尾智明とUNDERCOVERを創設した高橋盾によるNOWHEREという店舗のオープンとする（三田, 2006）。続いて, 1994年にNEIGHBORHOODが創設され, 当該地区に類似したファッション系店舗が林立していった。

　裏原系の特徴として, 多くの店舗及びブランドが独立系小資本であったがために, 少品種少量生産であったことから, 希少性の高いアイテムによるコーディネイトが最先端という価値観を生み出した（渡辺, 2019）。やがて, ブームは沈静化したものの, 日本におけるインバウンドブームとともに, 外国人によって裏原宿は賑わっていった（江上, 2022a）。

⒁　ポップアップショップ

　ポップアップとは英語で突然現れるという意味を示し, 本書ではポップアップショップは, 期間限定の実店舗を意味する。

# 3

## 本書の構成

　本書は第1章から第12章までの全12章で構成する（図表1-1）。第1章と第2章をフェーズⅠとし, 研究前提について述べる。第1章では, 研究の背景として, 日本のファッションマーケットの縮小傾向とアパレルの不振を述べ, グローバルな視点と新規業態の重要性を提起する。そして, 本書の目的として, 価値次元の議論に関する進展を述べた上で, 調査・分析の流れを示し用語の定義を確認する。第2章では日本のファッション産業の変遷を振り返りながら, 日本ファッションブランドの現状を分析し課題を抽出する。

　第3章から第6章をフェーズⅡとし, 先行研究レビューとリサーチクエスチョンについて述べる。第3章では日本ファッションブランドのグローバル性に関する先行研究, 第4章では日本ファッションブランドの業態変革に関する先行研究, 第5章では価値創造に関する先行研究をレビューし, 第6章で先行

図表1-1　本論文の構成

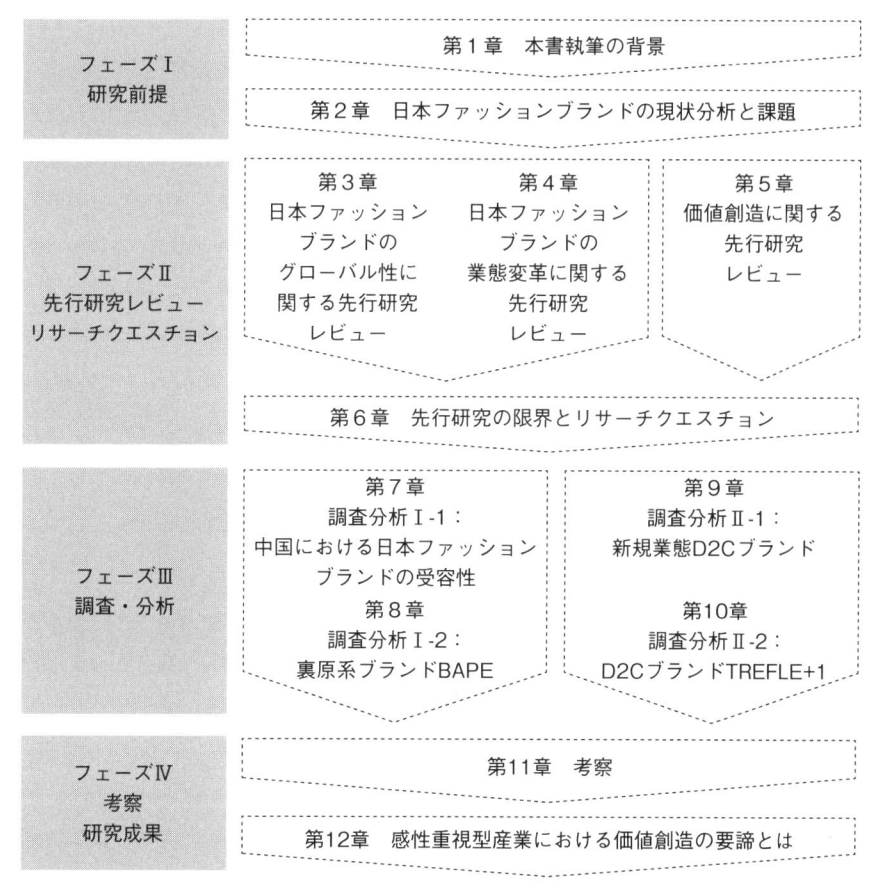

出所：筆者作成

研究の限界とリサーチクエスチョンを提示する。

　第7章から第10章をフェーズⅢとし，調査・分析について述べる。第7章では中国における日本ファッションブランドの受容性を考察し，第8章では，第7章で抽出されたBAPEを中心とする裏原系ブランドの発祥地である裏原宿を調査・分析してBAPEとの関連を探り，BAPEの価値創造を考察する。第9章では，新規業態であるD2Cブランドの体系的な特性を分析し，第10章におい

て，Ｄ２Ｃブランドの中で急成長するTREFLE＋１の価値創造を考察する。

　第11章と第12章をフェーズⅣとし，考察及び研究成果について述べる。第11章では調査・分析結果の考察を行い，設定された本書の目的を明らかにする。第12章は，価値創造と本書で進展させた価値次元を示し，政策提言及び今後の研究課題を提示し結語とする。

---

<注>　1）　コロナ禍前の2019年は訪日外国人の３人のうち１人が衣料品を購入していた（観光庁, 2019）。

　　　2）　POSレジで取得できる顧客の消費行動をデータ化したもので，どの商品が，いつ，どこで，いくらで，どのくらい販売されたかという情報が入手できる。

　　　3）　Speciality Store Retailer of Private Label Apparel：製造小売業の略。ファッション商品の企画から生産及び販売までの機能を，１つのアパレルブランドにより垂直統合したシステム。

　　　4）　３つの課題の詳細は第２章３日本ファッションブランドの課題で述べている。

　　　5）　ここで言う「成功を獲得しているブランド」とは，議論している分野の議題において成功をしていることである。具体的には，本書の議題とする１つ目のグローバルマーケットでの受容性に関しては受容性を獲得できているブランド，２つ目の新規業態Ｄ２Ｃブランドに関しては急成長していることである。更なる詳細は，前者は第８章２，後者は第10章に記述している。

　　　6）　ファッション関連企業５社へ現在話題になっているＤ２Ｃブランドをフィールドワークの中で聴取した。

# 第2章

# 日本ファッションブランドの
# 現状分析と課題

　日本のファッション産業は，長期にわたり日本の業界を牽引してきた百貨店，大手アパレルが，次々に再編やリストラを強いられるなど厳しい状況にある。しかし，加速するデジタル化やグローバル化，消費の多様化や気候変動などの環境問題への意識の高まりといった世界の大きな潮流により，ファッション業界を取り巻く環境も変化する中で，業績向上している企業も当然ながら存在する。

　本章では，本書で議論する日本ファッションブランドの価値創造にあたり，まずは現代のファッションビジネスの起点となる欧州の事象を振り返り，次に日本の洋装化を経たファッション産業の変遷及び価値獲得について現状分析を行い，日本ファッションブランドの課題を抽出する。

# 1

## 欧州に見る現代ファッションビジネスの起点

　ファッションビジネスの起点を振り返れば，1858年のパリにおける英国人織物商Charles Frederick Worthによる，オートクチュール（高級仕立服）システムの構築によるビジネスが挙げられる（中野, 2020）。Worthが提供したシステムとは，Worth登場以前までの服作りのシステムである，服の仕立要望者が自身で購入した生地や装飾品を仕立屋に持参することでデザイン提供を受け縫

製されるものとは異なり，一人のデザイナーの名の下，一貫して服の制作が行われるものであった。Worthは，デザイナーが服地の選定及びデザインした服のサンプルを用意してモデルに着用させ，顧客やバイヤーに披露して選ばせ，それぞれの顧客の身体サイズに合わせて服を仕立てる販売方法を構築したのである（中野, 2020）。

このシステムをもとに，ファッションモデルという職業が創出され，販売した自社ブランド衣料へのブランドラベルが縫い付けられるとともに，デザイナーである自身の対外的PRがなされ，Worthはブランドビジネスの創始者として現在に連なるブランドのシンボル的デザイナーの先駆者となった（中野, 2020）。

1868年，Worthにより創設された「フランス・クチュール組合」は，1911年Paul Poiretによって改組され，今日に至る。加盟店はメゾンと称し，生地の選定から縫製まで一貫して行うアトリエを持っているため，従来の仕立屋と異なる大規模な経営が可能となったが，顧客は上流階級に限られた（渡辺, 2011）。

1960年代までモードの主体であったオートクチュールに代わり，1970年代になるとプレタポルテが台頭し，ファッションの主体的地位を担うようになった（渡辺, 2011）。プレタポルテ（prêt-à-porter）とは，prêtは「用意ができている」，porterは「着る」という意味であり，一般的には「高級既製服」と訳され，オートクチュールのデザイナーの作る既製服を一般の大衆既製服と区別するために用いられた名称である（渡辺, 2011）。1960年代中頃になると，それまでパリ・オートクチュールのデザイナーであったYves Saint LaurentやSonia Rykielがプレタポルテで発表するようになり，1970年代には高田賢三や三宅一生などオートクチュールには携わらず，プレタポルテを専門にデザイン活動をするデザイナーが出現し，ファッション界への影響力はオートクチュールを凌駕し1980年代に隆盛期を迎えた（渡辺, 2011）。

多くの日本のファッションブランドは，プレタポルテ・ブランドのコレクションから発信されたトレンドを模範として，長期にわたり商品企画を構成してきた。しかし，オートクチュールが半世紀で新奇性を失ったように，現代ではプレタポルテも，ビジネスでの利益を本来の服作りからではなく，バッグ，コスメ，香水やライセンス商品から得ているブランドが多いことから，コレク

ションを頂点とした構造の存在が問われるようになっている（渡辺, 2011）。

1980年代以降，デザイナー主導のコレクションからの発信に代わり，ストリートから発信されるファッションの影響力が増している。今日では新しいファッションの提案はデザイナーからの一方的な「上」から「下」へ流れるトリクルダウンではなく，ストリート発のファッションのような「下」からのインスピレーションを得て，デザイナーたちが創造する場の「上」へと昇華し，そこで新しいファッションに再構築されて，再び消費者に到着するような，トリクルアクロス的なリレーションシップが一般化されている（渡辺, 2011）。

# 2

## 日本ファッション産業の変遷とその価値獲得

本節では，日本の洋装化の軌跡をたどり，次に洋装の一般化によって戦後発達したファッション産業の変遷を分析し，年代ごとのファッションにおいて獲得した価値に関して考察する。

### 2.1　日本の洋装化

日本の洋装化は，幕末以降，海外の要人と接する機会のある上流階級の男性から始まっていく。例えば明治天皇であり，欧米に派遣された使節団である（フェデリカ, 2014）。1871年の散髪脱刀令の公布により，男性の洋装化は進み，特に公務員の制服は洋服となった。一方，女性の洋装化は，1880年代半ば，皇族や上流階級の女性を対象として，政府の推進する社交界の「欧化政策」から始まる（フェデリカ, 2014）。鹿鳴館が社交の場として建築され，上流階級の女性たちは舞踏会に参加するため，当時欧米で流行していた，コルセットで腰を細くし，スカートの後ろ部分を膨らませたバッスル・スタイルのドレスに身を包んだ（森井, 2018）。

ただし，女性の洋装化が一般庶民に浸透するには時間がかかり，女性が洋服

を楽しむようになったのは，大正時代に入り，社会進出を果たす女性が出現することになってからであった。所謂，「モダン・ガール」は先進的な女性の象徴で，1920年代〜1930年代，断髪に帽子，直線的なラインの洋装で都市部に現れた女性たちがモダン・ガールと呼ばれた（安蔵・小泉, 2008）。アメリカからジャズや黄金時代のハリウッド映画が国内に持ち込まれ，大衆の娯楽として定着した時代，彼女たちはハリウッド映画の女優を模したスタイルで街を闊歩し，その姿は憧れの対象となった一方で，新奇なありようは奇異と見なされ，不良と揶揄されることもあった。

1920年代から太平洋戦争前まで，洋装化は，特に女性においては，まだ一部を対象としたものであったものの，確実に浸透の様子を見せていた。しかし戦時下に入り中断し，和服を活動しやすく改良したモンペが一般化していった（南目, 2021）。

## 2.2 日本のファッション産業の変遷

### (1) 洋装化と洋裁学校

日本のファッション産業が活発化するのは戦後である。1945年の終戦を迎え，物資不足の中，戦時中からの男性の国民服や軍隊時代の復員服，女性の服装はモンペといった粗末なスタイルの中で，特に女性のファッションへの熱望は瞬く間に表出していった（千村, 1996）。オシャレをしたい願望と洋服への憧れは婦人服雑誌が相次いで創刊されたこととして現れ，1945年に『婦人画報』，1946年に『主婦と生活』『季刊ソレイユ』『モード・エ・モード』『スタイルブック』の創刊，『装苑』『スタイル』の復刊，1947年には『婦人生活』『月刊ひまわり』『洋装』，1949年には『ドレスメーキング』の創刊と，洋服スタイル志向が見られるようになった（千村, 1996）。

次々に創刊された雑誌とともに，日本において洋装文化が定着し始め，浴衣を解いてドレスにすることや婦人服雑誌に付属された型紙から洋服を仕立てるといったスタイルが流行し，洋裁学校ブームが生まれた（康, 1998）。即ち，衣服は家庭内又は仕立屋で仕立てることが一般的な時代であった（木下, 1990）。

　既製服の大量生産は1950年代後半頃から始まった（康, 1998）。1953年に日本で開催されたChristian Diorのファッションショー及び1956年に提携された大丸とのライセンス契約[1]を皮切りに，1960年のPierre Cardinと高島屋，Nina Ricciと松坂屋，1962年のTed Lapidusと西武百貨店，1963年のPierre Balmainと伊勢丹などの提携は，パリ・クチュールの日本の大衆へのアピールとして，既製服化の促進剤になったと言われる（康, 1998）。

### (2)　大手アパレルの台頭

　女性のファッションは1950年代から様々な洗礼を受けてきたが，男性のファッションが注目されたのは女性のファッションより遅れて1960年代からであり，VANがアイビールックで若い男性たちを中心に魅了した（千村, 1996）。1960年代中頃以降には，婦人服メーカーの活動は際立ち，レナウンのCMは画期的な映像で人々に印象づけたことから「宣伝のレナウン」と呼ばれ，対して1959年に女性服に本格参入していた樫山（現　オンワード樫山）は「販売の樫山」と言われていた（千村, 1996; 康, 1998）。この段階からアパレル産業は「つくれば売れる」時代から脱皮し，マーケティングの役割が大きくなり始めた（康, 1998）。

　同時に，上記アパレルの他に百貨店納入アパレルとして東京スタイル，専門店納入アパレルとしてのワールド，イトキンなどが，1960年代後半になって飛躍的に成長していった（千村, 1996）。

　また，ファッションの販売チャネルとしての伊勢丹，高島屋，三越，大丸などの大手百貨店は，日本の高度成長に合わせて売り上げを伸ばし，当時は消費者の志向をそのまま反映しているとみなされていた（千村, 1996）。1960年代後半頃から，鈴屋，三愛，タカノ，タカキューなどがクローズアップされ（日本ファッション教育振興協会, 2003），中でも鈴屋はマンションメーカー[2]から個性的な商品を揃えると同時に，若い女性にターゲットを絞ることによって1965年の売上額が20億円から1970年には100億円と5倍の売上を計上した（千村, 1996）。量販店が拡大し，マスファッションの巨大マーケットが形成されたことも，1960年代の特徴である（千村, 1996）。

### (3) DCブランドブーム

　1970年代になると，デザイナーズ＆キャラクターズの略であるDCブランド[3]が登場し，より個性化したファッションが創造されるようになった。DCビジネスとは，創り手であるデザイナーの感性をダイレクトに伝えることであり，商品，店舗，販売方法，販促にいたるまで，1つのイメージで推進するものであった（日本ファッション教育振興協会，2003）。

　1970年代中頃になると，セレクトショップと呼ばれるBEAMSやSHIPSのファッション専門店が創業され，1960年代から主であったマスターゲティングとは異にした，ターゲット層を絞り込んで立地に合わせて店ごとのマーチャンダイジングを行う戦略がとられるようになった（日本ファッション教育振興協会，2003）。

　さらに，戦後直ぐに次々と創刊された「暮らし」や「洋裁」に重きを置いた婦人服雑誌と異にした，読者対象を絞り込みファッション情報を提供していくファッション雑誌が相次いで創刊され，人々のファッションへの関心及び個性化が促進されていった。具体例を挙げると，外国人モデルを起用しDCアパレルの特集でそれらのファンを惹きつけた『anan』，『anan』よりメジャーなコンテンポラリーファッションでティーンをターゲットにした『non-no』，ニュートラ[4]やハマトラ[5]を特集し，高級ブランド志向のお嬢様ルックを発信した『JJ』など，現代でもメジャーな女性ファッション誌に位置づけられている（千村，1996）（図表2-1）。

**図表2-1　ファッション誌の創刊**

| 雑誌名 | 創刊年 | 出版社 | 内　　容 |
|---|---|---|---|
| anan | 1970年 | 平凡出版（マガジンハウスの前身） | 外国人モデルを起用した表紙が目を引く。71年頃から早くも三宅一生や高田賢三を特集し，72年にはDCアパレルの牽引役であるNICOLE，PINK HOUSE，BIGI等を特集しファッションフリークを惹きつけた。 |
| non-no | 1971年 | 集英社 | 『anan』に対し，よりメジャーなコンテンポラリーファションを求めるハイティーンをターゲットにしたもので，アパレルメーカーのカタログ雑誌的な情報を発信していた。 |
| JJ | 1975年 | 光文社 | ニュートラの特集に始まり，高級ブランド志向のお |

| | | | 嬢様ルック，山の手若奥様ルック，お上品ルックといったファッションで紙面が構成され，70年代終わり頃からは，より若いハマトラを打ち出してターゲットの拡大を図った。 |
|---|---|---|---|
| POPEYE | 1976年 | マガジンハウス | 都会派の若いメンズファッションとしてスポーティーなカジュアルファッションの仕掛け的役割を担った。 |
| Olive | 1982年 | マガジンハウス | 『POPEYE』の妹版として登場。ロマンティックガールを謳う。 |

出所：千村（1996）をもとに筆者作成

　1970年代から1980年代にかけての日本のファッション産業の特徴としては，世界を圧巻させる日本人ファッションデザイナーの躍進が挙げられる。1971年に高田賢三のKENZO，1973年に三宅一生のISSEY MIYAKE，1981年に川久保玲のCOMME des GARÇONS，山本耀司のYohji Yamamotoがパリ・コレクションでデビューし脚光を浴びた。バブル経済と呼ばれる好景気時代の1980年代はDCブランド成熟期を迎え，ニュートラ，ハマトラ，ボディコン[6]といったファッションスタイルのブームを生んでいった（藤田他, 2017）。

**(4)　SPAブランドの出現とストリート発のファッションへの注目**

　1990年代はバブル経済崩壊やデフレ経済を通じて低価格SPA（Specialty store retailer of Private label Apparel）ブランドが出現した。SPA企業とはアパレル企業と小売企業の機能を併存させた製造小売業のことであり，ブランドの特性を生かした店作りや品揃え，販売サービスを行うのが特徴である（日本ファッション教育振興協会, 2017）。SPAのシステムにより店頭からの声が企画部門に即時に届き，クイックレスポンスという形でファッションの動向を際限まで見て，商品企画や在庫調整を小刻みに行うことができるようになった。

　また，若者を中心に，自由な発想でファッションをコーディネイトし自身の個性を表現するようになった流れの中で，ストリート発のファッションが台頭し（経済産業省, 2022a），渋谷の若い女性の間では，金髪・厚底靴・ルーズソックスのギャル系，若い男性の間ではアメリカのHIP HOPの影響を受けた裏原系が生まれていった（藤田他, 2017）。

　1990年代後半，国内に鮮烈な印象づけをなしたのが，低価格高品質を打ち出したUNIQLOの出現である。1984年の開業以来，ローカルのカジュアルチェーン店という認識でしかなかったUNIQLOが，1998年に若者のファッションタウンである原宿に出店してイメージを一新し，全国にフリースブームを巻き起こした（川嶋，2008）。UNIQLOはその後も低価格高機能ジーンズを打ち出すことで世間を席巻し，バブル経済崩壊後のデフレ時代の象徴と位置づけられていった（WWD，2018a）。

### (5)　SPAブランド・セレクトショップ・ファッションビルの盛況

　2000年代になると，1990年代までファッションの牽引力であった百貨店は売り上げを落としていった。百貨店の市場規模のピークである1991年は9.7兆円であったのに対し，2009年にはついに7兆円を割ったのである（日本百貨店協会）。一方，売上を拡大していったのはUNIQLOやしまむらであり，進化したセレクトショップやギャル系と言われるレディース専門店，駅ビル型ファッションビルなどであった（松下，2010）。代表的な専門店としてBEAMS，SHIPS，UNITED ARROWSに加え後発のTOMORROWLAND，BAYCREW'Sが五家と称され，オリジナル商品とインポートを中心とする仕入れ商品を織り交ぜた商品群に，洒落た雰囲気の店内と高い接客技術が特徴とされる。これら五家の合計売上額は1988年に約500億円であったのに対し，10年後の2008年には2,475億円と約5倍にまで拡大した（松下，2010）。

　ギャル系レディース専門店では渋谷109を基点とするセクシーカジュアル系ブランドが台頭し，同ファッションビルの売上は1994年度の149億円から2008年度には286億円とほぼ2倍と拡大した（松下，2010）。セレクトショップや大人向けのリアルクローズなどの専門店を集めた駅ビル型ファッションビルのルミネも，1998年度は売上高が1,527億円だったが，10年後の2008年には2,652億円と大幅に売上を拡大した（松下，2010）。

### (6)　ファストファッションブランドとラグジュアリーブランド

　2000年代後半には，日本のファッション界にとって重大な出来事が起こる。2008年H＆Mが銀座に日本1号店，原宿に2号店をオープンし，続いて2009年

にFOREVER 21が原宿にオープンしたことを契機に，日本においてもファストファッションが一大ブームとなっていった。ファストファッションとは藤田他（2017）によると，低価格で最新のオシャレなアイテムを提供し，多くの場合SPA形式を採用しているブランドである。ファストファッションのブームが全国的に普及したことにより，誰もがこれまで以上に手軽に流行を楽しめるようになった（経済産業省, 2022a）。

　一方，安価なファストファッションとは逆にラグジュアリーブランドの受容性も高まっていった。背景としては，ラグジュアリーブランドの巨大なグループ編成とされるコングロマリット化の急速な進展で[7]，莫大な資金を用いて豪奢なプロモーションを行い，日本・中国を筆頭にアジア市場をはじめ，世界中に新規出店を図った。こうして，ファストファッションとラグジュアリーファッションという二極化が定着していった。

### ⑺　ファッションのコト消費

　2000年代より，インターネットの普及からブランドとの接続性や消費者からの発信が一定程度なされていたが，2010年代以降は更に，スマートフォンやSNSの全面的な浸透から常時ネット環境に接続され，情報を享受・発信することが常態化した。発信はブランド側からだけではなく，消費者からも衣服やアクセサリーの着用及び自身を取り巻くライフスタイル全体を発信し，自己表現することが見られるようになった。

　同時に，アパレルにライフスタイル提案を打ち出すことを重視する傾向が現れた（大村, 2017）。消費者側も，生活自体がファッション化したことにより，モノ（商品やサービス）を所有することだけでなく，いかに物事を体験するかというコト消費に重きが置かれる傾向が高まっていった（経済産業省, 2022a）。

## 2.3　価値獲得の変遷

　本項では，日本のファッション産業の変遷を概観しながら，価値獲得の変遷を考察する。

図表2-2　日本のファッション産業における価値の変遷

| 年代 | 価値の担い手 | 産業の背景と創造された価値 | | | | | |
|---|---|---|---|---|---|---|---|
| | | 高度経済成長・生活にゆとり | ファッション市場の急拡大 | 日本人デザイナー | 個性化バブル崩壊と流通革新 | ネット普及・グローバル化 | デジタルモバイルSNS |
| 1960年代 | 製造業 | おしゃれな既製服 | → （定着） | → | → | → | → |
| 1970年代 | アパレル流通業 | | 流行 | → （定着） | → | → | → |
| 1980年代 | デザイナーブランド企業 | | | ブランド | → （定着） | → | → |
| 1990年代 | ストリートファッション・SPA | | | | 多様性・価値ある価格 | → （定着） | → |
| 2000年代 | ファストファッション・ラグジュアリーブランド | | | | | 流行獲得の利便性 | → （定着） |
| 2010年代 | ライフスタイル・SNS | | | | | | 経験・共創 |

出所：尾原（2016）をもとに筆者作成

　図表2-2の通り，1960年代には高度経済成長により生活にゆとりができたものの，アパレルの認知はまだ低く，製造業という認識の中で「おしゃれな既製服」を価値として提供していた。

　1970年代はファッション市場が急拡大するとともにアパレルの認知度が高まり，企業の主導によって流行が発信された。1980年代になると，パリ・コレクションで活躍する日本人デザイナーが出現し，DCブランドのブームでファッションブランドの享受が高まった。

　1990年代は企業からではなく，ストリートからファッションが生まれることで多様性が芽生え，バブル経済崩壊を経て流通革命からSPAアパレルが出現し，価値ある低価格商品が打ち出されるようになった。

　2000年代はインターネットの普及とファッションのグローバル化が進んだ中，ファストファッションブームと同時に起こった対局のラグジュアリーブランドの受容性の高まりにより，「流行」を獲得し自身で自由自在に着こなすことが容易となった。

　2010年代には，常時モバイルで接続されることが恒常化された環境の中で，SNSによるファッションの受信及び発信が日常化し，ファッションを包含した

ライフスタイルという概念も現れた。

# 3

## 日本ファッションブランドの課題

　経済産業省（2022b）「2030年に向けた繊維産業の展望」によると，日本の経済・社会を取り巻く環境が大きく変化する中，主要な論点として，サステナビリティ，グローバル化，デジタル化を掲げ，ファッションを含んだ繊維産業は，変化対応を迫られていると指摘されている。これらは近年の日本のファッション業界の主要な議題であり[8]，業態を変革していく必要があることから，本節ではサステナビリティ，グローバル化及びデジタル化を通しての業態変革に焦点を当て分析する。

### 3.1 サステナビリティ

　近年，ファッション産業は石油産業に次ぐ環境負荷産業と言われ，サステナビリティの観点から議論が高まっている（片岡, 2023; 福田, 2023）。この議論はFlectcher（2010）やTodeschini et al.（2017）が主張するように，2000年代以降から20年程の間で，世界におけるファストファッションの爆発的な受容への注目から特に高まったと考えられる。つまり，ファストファッションは安い単価と最新の流行で消費者を刺激し，手軽に楽しめ安易な買い替えが頻繁に起こることから大量廃棄にも繋がり，生産，運搬，廃棄面での環境付加が高いと言われる（Todeschin,et al., 2017）。しかし，過剰生産はファストファッションに限ったことではない。日本のアパレル企業の多くが，価格設定を行う時点で，既に大量の売れ残りを前提にしていることが大きく問題視されている（杉原・染原, 2017）。

　ファッション業界において生じるサステナブル社会への問題は，余剰在庫の廃棄問題，$CO_2$排出量の問題，生産時に生じる水の大量消費問題，合成染料

の使用による水質汚染問題，毛皮衣料の消費による動物愛護問題，労働環境問題等，多岐にわたる（市川，2019）。

日本総研（2020）「環境省令和2年度ファッションと環境に関する調査業務－ファッションと環境調査結果－」によると，衣類の国内新規供給量は国内で生産された2.0万ｔ及び海外から輸入した79.9万ｔと併せて81.9万ｔと推計される。その内5.8万ｔが在庫に回されるが，事業所から3.6万ｔが手放され，家庭からは中古購入を加えた75.1万ｔが使用後に手放される。また，事業所から10％に当たる0.4万ｔがリユース，51％に当たる1.9万ｔがリサイクルに回され，家庭からは20％に当たる15.0万ｔがリユース，14％に当たる10.4万ｔがリサイクルに回される。

廃棄される推計量は51.0万ｔであり，事業所からの1.4万ｔと家庭からの49.6万ｔの合計である。即ち，衣類の国内新規供給量の96％が事業所及び家庭から手放され，62％が廃棄処分に回される。この数値を見ても，いかに衣料生産と供給の関係に無駄が多いかが分かる（図表2-3）。

**図表2-3　国内の衣類新規供給量と廃棄量**

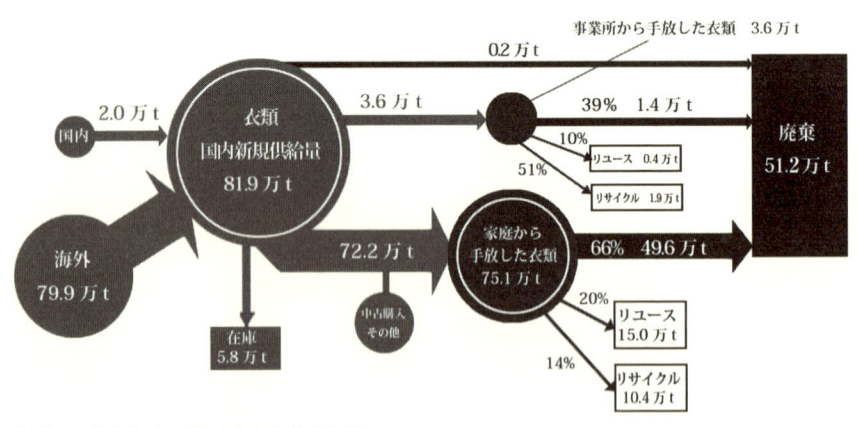

出所：日本総研（2020）をもとに筆者作成

$CO_2$排出量に関しては，国内に供給されている衣類の原材料調達から廃棄までを通して95百万ｔ排出されると推計され，世界のファッション産業から排

出される$CO_2$の4.5％に相当し，日本の$CO_2$総排出量の0.8％にあたる9.7百万 t を排出している。水消費に関しては，国内に供給される衣類が生産に必要な水の量が83.8億$m^3$と推計され，世界のファッション産業で消費される9.0％に相当し，日本国内で消費される水利用の10.4％に当たる（日本総研, 2020）。

　$CO_2$排出量と水消費量を服1着あたりの生産に換算すると，$CO_2$排出量は原材料調達や紡績及び染色工程などで，ペットボトル255本分の製造時における$CO_2$排出量に相当し，水消費量においては風呂水約11杯分と同等とされる（環境省, 2021）。

　農薬や化学肥料による土壌汚染，海洋流出するプラスチックのうち約35％を占めると言われる化学繊維の家庭洗濯時に生じる繊維くず（マイクロプラスチック）も環境負荷が高い（日本総研, 2020）。

　そして，生産地域の人権問題は大きな課題とされる。1997年にアメリカのスポーツメーカーによる，発展途上国での劣悪な環境下における児童労働問題が社会問題となった。2013年にはバングラデシュで縫製工場が入ったラナプラザが崩壊し，1,000人以上の犠牲者を出す悲惨な事故が起こり，世界的な衣料品メーカーの労働搾取の実態が明らかになった（片岡, 2023; 伊藤, 2019）。コットン畑での児童労働は中国，インド，パキスタン，ウズベキスタン，トルコ，エジプト，ザンビア，ブラジルなど17か国で報告されており，田柳（2021）は，インドを事例に，農薬散布による労働者への健康被害や，貧困から児童が労働に従事し，教育を受ける機会を失うことで負のサイクルが続く現状を指摘している。

　今や消費者は，自分たちのお気に入りブランドが倫理的価値に振る舞うことをますます要求するようになっており（Iglesias et al., 2019），自分のアイデンティティを表現するために価値観や倫理観に基づいて構築されたブランドとの繋がりを望み（Ind & Horilings, 2016），ブランドの倫理的な立場や見解に共感することが重視されている（Kotler et al., 2012）。

　こうした議論を受け，ファッション商品の製造過程やライフサイクルなどを検討することで，環境や人権に配慮したモデルの構築が望まれることから，欧州では2022年にstrategy for sustainable textilesが採択されるとともに，一定規模以上の企業に対して環境及び人権に関するデュー・デリジェンスを義務化

する指令案を公表した（片岡, 2023）。国内においても，2022年に「責任あるサプライチェーン等における人権尊重のためのガイドライン」（経済産業省, 2022c）が策定されるとともに，環境問題をはじめ，サステナビリティの議論が活発化し，生産時の環境配慮技術の開発やリサイクル・リユースなどによる循環システム構築など，企業及び政府による取り組みが盛んに行われるようになっている（経済産業省, 2022b）。

## 3.2 グローバル化

　ファッション産業の生産面から見ると，確かに衣料品輸入浸透率は98.2％に達し海外生産への傾倒という点ではグローバル化していると言える。衣料品の素材であるテキスタイルの海外輸出という点では，既に長年の厳しい国際競争の中で淘汰され生き残った素材メーカーは海外のラグジュアリーブランドにも採用され，輸出額としても世界的に一定の水準にある（日本繊維産業連盟, 2021）。では，日本ファッションブランドが海外市場に進出するという点でのグローバル化はどうであろうか。

　ファッション「製品」に限らず，様々な「製品」において生産拠点が多角化している今日，実際のブランド「製品」の製造国よりも消費者が知覚しているブランドオリジン，即ちどこの国のブランドかが重要視される観点から[9]（朴, 2012），日本ファッションブランドの海外市場進出に，「製品」が日本製であるか否かは大きくは関係しない。

　とは言え，図表2-4の通り，アパレル輸出額構成を「製品（衣料品）」，生地，糸，原料，と分類した際，他の主要国と比較して，「製品（衣料品）」輸出額が著しく少ない。「製品」の生産国と見なされるには，最終工程の縫製がその国のものでなくてはならない。イタリア，フランス，ドイツ，イギリスのように，縫製工賃が日本並みあるいは日本以上とされる国がアパレル輸出構成比の8割前後となり，産業構造が類似する隣国の韓国でさえ，「製品」輸出額は17％を堅持する中で，日本の「製品」輸出額8％は非常に少ない。

図表2-4　主要国におけるアパレル輸出額構成比（2018年）

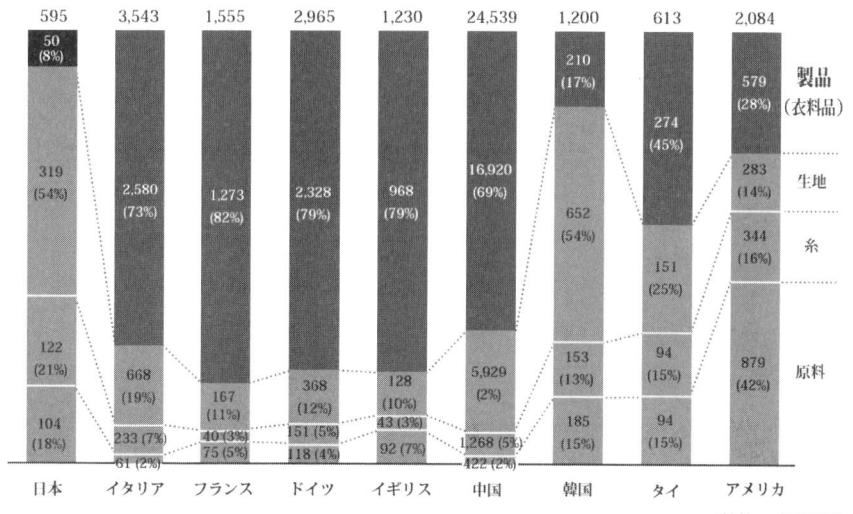

出所：Roland Berger（2022）をもとに筆者作成

　国内のアパレル市場規模は，図表2-5の通りピークであった1991年の15.3兆円より徐々に下がり，近年は横ばい状態を維持し2019年の市場規模は11.0兆円であったが，コロナウイルスの感染拡大の影響から2021年は8.6兆円と落ち込んでいる。今後は回復が見込まれるもののコロナ禍以前より拡大方向になるとは考えにくい。むしろこれからの少子高齢化による人口減少を考慮すると，縮小化傾向になると推測できる。

　予想されるマーケット縮小と同時に見られる現象としては，ファッションブランドにおける競争相手・販売対象の更なる国境ボーダレス化の傾向である。具体的には，たとえブランドが国内販売に留まっていても，日本に実店舗を出店した海外ブランドに加え，近年は韓国や中国などからの越境ECの加勢により，海外ブランド勢との競争の機会が増幅していること，さらに，販売対象という視点では，日本から海外への越境ECや，訪日外国人による日本での衣料品の購買などが挙げられることから，ファッションビジネスもボーダレスを視野に入れる必要がある。

　日本ファッションブランドは，80年代の欧州でのISSEY MIYAKE,

### 図表2-5　衣料品等の国内市場規模

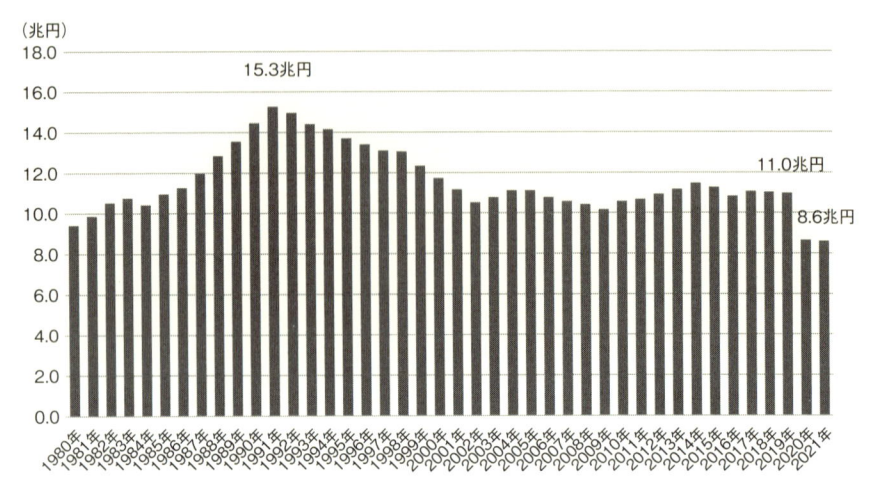

出所：経済産業省「商業動態統計」をもとに筆者作成

COMME des GARÇONS, Yohji Yamamotoの成功，2000年代からのUNIQLO，無印良品の海外での躍進以外に，中価格帯の婦人衣料も特にアジアをターゲットに攻勢をかけてきた経緯がある。政府の推進するクールジャパンでもファッションは取り上げられ，アジアを中心に攻勢をかけることも行った（経済産業省，2014）。しかし，現状，日本ファッションブランドにおいて，グローバルな販路で成功を勝ち得たと言えるブランドは少なく，国内市場の規模の大きさに依存し続けてきたことから（藤田他，2017; 尾原，2016），国際的なプレゼンスが低いと指摘されてきた（大谷他，2014）。

　全世界のアパレル業界の収益実績値及び今後の推計を見てみると（図表2-6），アパレルマーケットはコロナ禍前で1.8兆ドル，2025年には2.3兆ドルと推定され成長方向にあることが分かる。日本の国内市場規模が縮小化の方向であることや国内にブランドが留まっていても国際競争には晒されることを鑑みると，日本ファッションブランドのグローバルマーケットでの競争力を高めるべきである。

図表2-6　全世界のアパレル業界の実績及び推計値の推移[10]

(billion U.S. dollars)

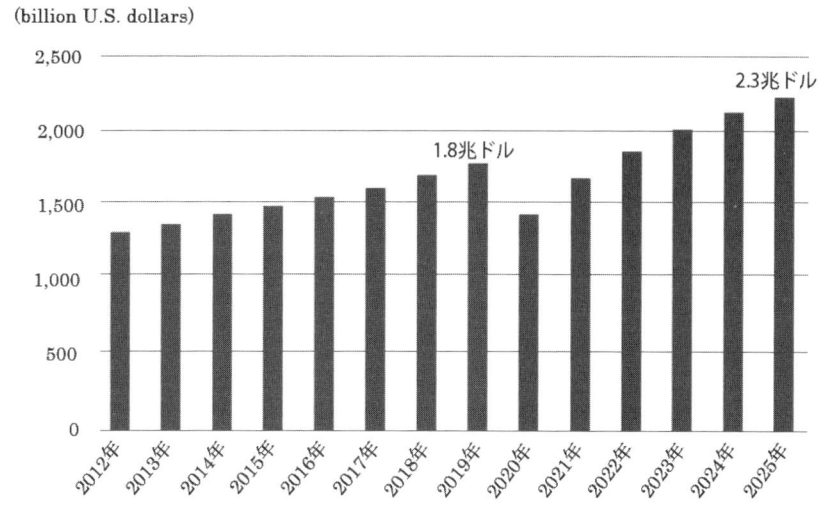

出所：経済産業省（2022b）をもとに筆者作成

### 3.3　デジタル化を通しての業態変革

　前節で示したように，ファッション商品を販売する媒体としては，既製服の浸透から百貨店中心にファッションを牽引した後，駅ビル等のSCや路面店としての専門店，生産システムとしてのSPAに，ファストファッションといった業態が順に脚光を浴びていった。近年，ファストファッションのブームも沈静化した中で，ファッション産業のライフサイクルを勘案すると，どのような業態が勃興してきているのであろうか。

　ファッション産業の環境を見てみると，デジタル化は，企画・生産工程・広報・販売とありとあらゆる部分において影響を与えている。国内外においてデジタル技術を活用したPLM（Product Lifecycle Management）が進んでおり，企画，生産，販売，廃棄まで，商品のライフサイクル全体を相互に関連づけながら管理する取り組みが行われている。

　販売面でのデジタル化では，EC販売が急速に浸透している。特に2020年，

2021年は新型コロナウイルスの感染拡大により，一層オンライン消費を加速させ，2013年にEC市場規模が1.2兆円であったものが，2021年には約2倍の2.4兆円，EC化率としては2013年の7.5％が2021年には約3倍の21.2％となっている（図表2-7）。EC化率の伸長は，既存アパレルのオンライン・オフラインを問わず顧客接点と購入経路を作るオムニチャネル化による拡大が背景にあり，近年起業されたD2Cブランドも，EC化率の伸長に関連する。

D2Cブランドとはアメリカで2010年代初頭から創設されたものであり，最初にオンラインで店舗を立ち上げ，その後もショールームとしての店舗を持とうとも軸足はオンライン販売にあるというブランドで，サステナブルな特有の企業理念を有するブランドも多く，新しい業態のファッション企業として注目されている。

D2Cブランドには越境ECによりグローバル化する特徴があり，世界的にEC化率の高い韓国では（JETRO, 2023），D2Cブランドが2010年代中頃からアジア圏中心に越境ECで人気を獲得し[11]，さらに中国では，2015年にD2CブランドとしてスタートしたSHEINは，アパレル生産地との直結やAIとビッグデータ分析などを強みとして，世界を対象に越境ECで急成長している（Uchańska-Bieniusiewicz & Obłój, 2023; 東洋経済, 2021）。

日本でも近年D2Cアパレルブランドが勃興し，積極的なSNSでの発信や，期間限定店舗であるポップアップ店舗を百貨店中心に開催し，多くの顧客を誘引して消費者の間で人気を得ている。

また，バーチャル空間でのフィッティングシステムや，SNS及びゲーム空間でのアバターにファッションを提供するといったビジネスも萌芽し，デジタルテクノロジーを介したファッション産業が急速に発展していくと考えられている。

今後拡張していくとされるデジタルや仮想空間上のファッション領域では，デジタルファッションを現実世界の消費するものとして，MRデバイスを活用した着用やデジタル試着などがなされ，デジタルファッションの仮想空間での消費は，SNSやアバター等の着用が進んでいく。また，リアルファッションの仮想空間での消費は，リアルファッションをデジタル化してアバター等に着用させることなどが挙げられる（Roland Berger, 2022）。

図表2-7　衣類・服飾雑貨等のEC市場規模及びEC化率

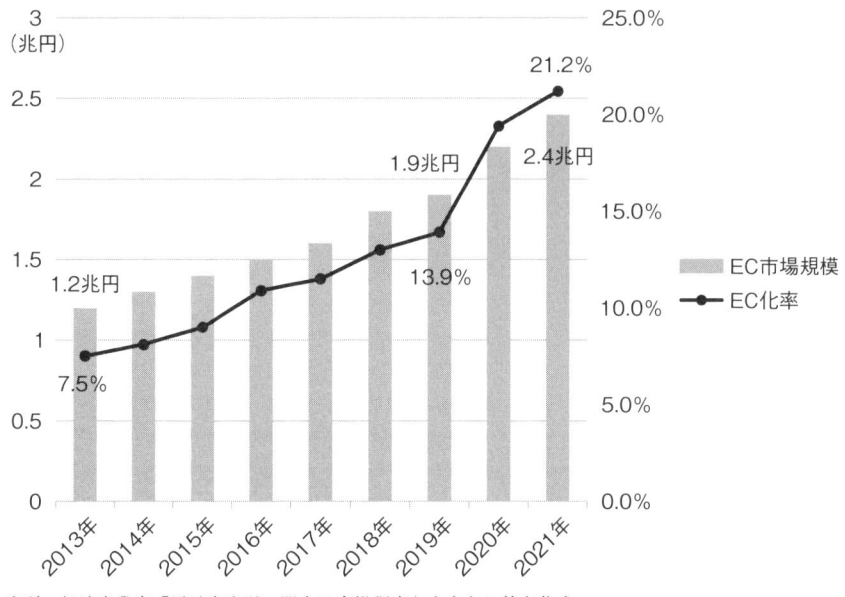

出所：経済産業省「電子商取引に関する市場調査」をもとに筆者作成

　生産，流通，販売，広報，サービス等，あらゆる部分でデジタル化を通していかに業態を変革していくかは，ファッションブランドにおいても重要な課題と言える。

# 4

## 小括

　本章では，ファッションビジネスの起点となる欧州のオートクチュールをはじめとする事象，及び明治以降の日本の洋装化の進展を概観するとともに，日本のファッション産業の変遷とその価値を示し，現状において提起される日本ファッションブランドの課題を明示した。

　ファッション産業の変遷では，洋装文化の定着，既製服の浸透，百貨店によ

るファッションの牽引とアパレル企業の萌芽，デザイナーズビジネスの定着，ストリートから生れるファッション，SPAシステム，そして，ファストファッションとラグジュアリーブランドの二極化におけるファッションブランドのライフスタイル提案について分析し，それらを背景として，どのようなファッションの価値獲得がなされたかを提示した。

　今後の日本ファッションブランドの課題としては，サステナビリティ，グローバル化，デジタル化を通しての業態変革が考えられることから，それぞれの現状を分析した。サステナビリティでは，ファッション産業がサステナブル社会へ与える負荷について，グローバル化では日本及び世界の市場規模を確認した上でグローバルマーケットでの競争の活性化の重要性について，デジタル化に関しては急速な発展を考察し業態を変革していくことの必要性について考察した。

　ただし，この3つの課題のうち，特にサステナビリティについては，ファッションに限らずあらゆる産業において当てはまることであり，今やどのブランドにおいても念頭に置かねばならない一般的な課題であることから，「グローバル化」と「デジタル化を通しての業態改革」に焦点を当て研究を進めることとする。グローバル化とデジタル化を通しての業態変革は，よりビジネスに直結するテーマとも言え，日本のファッション産業の成長に繋がると考えられるからである。

　更なるグローバル化が迫るファッション市場において，グローバルな視点を有することは不可欠なものとなろうとしているとともに，デジタルを通しての業態変革は，沈滞化した日本のファッション産業を活性化する要諦と考えられる。

---

<注>　1）　1953年の日本でのChristian Diorのファッションショーは，百貨店の大丸，紡績メーカーの鐘紡，ファッション専門学校の文化服装学院の3つの主体によって開催された。その後1956年～63年まで大丸が当該ブランドとライセンス契約を行い，1964年～97年まで鐘紡とライセンス契約を締結した（大川, 2015）。

　　　　2）　マンションの一室を利用して営業する小さなアパレルを意味する。こうしたアパレルが後のデザイナーズ・ブランドへと転じていった。

3）　それまでの幅広くの消費者に取り入れられることを想定したブランド
とは異なり，デザイナーのキャラクター性を中核に個性あるものとし
て発信されたブランド。

4）　1975年前後，神戸を中心に発生したアイビースタイルを起源とする女
子大生やOLに支持されたファッション。

5）　1970年代後半から横浜を起源とするトラッドスタイルを中核とした女
子大生やOLに支持されたファッション。

6）　1990年前後に流行したボディラインに添ったデザインの女性用衣服。

7）　ファッション業界の巨大コングロマリットは，パリに本部を置く
LVMH，Kering，ベルビュー（スイス）に本部を置くRICHEMONT
とあり，多くの世界的著名ラグジュアリーブランドがそれらに属する。

8）　ファッションの未来に関する報告書（経済産業省, 2022a），近年発行さ
れたファッション関係の課題を議論した複数の書籍（尾原, 2016; 福田,
2019; 小島, 2020）でもこの点は強調されている。

9）　例えばiPhoneは中国で製造されていることが広く知られているが，消
費者は中国のブランドとは認識せずアメリカのブランドであると認識
しているであろう。

10）　2019年までが実績値で，2020年以降は推計値。

11）　韓国D２Cブランドの比較的初期はレディースブランドのSTYLENANDA
やChuuが2010年代中頃前後からアジア圏を対象に急成長し，近年は若
手D２CブランドがCafe24やMUSINSAなどの韓国系ファッションプ
ラットフォームを介して海外に意欲的に進出している（Cafe24
Newsroom, 2020; WWD, 2022b）。

# 第3章

# 日本ファッションブランドの
# グローバル性に関する研究

　前章で考察した日本ファッションブランドの課題を背景に，本章ではグローバルマーケットにおける日本ファッションブランドに関する先行研究をレビューする。

　日本のファッション市場が縮小化傾向にある中，日本政府がファッションを含んだクリエイティブ産業推進のためにクールジャパン機構を設立し，グローバルマーケットで受容性を高めるために10余年が経過した。本章では，まずは日本においてファッションデザイナーが立場を確立していった頃，世界に影響を与えた日本人ファッションデザイナーの先行研究をレビューし，次にバブル経済期以降注目が高まった，クリエイティブ産業としてのファッションの先行研究をレビューする。加えて，クールジャパンとの関連から，ブランド・イメージとCOO・COBの先行研究をレビューする。最後に，実用衣料ブランドではあるが，グローバルマーケットに最も進出しているブランドとして，UNIQLOと無印良品のグローバル性に関する先行研究をレビューする。

## 1

### グローバルマーケットに影響を与えた
### 日本人ファッションデザイナー

　日本人ファッションデザイナーに関する研究は，日本においてファッション

デザイナーの立場が確立していった頃の1970年代から1980年代初頭に，パリ・コレクションでデビューしたデザイナーを対象としたものが中心である。本節では彼らの出現と世界での受容の系譜をレビューする。

現代に繋がるファッションビジネスは，17世紀にさかのぼる王宮ファッション文化の上に，19世紀半ばのフランスに出現した（Kawamura, 2004）。それはオートクチュールという形でCharles Frederick Worthにより構築され（中野，2020），1950年代にはDIOR，BALMAIN，GIVENCHYなどによりオートクチュールの全盛期を迎えた（千村，1996）。1960年代には高級既製服と言われるプレタポルテのシステムが始まり，パリにおけるファッションコレクションを中核とするファッションビジネスは世界のファッション産業を牽引していった。

パリにおいて，日本人デザイナーとして最初に認められたのが，1977年にアジア人として初めてパリ・オートクチュール協会のメンバーとなった森英恵であった。専業主婦であった森は，終戦後ドレスメーカー女学院で洋裁を勉強した後，洋裁店を運営する中，映画等で著名人の衣装の仕事を獲得しながら，まずは1965年にニューヨーク・コレクションで発表することで「ハナエモリの蝶，華やかなイブニングドレス」というイメージを確立した。そして，モナコのグレース王妃など世界の著名人との仕事を経てパリに進出した（森，1993; Mears, 2008）。

1970年，高田賢三はパリでKENZOというブランド名で，華やかな花柄の生地や民族衣装的なデザインを多く用いることを特徴としてデビューを果たした。彼の作品は，日本の着物からインスピレーションを得た重ね着や，身体の曲線に添わないオーバーサイズのセーター，ボックス型のシルエットで，これらはトレンドを先取りしただけでなく，YVES SAINT LAURANTなどのデザイナーにインスピレーションを与えた（Mears, 2008; 深井，1993）。

ただし，森と高田に関しては，東洋をインスピレーションのもととした卓越したオリジナル性の高いコレクションであったが，同時に女性の優雅さや華やかさを追求するパリ・モードの発想の延長線上に基づくものでもあった（Mears, 2008）。

森や高田とは対照的に，1973年からパリ・コレクションに参加した三宅一生のISSEY MIYAKEは，「一枚の布（a piece of cloth）で身体を包むことで東

洋・西洋の枠を超越した衣服の本質と機能を問う」世界服を発表し，その後も新しい高度な技術を駆使した服で世界を圧巻し続けたことは（中野, 2020），ファッションにおけるイノベーションであった。

　さらに1981年，パリで衝撃的にファッションコレクションの発表を果たしたのが山本耀司のYohji Yamamotoと川久保玲のCOMME des GARÇONSであった。彼らのファッションショーが終わった時，会場にあるのは観客からの唖然とした沈黙だけであったという（English, 2011）。何故ならそれまでの「より女性をセクシーに，リッチにゴージャスに見せる」というモードの常識を完全に覆したものであったからである（中野, 2020）。彼らの服は衝撃的に，色彩は黒のオンパレードであり，生地に穴が開いていたり，体の上に無造作に落ちるルーズなレイヤードであったりで，彼らの作品をぼろルックと揶揄する批評もあった（Mears, 2008）。

　しかし，同時に「禅を感じる」「パリ・モードに対するアンチテーゼ」などの好意的な評価もあり，いずれにしてもファッション業界を震撼させるほど挑発的で大きな話題を巻き起こしたのであった（Kawamura, 2004; 中野, 2020）。賛否両論あるショーではあったが，デビュー以降，彼らのショールームには多くのバイヤーが押し寄せ，5年程は賛否両論が続いたものの（山本・宮智, 2013），次第に批判は評価に転じ，今日でも世界から一目置かれるブランドと見なされている。

　三宅一生に加えて山本，川久保の出現により，この3人を合せてパリで前衛現象を起こした日本人「ビッグ・スリー」と呼ばれることとなった（Kawamura, 2004）。彼らの世界での受容は今日までゆるがず，イギリス，フランス，アメリカ，日本で多くの勲章や賞を授与されると同時に，世界を対象に数々の異業種コラボレーションや美術館での展覧会が開催されてきた。研究面でも，上記のように彼らのデザイン性やデザイン哲学をもとにした日本の伝統美を関連させた研究内容が海外でも散見される。

　Lipovetsky et al.（1994）は服装における個人主義を通じたアイデンティティが20世紀後半から21世紀初頭のファッションデザインの主要な目的となっていると論じたことを引用し，English（2011）は，山本の悩ましい黒い服が，知識人，学者，芸術家，建築家にとって個人崇拝を象徴するものとして魅力的

に見えたと説明している。

　Au et al.（2000）は，三宅一生と川久保玲の作品を，侍の鎧や日本の伝統的な着物への言及といった歴史的復活，未来派やキュビズムの影響があると論じ，English（2011）は，国際的なファッション業界はポストモダニズムの文脈の中で，山本耀司と川久保玲の仕事から視角芸術としてのファッションは記憶，認知連動，フェミニストのイデオロギーといった概念を取り入れることを学んだと述べた。また，Marra-Alvarez（2010）は，川久保玲や山本耀司の美学は生け花や版画，料理の盛り付けに見られる芸術センスの延長線上にあり，彼らは西洋のファッションに同化してきたデザイン哲学に全く異なる視点を提供し，ファッション界に美学的な転換を促したと指摘した。

　Fukai（1996）は，上述の一連の日本人デザイナーの服作りにおいて，意識的または無意識的に日本的な美意識を表現しているとしながらも，彼らが世界に与えたインパクトは，洋服と和服という概念的な両極，国境，性別，さらにファッションというシステムの枠を越え，未来に向けた新しい服のあり方を提案したと結論づけている。

　このように彼らの国際的なファッション業界に与えた影響は非常に大きいのであるが，彼らの後に続く世界的な日本人デザイナーの出現はどうであろうか。世界のアパレル企業が海外進出によるグローバル化を進めていった中で，実用衣料であるUNIQLOや無印良品等の一部のアパレルにおける海外での成功は著名である。一般的に日本のアパレルは国内販売のみに傾倒し国際的プレゼンスが低いと言われてきた中で（大谷他，2014），2000年代初頭から注目されたのが，次節でレビューするクリエイティブ産業としてのファッション政策であった。

# 2

## クリエイティブ産業としてのファッション

　本節では，クリエイティブ産業としてのファッションという視点から，まずはクールジャパンの受容性に関する研究をレビューし，次にそれらに影響を与

えるブランド・イメージとCOO・COBに関する研究をレビューする。

## 2.1　クールジャパンの受容性

　クリエイティブ産業は，1990年以降，「衰退傾向にある製造業に替わる産業」として，工業社会から知識重視社会へと移行する中で関心が高まってきたとされる（後藤, 2014）。クリエイティブ産業を注視する潮流は，本書で取り上げるファッション等をクリエイティブ産業と定義したイギリスのクールブリタニカ政策を主たる契機として世界に広がった。クリエイティブ産業という言葉を最初に使用したのはオーストラリアであるが，1997年にイギリスが「個人の創造性やスキル，才能を基礎とし，知的財産の生成と開発を通して，富と雇用のポテンシャルを有する産業」として，広告・建築・工芸・アートと工芸・音楽・舞台工芸・デザイン・デザイナーファッション・フィルムとビデオ・TVとラジオ・出版・インタラクティブ レジャーソフトウェア（ゲーム）・ソフトウェアの13分野をクリエイティブ産業として分類を行っている（後藤, 2014）。

　日本ではクールジャパンという形でクリエイティブ産業の振興が行われてきた。日本政府におけるクールジャパンの取り組みに関しては，2000年代初頭から政策や提言が打ち出され，2004年に映像や音楽，出版，ゲーム等に限定したコンテンツ産業振興がスタートした。当初はコンテンツ産業の振興に重きが置かれていたが，2005年頃になると日本食，地域産品，ファッション等も振興対象に加わり，産業範囲の拡大とともに，関係省庁，民間組織等との連携が重要視されるようになった（鈴木, 2013）。

　2011年にはクリエイティブ産業課が経済産業省に設置され，2013年の官民ファンド・クールジャパン機構の設立へと繋がっていき，「日本のコンテンツやファッション，文化・伝統の強みを産業化し，国際展開するための官民連携による推進方策及び発信力の強化」が提言された（鎌田・中野, 2013）。2012年〜2014年にはクールジャパン戦略担当大臣が任命され，2015年〜2018年は官民連携プラットフォームの設置，2018年以降は知的財産戦略の一環としての政策が形成されている（知的財産戦略本部, 2019）。

　クールジャパンの視点での，産業の海外展開に関した研究は，日本食やマンガ・アニメに関する受容などとして散見される。例えば日本食に関しては，豊島（2019）はタイにおける日本食レストランの歴史を概観し，日本食人気の背景にはタイの経済成長と，日本のマンガ，アニメ，テレビドラマなどの日本の大衆文化の受容性が深く関係しているとし，渡部（2021）は上海市での日本式カレーを事例としてクールジャパン戦略がイメージ戦略としてだけでなく，実態を持った戦略として捉えて，一定の有効性があることを明らかにした。

　河島（2017）は，日本食レストラン及び日本食品を扱う小売店を対象として，日本食模倣品普及のメカニズムやその背景を考察し，現状改善のための政策的課題及び企業活動への提言をした。渡部他（2019）は日本から台湾に進出した「うどん」企業を事例として，市場に浸透していくためには，日本文化に依拠しつつも現地の思考を取り入れるという循環を行うことで，ノウハウが蓄積されていき新しいクールジャパンが生まれると結論づけている。

　曾澤他（2010）はアメリカにおけるアニメやマンガを中心としたクールジャパンを取り上げ，文化の伝播と定着に寄与する異文化コミュニケーション・メディエイターの存在の重要性を明らかにし，東（2019）はインドネシアの学生を調査対象として，日本のポップカルチャーの受容とともにローカライズ化して新しいカルチャーが創出されていることを考察した。小泉（2017）は日本のアニメのローカライゼーションのフレームワークを提示し，その上で，松井（2019）は，アメリカとフランスでの日本のアニメ・マンガの浸透を事例に，ポップカルチャーを海外に輸出する際の文化的障壁の克服に貢献する異文化ゲートキーパーの役割を示した。

　一方，クールジャパンの一構成要素とされる，本書で取り上げるファッションブランドへの研究はどうであろうか。日本のファッションの代表的な表象である「KAWAII」に関するファッションの研究として，Toyoshima（2015）はタイにおける日本の「KAWAII」ファッションの受容を取り上げ，日本の若い女性向けのファッション誌がタイで販売されていることや，日本のセーラー服に似た制服がタイの学校でも採用された事例を述べている。しかし，Toyoshima（2015）が提起する「KAWAII」の要素には，一般の街着とともに非日常的なロリータファッションや学生服ファッションも混在しており，実

際のタイの消費者やタイで販売する日本アパレルへの調査は行われていないことから，日本ファッションブランドの受容性の実態は明確でない。

　この他，「KAWAII」研究はアニメなどのカルチャーを主軸としながら，コスプレ的要素の高いロリータファッション等の研究は海外で散見される。例えば，Koma（2013）はフランスを対象に，KAWAIIファッションの1つとされるロリータファッションの着用者にインタビューすることで，KAWAIIがどのように表象されているか分析し，フランスの日常にはないエキゾティックなものと解釈されていると結論づけた。Duman（2020）はトルコにおいて，日本のポップカルチャーが人気を博し，ハローキティーやコスプレ等でのKAWII文化が影響を及ぼしていると考察した。Rose et al.,（2022）は日本の「KAWAII」ファッションとして，「きゃりーぱみゅぱみゅ[1]」のようなファッションを取り上げ，Grosz（2010）の言う行動力と表現できるような新しい表現様式として，KAWAIIがデコラティブなファッションを実践している者に活力を与えるものとなっていると考察している。

　このようにファッションと言っても，非日常的な着用着であるロリータファッションやデコラティブファッションなど，コスプレに関連したとも言えるKAWAIIの文化浸透に関する研究はあるが，一般の生活の中で多くの人が着用する日本ファッションブランドに関連する研究にはさほど進んでいない。

　クールジャパンが稼働し始めた頃，国内でも「日本のKAWAIIは世界から注目され」という枕詞を用いた論考は見られ（e.g.,石田, 2012; 日本経済新聞電子版, 2013），アジアの中でも特に中国においてクールジャパンが関連したファッションイベントはガールズ系アパレル[2]を対象としたものを中心に複数開催されており[3]，ファッション産業からは期待されていた（江上, 2020）。実際，日本ファッションブランドは，国内に総数として多数を占める中価格帯のレディースアパレルを中心に，少なくないブランドが大規模マーケットとされる中国に進出していた。しかし，2012年の中国各地で起こった大規模反日デモ以降，クールジャパンに対する動向は沈静化の方向をたどり（江上, 2020），研究の蓄積も乏しい。

　他方，文化や経済レベルが近似とされる隣国韓国のファッションはどうであろうか。韓国はクールコリアとして，1998年，金大中大統領による「文化大統

領」宣言を始まりに（岡崎他, 2015），低迷した韓国経済を復興させるため，コンテンツ産業を国家の基幹産業として育成してきた（高橋, 2014）。韓国のコンテンツ産業の予算総額は，2020年で7,247億ウォン（約715億円）であり，10年間で３倍近くの増額となっている（韓国文化体育観光部, 2021）。日本のクールジャパンは同年で686億円の予算となり（日本内閣府, 2020a/b）（図表３−１），両国の政府予算総額を比較すると，2020年韓国は554.7兆ウォン（約55兆円）（韓国国会予算政策処）に対し，同年の日本の政府予算総額は財務省によれば175.7兆円であり（図表３−２），韓国は日本の31％の予算総額であることから，いかに韓国がコンテンツ産業の育成に力を入れているかが分かる[4]。

図表３−１　2020年 日本クールジャパンと韓国コンテンツ産業予算

出所：内閣府（日本）（2020a/b）及び韓国文化体育観光部（2021）をもとに筆者作成

図表３−２　2020年日本及び韓国における国家予算

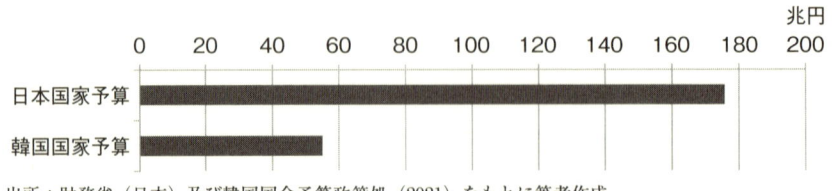

出所：財務省（日本）及び韓国国会予算政策処（2021）をもとに筆者作成

　クールコリアの影響があると考えられる韓国ファッションの研究としては，アイドルやドラマの韓流コンテンツが世界をはじめ中国での韓国ファッションの人気に影響を与えているという研究が散見される（e.g., Hong & Liu, 2009; Yang, et al., 2012）。クールコリアは，コンテンツを直接的な輸出産業とするだけではなく，消費財などの多数のBtoC産業のプロモーション素材として，

商品競争力を高める効果を生み出させるとともに，韓国の国家イメージを高めるための政策であると言われる（齋藤・三浦, 2020）。このようにクールジャパン，特にクールコリアは国家ブランドやイメージを重視していることから，次項においてブランド・イメージとCOO・COBの先行研究をレビューする。

## 2.2　ブランド・イメージとCOO・COB

ブランド・イメージとは，消費者の記憶に保存されたブランド連想に対する認知であり（Keller, 1993），消費者に広く認知されたイメージは，ブランドの地位及びブランドの競争優位を確立し（Park et al., 1986），ブランドの市場パフォーマンスを向上させる（Shocker & Srinivasan, 1979; Wind, 1973）。

先駆的なブランド・イメージの研究として，1955年にGardnerとLevyにより発表された論文は，従来のステレオタイプな購入理由に焦点を当てた研究を批判し，「製品」には物理的な属性や機能だけでなく，社会的・心理的な性質があり，消費者がブランドに対して有する一連の感情，考え，態度，即ちブランドに対するイメージが購買選択に重要であるとした（Dobni & Zinkhan, 1990）。

その後，ブランド・イメージは実務面でも広告と密接に関係づけられながら（李, 2013; Malik et al., 2013），マーケティングマネジャーにとっても不可欠な概念として定着していった（Dobni & Zinkhan, 1990）。同時にブランド・イメージがブランド・エクイティに与える影響を示唆する研究へと発展し，消費者の心理を反映したブランド・イメージを把握することは，マーケティングにおいて長期にわたり要諦とされてきた（e.g.,Gardner & Levy, 1955; Dolich, 1969; 上田, 2009）。

ブランド・イメージの研究は大きく3つに大別され，1つ目はブランドの原産国が与えるイメージ（Country of Origin）に基づく研究，2つ目はブランドを人に例えるブランド・パーソナリティに基づく研究，3つ目がブランドから得られる便益に基づくものである（古川, 2016）。

本項では，大別された1つ目の原産国に関する研究，即ちブランド・イメージを国という対象で捉えた際，「ある国がもたらす心理的な連想と信念」とし

て「COO（Country of Origin; 原産国）イメージ」（Kotler & Keller, 2006）に着目する。COOとは，朴（2012）によると，「消費者の記憶内にある原産国連想の反映としての知覚」と定義され，原産国連想とは，「当該国消費者の記憶内のブランド・ノードと結び付いた情報ノード群であり，当該消費者にとっての特定の原産国の意味を含む」とされる。

　COO効果への注目は，社会背景として，経済のグローバル化に伴った企業及び消費者を取り巻く環境変化の影響が強いとされ（朴，2012），COO効果への研究は，1960年代を始まりとし多くの研究がなされてきた。例えば，Schooler（1965）はグアテマラの学生を被験者とし，エルサルバドルやコスタリカの「製品」を国産品やメキシコ産品より低く評価する要因を，それらの国に対する否定的態度と関連していることを明らかにした。

　Verlegh & Steenkamp（1999）は，原産国効果には当該国の経済発展の違いが重要な影響をもたらすことを示し，Kotler & Gertner,（2002）は，国のイメージが投資やビジネス，観光誘致にまで影響し，国への信頼がブランド的な役割をしていると結論づけている。

　COOイメージは，「製品」の品質を推測する手がかりの1つであり，ブランド名，価格，パッケージなど他の手がかりが無かった場合には，原産国情報が消費者に与える影響が大きいと考えられる（朴，2012）。即ち原産国情報を示しただけでは，消費者調査での購買行動を説明しきれないことから，1980年代以降は原産国以外の手がかりも取り入れた調査が盛んに行われ，研究の精緻化が進んでいった（朴，2012）。

　1980年代は，日本ではプラザ合意から，貿易摩擦の低減を目的とした現地生産や生産コスト削減のため海外進出が盛んとなった。1990年以降はグローバル化とIT化が世界経済の潮流となり生産技術は広く普及し，最終組立国としてCOA（Country of Assembly），部品生産国としてCOP（Country of Parts），デザイン国としてCOD（Country of Design）など，本社を取り巻く原産国の複雑化が一般的となった（朴，2012）。そうした中，Han & Terpsta（1988）は，ブランド国と生産国が同じ「製品」と，ブランド国と生産国が異なる「製品」を用いてアメリカの消費者を対象に調査を行い，ブランド名よりも生産国の方がより影響が大きいことを明らかにした。

　1990年代になると，ブランドに着目した研究が多く現れ，Tse & Lee（1993）は，COOをCOPやCOAに分解して消費者に提示すると，それらがネガティブな原産国であってもブランド・イメージへの影響は緩和され，さらにその「製品」が強いポジティブなブランドであると，COPやCOAへのネガティブな印象は除去されることを明らかにした。また，Chao（1993）は，CODとCOAの概念を用いて，特にCODは価格と有意に相互作用をして，「製品」品質の評価に影響を与えることを明示したことにより，COOイメージ効果が原産国だけに留まらないことを示した。

　COO研究は，近年はブランドのグローバル化から，ブランドオリジン（COB）への注目が高まった。ブランドオリジンとは，実際に異なる国で製造されている場合でも，ターゲットとする消費者が知覚，またはブランドとの関与が高いと思っている国のことを言う（朴, 2012）。Usunier（2011）は消費者が捉える起源情報の重要性がCOOやCOBへシフトすることを考察している。

　Aaker（1991）が述べる購入意思決定やブランド・ロイヤルティの基盤となるブランド連想において，COOを関連づけることもできる。Keller（2013）はブランド・エクイティを構築するための間接的なアプローチとして，ブランドへの二次的ブランド連想としてCOOの活用を述べている。

　COO研究がCOBやブランド連想といったブランド論を基盤とする議論が展開されていく中で，このようなCOO及びCOB効果を政府を挙げて醸成し，活用しようとしたのが日本のクールジャパンであり，効果的な活用に成功していたのが韓国のクールコリアであった（e.g., 齋藤・三浦, 2020; 岡崎他, 2015; 江上, 2022b）。

# 3

## グローバルマーケットにおける
## 日本の実用衣料ブランド

　ファッションとは衣服を中心とする装飾等のことであると同時に，「流行」を意味する言葉でもある（e.g., 藤田他, 2017; 井上, 2019）。これまで述べてきた，

70年代から80年代初頭にパリでデビューした世界的デザイナーや，クールジャパンで注視された対象は，流行性が商品開発の基礎にあり，流行性をもとに衣料を創造するブランドがアパレル業界の大半である。

　一方，UNIQLOと無印良品は，上述のようなトレンドやデザイン性に重きを置くファッションブランドではなく，ベーシックな実用衣料のブランドであるが，日本のブランドとしては，最も海外進出を果たしていることから，本節ではUNIQLOと無印良品のグローバル性に関する先行研究をレビューする。

## 3.1　UNIQLOのグローバル性

　UNIQLOは，株式会社ファーストリテイリング（以下，FR）において8割以上の売り上げを占める基幹ブランドであり，1949年山口県宇部市でメンズショップ小郡商事を創業，1984年広島市に「UNIQLO」という店舗名で出店したことを始まりとする。1998年，UNIQLOはフリースキャンペーンによって一気に全国に名を知らしめる転機を迎え，店舗も若者の街である原宿に出店することにより，開業以来の郊外の廉価チェーン店というイメージから洗練されたブランドへとイメージ転化を図った。この時がUNIQLOの都心型店舗出店の始まりであり，以後店舗の大型化，2001年からのロンドン出店を機とするグローバル化が強化され，今日へ至っている。

　UNIQLOの売上額は，2022年8月期決算で1兆9,289億円であり，国内売上額は8,102億円，海外売上額は1兆1,187億円と国内売上額を抜いている。海外には25の国と地域に出店しており，店舗数は国内809店舗，海外1,585店舗であり，うち，中国大陸だけで国内店舗数より多い897店舗を有する（図表3-3）。

　グローバルマーケットに関連したUNIQLOの先行研究は，主にグローバル戦略に対する視点で展開されている。長沢（2020）は，UNIQLOの海外参入戦略の中核とされる旗艦店戦略を取り上げ，マーケティングミックス4Pの従来の考え方では，旗艦店は店舗の一形態であることから，従来的には立地・店舗（Place）のみで分析されるが，UNIQLOの一般店舗と旗艦店の違いは，立地や流通の違いだけではないと分析した。即ち4Pの全て「製品（Product）」

図表3-3　UNIQLO店舗数の推移

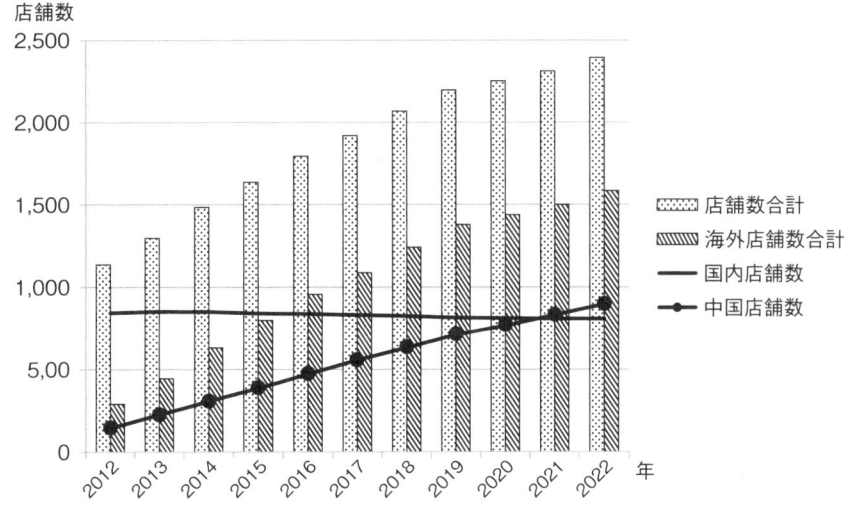

出所：ファーストリテイリング アニュアルレポートをもとに筆者作成

「価格（Price）」「立地・店舗（Place）」「プロモーション（Promotion）」が一般の店舗と旗艦店では異なり，４Pの構成要素それぞれがブランド認知を確立し連想を強くする役割を持っているとした。

　本庄（2020）は，ブランド・マネジメントの視座で，グローバルブランドへと成功を果たしたUNIQLOを，CI（コーポレート・アイデンティティ）やBI（ブランド・アイデンティティ）を管理する上でその時代に合った社会的大義や社会的文脈に添って提案し実現してきた手法が，UNIQLOのブランド・イメージの上昇に貢献したと分析している。

　Woo & Jin（2014）は，アジアのアパレルブランドの国際化という視点でUNIQLOを事例として取り上げ，まずブランド本国に近い市場を開拓し，その後ウプサラモデル[5]に従って遠方の国々へ事業拡大したと分析し，統合されたサプライチェーンとベーシックで高品質なアパレル商品を低価格で提供するポジショニングが，国際化を促進することに寄与しているとした。

　李（2021）は，中国市場におけるマーケティング戦略をSWOT分析及びSTP理論と４P理論を用いて考察した。具体的には，UNIQLOのポジショニン

グとしては１級都市を主戦場とし，それ以外へも出店を広げている。価格としては中価格ファストファッションとして15〜30代の中産階級を主たるターゲットとし，子供服とレディースファッション市場に注力している。商品面では，ファッション性の向上，サプライチェーンの体制の整備による商品更新のスピードアップに尽力し，プロモーション戦略では中国で著名なブロガーを起用したり，CSR活動を行うなどの広報に力を入れたと分析している。

　このように，グローバルマーケットを対象としたUNIQLOに対する研究は，本章冒頭で述べた世界的デザイナーブランドに対してデザイン面を論じる研究が主であったことと異なり，経営戦略またはマーケティング的視点に傾倒している。

## 3.2　無印良品のグローバル性

　無印良品は株式会社良品計画のブランドであり，生活雑貨46.9％，衣服・雑貨36.8％，食品12.1％，その他4.2％の構成比で，商品開発，製造及び販売をする小売企業である。

　無印良品は1980年，株式会社西友のプライベートブランドとして40品目を商品とし誕生した。1983年，東京・青山に「無印良品青山」を直営１号店として出店したが，当初は西友大型店を中心とするインショップ展開及びコンビニエンスストアなどで販売されていた。しかし，無印良品の価値を広めるためには独自の店舗が必要と考え，1989年株式会社良品計画が設立され，1995年には上場し資金を確保した（Isomura & Huang, 2016）。

　上場後，無印良品は急成長を遂げ，取扱商品は約7,000品目，2022年８月期決算で売上金額は4,962億円，うち，国内事業売上額は3,081億円，海外事業売上額は1,888億円であり，店舗数は1,072店中，国内493店，海外579店，うち，中国大陸は325店舗と海外店舗の半数以上を占める（図表３−４）。

図表3-4　無印良品店舗数の推移

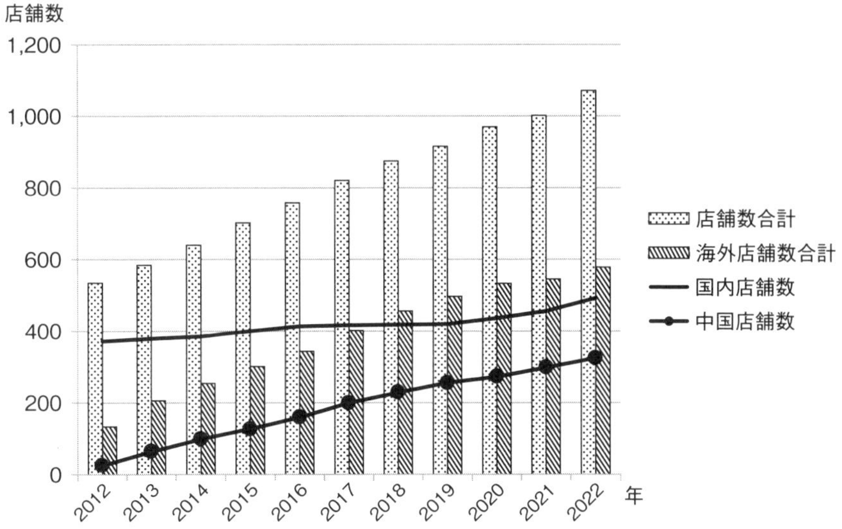

出所：良品計画DATE BOOKをもとに筆者作成

　グローバルマーケットに関連した無印良品の先行研究も，主にグローバル戦略に対する視点で展開されている。増田（2010）は製造小売業がグローバル化を進展する上で，ストア・ブランドイメージが母国からホスト国に移転する際に，どのように母国とホスト国における違いがあるのか，無印良品の日本と香港の店舗を事例として明らかにした。具体的には，ホスト国で高いイメージを得るためには，「店舗における清潔感，買いやすいレイアウトと魅力ある内装，高品質な商品，幅広い品揃え」といった有形資産を，ホスト国で徹底させることが重要であるとした。

　Sato（1999）は，イギリスに進出した無印良品での購買層は日本の平均24歳に対して33歳であり，比較的所得が高い層に購入されていることに触れ，万人向けではなく革新的な商品と認識されていると分析し，今後は当該ブランドの商品がいかに機能的でデザイン性が高く，コストパフォーマンスが良いかをより認知させ，ミドルマーケットを開拓する必要性を説いている。

　Isomura & Huang（2016）は，グローバルなブランドを構築する上での差別化の重要性に焦点を当て，無印良品は，商品開発及び直営店によるブラン

ド・イメージの確立により差別化に成功したとしている。さらに，グローバル
ブランドの構築には，効率的な運営体制の下，価値伝達を商品・店舗開発に統
合することであると結論づけている。

　周（2018）は，中国市場で無印良品が成功を収めることができた要因をSTP
とマーケティングミックスの視点から探ることを目的とした。結果としては，
「自然」「シンプル」なライフスタイルを追求する消費者の支持を獲得し，中国
市場の参入においては，まずはアッパーミドルからハイエンドの顧客層を獲得
し，その後販売量の増加に応じて価格を下げた結果，より大きな成功を得たと
した。

　このように，グローバルマーケットにおける無印良品への研究は，UNIQLO
と同じく経営戦略またはマーケティング的視点に傾倒した内容が主であるが，
当該ブランドのシンプルなデザイン性を中核に，ライフスタイルを提案するブ
ランドコンセプトも研究では注視されている。

# 4

## 小括

　本章ではグローバルマーケットにおける日本ファッションブランドに関する
先行研究をレビューした。まずは，グローバルマーケットに影響を与えた日本
人ファッションデザイナーを概観した。1970年代から1980年代にかけてパリ・
コレクションにデビューした三宅一生や川久保玲，山本耀司達が，欧州の既成
概念を打ち破ったデザインを発表し，世界に鮮烈な印象を与え，今日まで当該
ブランドの影響力は保持されていることをレビューし，後に続く世界的日本人
デザイナーの出現が乏しいことを示した。

　次に，クリエイティブ産業におけるクールジャパンとして，日本食やアニメ
などのコンテンツに関する研究をレビューし，ファッションの分野では
KAWAIIという表象に関する先行研究は散見されるものの，その内容はロリー
タファッションなど非日常的な着用着に関するものに留まり，一般の生活の中で
着用するファッションブランドへの研究へは繋がっていないことを示した。加

えて，ファッション産業から期待されたクールジャパンの振興が中国を中心に行われたものの，期待通りの結果に至らなかったことを示し，反して，隣国韓国のクールコリアが韓国ファッションの人気に影響を与えていることをレビューした。この背景としてブランド・イメージとCOO・COBが関係することから，ブランド・イメージに始まり原産国イメージに類する概念をレビューし，効果的に活用しているのが韓国であると示した。

　最後に，流行性が商品開発の基盤にある一般的なファッションブランドとは異なる実用衣料ブランドであるが，海外店舗出店数として最も多いUNIQLOと，無印良品のグローバルマーケットに関する研究をレビューした。これらの研究には世界的デザイナーへの研究がデザイン面に注視されていたこととは異なり，経営戦略やマーケティングの視点の研究であり，無印良品においては，シンプルなデザインを中核にブランドの理念へ注目した研究が散見された。

---

<注>　1）　特に2010年代初頭に活躍した日本の女優，歌手兼ファッションモデル。当時，パステルカラーのポップでデコラティブなファッションを纏い，原宿のストリート発のファッションの象徴とされていた。

　　　　2）　本書で言うガールズ系アパレルとは，10代後半から20代の女性を主な対象とする東京ガールズコレクションに参加するようなレディースアパレル群のことである。

　　　　3）　例えば東京ガールズコレクション（北京・2007年2011年，上海・2012年），神戸コレクション運営委員会によるTOKYO EYEイベント（上海・2001～年2011年）が挙げられる。

　　　　4）　ここでの韓国ウォンは2023年4月21日のレートである1ウォン＝0.1014円で計算を行っている。

　　　　5）　企業の学習を重視する海外進出のモデルであり，文化や制度・距離などが近い国から進出して学習し，徐々に進出範囲を広げていくパターンと，リスクの小さい形態で海外ビジネスを始め，学習をした上で本格的に販売拠点を移していくパターンが挙げられる。

# 日本ファッションブランドの
# 業態変革に関する研究

第2章で考察した日本ファッションブランドの課題を背景に，本章では，日本ファッションブランドのデジタル化を通しての業態変革に関する先行研究をレビューする。社会においてデジタル化が急進的に進み，常時場所を問わずインターネットへ繋がっている接続性の時代，ファッション産業の業態も劇的な変化が迫られている。

## 1

## 慣行化されたアパレル業態

1904年に開業した日本橋の三越百貨店を始まりとした日本における百貨店ビジネスは，購買の近代化の象徴として各地での開業が進み，1950年代以降の洋装の既製服化の浸透とともに，小売チャネルとしてファッショントレンドの発信的な意味も含めファッション産業を牽引してきた。しかし1990年代に入り，人々の生活や消費スタイルが成熟する中，バブル経済崩壊後からは長期不況による消費の低迷や，GMS（General Merchandise Store），カテゴリーキラーなどの業態の出現により，百貨店の地位は後退していった。これには百貨店の仕入形態が関係し，消化仕入れという構造が百貨店業界停滞の要因に繋がったと考えられる（熊倉, 2016）。

消化仕入れとは，在庫リスクや販売員の確保はアパレル企業が負担し，百貨

店は商品が売れた分だけを仕入れたと見なし，アパレル企業に仕入れ代金を支払うという仕組みである（杉原・染原，2017）。このシステムは百貨店の販売力が強力であったからこそ成り立つ仕組みであり，百貨店の販売力が低下すると，消化仕入れに対応できるのは大手アパレルに絞られていき，結果として品揃えも他店と同質的になり，百貨店業態は個性を失っていった（熊倉，2016）。

百貨店は売り上げが低迷する中，生き残りをかけ，大手百貨店は，三越伊勢丹ホールディングス，エイチ・ツー・オー リテイリング，J.フロント リテイリング，セブン&アイ・ホールディングスの4社にほぼ経営統合がされていった[1]。商品企画も自主編成売り場を設け完全商品買取で新人デザイナーを発掘するなど努力はされているが（熊倉，2016），日本の百貨店の総売上はピークであった1991年の9.7兆円から，コロナ禍前のインバウンド消費のあった1991年でも6.4兆円まで下がっており，コロナ禍の影響を受けた2021年では4.4兆円となっている（図表4－1）。

一方，第2章で示した通り，百貨店中心にファッションが牽引されていた時代から，2000年代はファッションビルを含むSC（Shopping Center）や専門店，セレクトショップのようにファッションを牽引する業態が変化していったのであるが，とりわけSCにおいては，一部の好調なアパレルブランドを除いて商品の同質化が起こっていることが問題視されている。要因としてはOEMの弊害と言われ，多くのアパレルが売れ筋を安く早く作ろうとするあまりに商品企画までをOEMに丸投げして仕入れているという現象から生じている（杉原・染原，2017）。加えてPOSデータに基づく需要予測による見込み生産の繰り返しが，同質的な商品の過剰生産を加速させている（馬場，2021）。

2000年代後半より注目されたファストファッションにおいては，定番商品を主とするUNIQLOは別として，H&M等の，流行を瞬時に市場で提供するファストファッションのブームは，大量生産・大量廃棄というサステナビリティに反することへの批判を受けていることもあり，業態としてのトレンド性が沈静化している。

商品の同質化や大量生産により，現在では生産された衣料は大量に売れ残る事態が起こっている（馬場，2021）。セールは常態化され，アウトレットやバッタ屋という二次流通に在庫が流され，多くのアパレルがこの売れ残りを前提に

図表4-1　全国百貨店売上高の推移

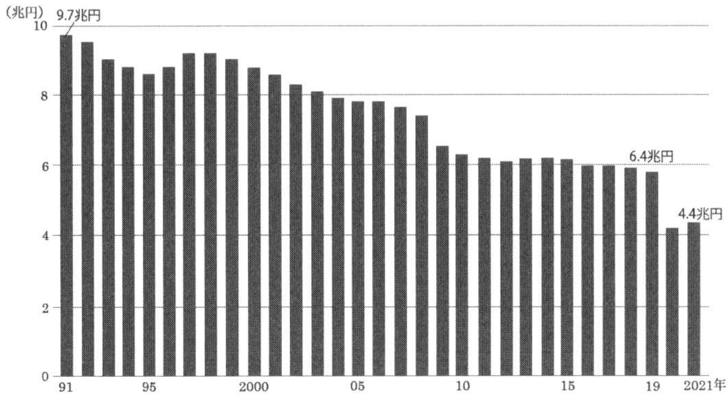

出所：日本百貨店協会統計年報をもとに筆者作成

価格設定をしていることが問題とされている（杉原・染原, 2017）。

　こうした業態に変化をもたらすため，EC化の潮流に伴って，デジタルの力を取り入れ顧客満足度や顧客分析の向上，在庫の一元管理などを行うことを目的としたオムニチャネル化へ舵を切る企業が増加している。

# 2

## オムニチャネル化

　近年，インターネットやスマートフォンの普及によりデジタル化は進み，消費者の情報探索及び購買スタイルは多様化している（吉井, 2020）。第2章図表2-7で示したように，ファッション市場のEC化率が急激に伸長しており，アパレル自社のリアル店舗とネット店舗のシームレスな連携を図るオムニチャネル戦略を推進する企業が増加している。

　オムニチャネルとは，National Retail Federation（全米小売業協会）が2011年に報告書で用いた用語で，アメリカの大手百貨店Macy's のCEOが同社の目標とする宣言に使用したことで広く認知が高まった（中村, 2013）。ただし，EC販売と実店舗販売を組み合わせたモデルとしては，オムニチャネルの前身

としてマルチチャネルがあり，店舗，通販，ネット等それぞれのチャネルごとに認知・検討・購買の経路が完結するものであった。マルチチャネルに対してオムニチャネルは，顧客を基点に，認知・検討・購買といった購買プロセスの各段階において，各チャネルを最適に組み合わせるアプローチである。

オムニチャネルでは，顧客起点で多様化した販売チャネルを再構築し，シームレスな購買体験を実現させ，さらに実店舗とオンライン店舗での共通のポイントの付与や在庫の一元管理を可能とさせている（馬場，2021）。オムニチャネルはデジタルとリアルが競合するのではなく相互補完をすることで，企業は売上の伸長とコスト削減が臨めると考えられている（Rigby, 2011）。

オムニチャネルの購買スタイルには，ショールーミングやリバースショールーミング，ウェブルーミングが挙げられる。吉井（2020）の定義によると，ショールーミングとは「消費者が実店舗をショールーム代わりにして商品と価格を確認した後で，実店舗外でのオンラインによる購買行動」とされ，リバースショールーミングとは「消費者が実店舗への訪問前ならびに店舗内においても外部サイトの情報探索を行うものの，オンライン店舗では購買を行わずに実店舗で購買する行為」とされる。

また，リバースショールーミングの中でも「最初からリアル店舗で購買することを目的にインターネット検索をして店舗で購買する消費者」をウェブルーマーと定義しているが，実店舗来店の意図と実際の購買が異なることもあることから，吉井（2019）は①ウェブルーマー，②チャネルスイッチ・リバース・ショールーマー，③チャネルスイッチ・ショールーマー，④従来型ショールーマーの４つの購買パターンに整理している。そして，実店舗のマーチャンダイジングの可視化と言われるディスプレイ，ゾーニング，品揃え等の視角的なマーチャンダイジング即ちVMD（Visual Merchandising）と①から④の関係性を考察している（図表4-2）。

具体的には①のウェブルーマーに関しては，能動的に情報を収集し購買への関与度が高く判断力の高い消費者とされ，VMDはその場で購買することを前提として確認することになると考える。②のチャネルスイッチ・リバース・ショールーマーに関しては，商品への関与度は高いながらも判断力の低い消費者と位置づけられることから実店舗でのVMDの影響を強く受けると考えられ

図表4-2　ショールーマーとリバース・ショールーマーの整理

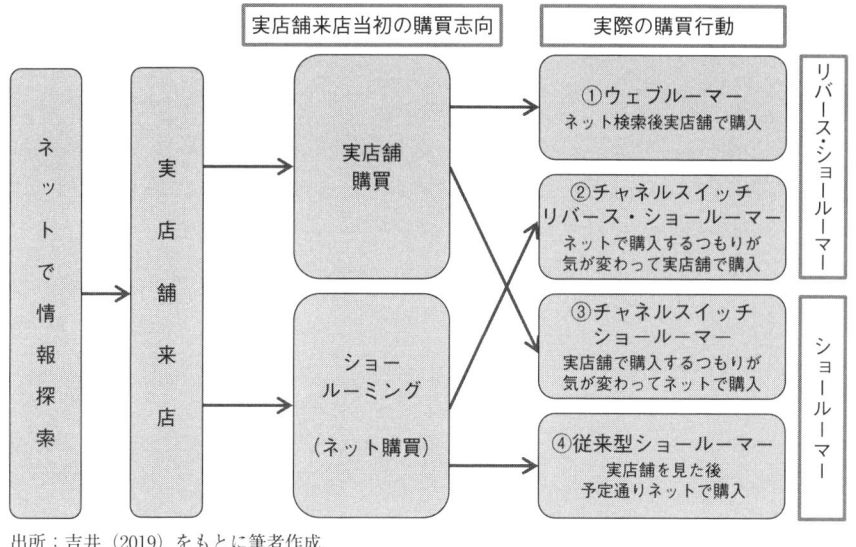

出所：吉井（2019）をもとに筆者作成

　る。③のチャネルスイッチ・ショールーマーに関しては，ネット検索で購買商品を決めて実店舗を訪れることから，商品への関与度が高いながらも，その場で迷いも生じVMDは確認の場としかならない。④従来型ショールーマーに関しては，予定通りネットで購入するため，能動的な商品検索により商品関与は高く，実店舗のVMDは短時間の確認となると考えられている。このようにオムニチャネルは多様な購買のスタイルを可能にしている。

　前述のショールーマーとウェブルーマーに着目し，Kang（2019）は，ソーシャルメディアやモバイル端末を積極的に利用して消費活動を行う消費者の，ショールーミングとウェブルーミングの価値に対する認識が，ファッション商品のオムニチャネルでの買い物の選好要因であり，商品に対するレビュー共有の意思に影響を与えることを明らかにした。そして，顧客の信頼とロイヤルティを構築できる商品レビューを得るために，小売業者は購入時と購入後の段階でシームレスなオムニチャネルでの買い物体験を提供する必要があることを示唆した。こうして顧客から得られる信頼が，強固な顧客関係を構築し，顧客のリピート購入を創出する礎となると考えられる（Power Reviews, 2016）。

　Ryu（2019）は，消費者の特性に着目し，消費者がファッションへの造詣を
より高度に有しているほど（以下，ファッション造詣者），オムニチャネルで
の買い物意向が強くなることを示した。ファッション造詣者は，より新しい
ファッション商品を楽しみ（Jun & Rhee, 2009），ファッション商品を購入す
る際は，例えば訪れた店舗に特定のサイズや色が欠品している場合は，他の店
舗へ移動することなく即時モバイルで購入するなど買物行動に柔軟性がある。
こうした買物行動に対応できるシステムが整っていれば，ファッション造詣者
がオムニチャネルの小売店で買い物をする強い動機となり得る。ファッション
造詣者はファッションの普及に重要な役割を果たすことから（Goldmith, et al.,
1993），ファッション造詣者を重視することをRyu（2019）は提起している。

　また，Ryu（2019）は，より高いテクノロジーへの親和性を有する消費者は
オムニチャネルでの買物意向が強くなることを示した。これにより，オムニ
チャネルの買物客は買物行動で最も自身のモバイルを使用することを好むこと
から，小売業者はオムニチャネルの小売環境をより確立すべく，顧客のモバイ
ルタッチポイントを最大限に整えるべきである。

　こうしたファッション購買に関するオムニチャネルの特性を考慮しつつ，
ファッションへの関与度の高い消費者が遭遇する，感情的体験，チャネル，デ
バイスに焦点を当てたファッションにおけるオムニチャネルのカスタマー
ジャーニーをLynch & Barnes（2020）が提示した。Lynch & Barnes（2020）
によるカスタマージャーニーは，ブランド・エクスペリエンスとして，消費者
のブランドに対する接点を，気づき，探索・比較，評価，購入，納品，返品，
紹介・共有と7つの段階に分け，それらの段階における消費者の感情的体験の
肯定感と否定感で表し，その段階で利用しているチャネルとデバイスをそれぞ
れ示している。こうしたカスタマージャーニーを経て，消費者は，満足，ブラ
ンド・リレイションシップの強化，信頼，ロイヤルティを醸成しているとした。

# 3

## Ｄ２Ｃビジネス

　オムニチャネルは既存のアパレル企業での変革であるが，オムニチャネルシステムの実行も含んだ上で，Ｄ２Ｃという業態が創出されている。

　Ｄ２ＣとはDirect to Consumer の略である。論者によってＤ２Ｃの定義は異なるが，Lienhard et al.,（2021）は，中間業者を省いてオンラインまたはオフラインで消費者に直接販売することをＤ２Ｃ戦略と定義した。既存の消費財メーカーがＤ２Ｃを成長機会として捉える中，Lienhard et al.,（2021）は，老舗消費財メーカーを事例にＤ２Ｃの推進要因と前提条件を探求した。結果は，推進要因として小売業者に依存しないマージンの確保及び顧客との関係性の向上が挙げられ，Ｄ２Ｃビジネスを開始する前提条件としては，経営層からの承認，中間業者機能の構築，顧客対応システムの構築，ブランドカルチャーの形成の４つの条件が必要とされ，それらは，中間管理層による支援によって運営されることを示した（図表４-３）。

　ここでは，Lienhard et al.,（2021）の消費者に小売店を通さず直接販売するという点を主眼に置きつつ，本書が議題としているファッション産業に特化した研究に焦点を当てる。

　Jin & Shin（2020）は，Christensen（1997, 2006, 2015）の 破壊的イノベーションの文脈からビジネスモデルイノベーションに着目し，近年ファッション業界のビジネスモデルに大きな変革がもたらされているとして，３つのビジネスイノベーションのモデルを提示した。

　１つ目は「スタートアップのデジタル新興企業」であり，中間業者を介さずにコストを抑え，高品質の商品を従来の小売業よりも手頃な価格で消費者に直接提供しているブランド群で，紳士服のBonobosや眼鏡のWarby Parker，即ちＤ２Ｃブランドを事例としている。

　２つ目としては「AIによる需要予測と商品設計」を挙げており，需要予測精度を高めて過剰生産や売り逃しを低減するため，需要予測や商品設計に人工

図表4-3　消費財メーカーによるD2C開設の前提条件

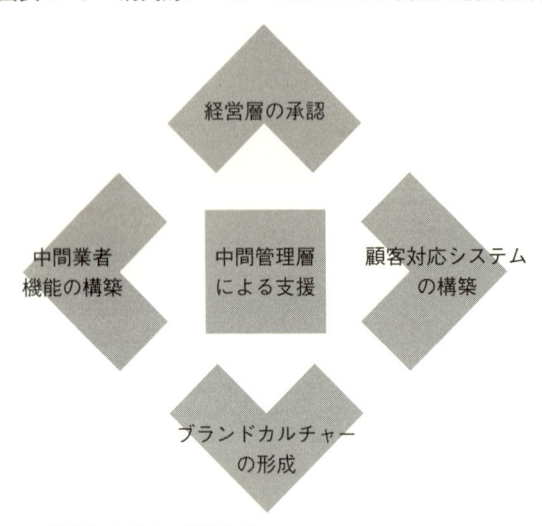

出所：Lienhard et al.,（2021）をもとに筆者作成

知能（AI）を活用するブランド群で，会員制オンライン・パーソナル・スタイリングサービスのStitch Fixや，ファッションにも進出しているAmazonを事例としている。

　3つ目として「共同消費（シェアリングエコノミー）」に関しては，デジタルを介した共有，物々交換，貸し借り，取引，レンタル，贈与などを特徴とし，ハイブランドの洋服をレンタルまたサブスクリプションサービスを展開しているRent the Runwayなどが挙げられる。

　本項ではJin & Shin（2020）の提示する1つ目のD2Cブランドの業態に着目しレビューを進める。その上で，D2Cブランドの特徴を佐々木（2020）の提示をもとにレビューする（図表4-4）。

　ブランドの「出発点」は伝統的なブランドがメーカーとしての誕生であるのに対し，D2Cブランドはモノづくりの会社であってもデータサイエンティストのいるテック企業という表現が似つかわしいと佐々木（2020）は示す。「チャネル」は間接販売でなく，直接販売を行っており，間に広告代理店などは仲介させず，SNS（Social Networking Service）などの利用により顧客とダイレク

図表4-4　Ｄ２Ｃブランドと伝統的なブランドとの違い

| D2Cブランド | | 伝統的なブランド |
| --- | --- | --- |
| デジタルネイティブ | 出発点 | メーカーとして誕生 |
| 直接販売・直接コミュニケーション | チャネル | 小売経由で間接販売，広告代理店経由で間接コミュニケーション |
| 安価 | 価格帯 | 中間コスト込みのため高い |
| 指数関数的成長 | 成長速度 | 堅実な成長 |
| ライフスタイル（世界観） | 提供価値 | プロダクト（機能） |
| ミレニアル世代以下 | ターゲット | Ｘ世代以上 |
| コミュニティーであり仲間 | 顧客の位置づけ | お客様 |

出所：佐々木（2020）をもとに筆者作成

トに対話をする。「価格帯」に関してＤ２Ｃブランドは，中間業者を挟まずダイレクトな仕入れと販売を行うことから，安価で設定される。「成長速度」としては，Ｄ２Ｃブランドは早期に売り上げが立ちやすいプロダクト販売とインターネットという組み合わせで，指数関数的成長を実現しやすい仕組みを作っている。

　提供価値に関してＤ２Ｃブランドはプロダクトの販売というよりもプロダクトを通じてライフスタイル（世界観）の提供を行っている。Ｄ２Ｃブランドのターゲットはデジタルの発達とともに育った1980年代〜90年代後半までに生まれたミレニアル世代を対象としている。顧客の位置づけとしては，従来的な顧客ではなく，一緒にブランドを始めて育てていく仲間のように扱う。以上が佐々木（2020）の示す，アメリカで際立って成功したＤ２Ｃ企業のモデルより抽出したＤ２Ｃブランドの特徴となる。

　従来的な実店舗中心のブランドに対し，Ｄ２Ｃビジネスモデルはオンライン販売が中心とした上で，金澤他（2021）は，実務家の間で展開されている議論から整理されたＤ２Ｃの概念規定を以下のようにしている。

① D2Cは"direct to consumer"の略であり，製造業者と直結するビジネスモデルと称される。

② D2Cは独自商品を提供する。

③ 顧客と直結できることからCRM（Customer Relationship Management）によって顧客データを収集・分析できる。

④ D2Cはインターネットに慣れ親しんだミレニアル世代をターゲットにする傾向がある。

⑤ D2C企業はスタートアップ企業が多く，その起業家の動向に焦点が置かれやすい。

金澤他（2021）は上記の概念規定をより明確にするため，アメリカの眼鏡D2CブランドのWarby Parker，国内のサザビーが展開するジュエリーD2CブランドARTIDA OUDの事例研究を行っている。

金澤他（2021）によれば，Warby Parkerは，オンラインで初めて事業をスタートさせ，中間流通費や広告宣伝費を抑制し低価格の眼鏡販売を実現したブランドである。オンラインでの販売という知覚リスクを低減するため，Home Try-Onという発送及び返却費無料の自宅で試着できるサービスを行うと同時に，このサービスを通して顧客接点を構築し顧客情報を蓄積していった。Warby Parkerのビジネスモデルは，「流通費用や広告宣伝費を抑えて低価格な商品提供」「Home Try-Onによる顧客の知覚リスク削減」「SNSを活用した顧客経験やカスタマージャーニーを考慮したシステム開発」「ショールーム店舗による知覚リスクの削減」，眼鏡を1つ購入すると発展途上国に眼鏡を1つ寄付する「Buy a Pair, Give a Pairによる顧客エンゲージメントの向上」が挙げられる。

一方，ARTIDA OUDは，ファッション関連の商品中心に飲食店まで手掛けるサザビーリーグのジュエリー・ブランドで，インターネットで立ち上げたブランドである。当該ブランドは，D2Cとして中間コストを削減してコストパフォーマンスの高いハイクオリティな商品を提供している。しかし，ジュエリーのような装飾品に関しては知覚リスクの低減や買い物を楽しみたい情緒的側面を考慮し，期間限定の店舗であるポップアップストア及び常設店舗も出店している（金澤他, 2021）。

　この2つの事例研究の結果，D2Cブランドにおいて，オンライン中心であるからこそ重視される「顧客経験」の創出は，オムニチャネルのシステムによって駆動され，オンラインサイトと実店舗での一貫した顧客情報管理が双方の顧客を誘引することによって，より良い顧客経験が創出されると指摘している（金澤他, 2022）。

　ただし，D2Cブランドは萌芽して長くは経過していないことから，世界的に十分な知見の蓄積がなされておらず，中でも日本国内のD2Cブランドを対象とした研究は著しく乏しいのが現状である。

# 4

## SNSとブランドコミュニティー

　D2Cの発展を含んだオムニチャネルシステムの形成に重要な役割を担っているのがSNS（Social Networking Service）である。顧客はSNSを通してブランドと直接的かつ即時的な接触が可能となり，チャネル全体で単一の顧客体験を享受できると同時に（Lorenzo-Romero & Andrés-Martínez, 2020），企業は商業的なメッセージや消費者との交流が，従来よりもはるかに少ない労力とコストで統合的なマーケティング活動を行うことが可能となっている（Kim & Ko, 2012）。

　既存アパレルも，EC（Electronic Commerce）販売に力を置く中SNSを活用し，自社商品の画像投稿から販売サイトへ誘導するだけでなく，商品紹介を行う動画配信も人気を集め，EC店舗でのアパレル商品購買に影響を与えている（吉井, 2021）。SNSを通して紹介される，実店舗スタッフによる商品コーディネイトは，SNS上で消費者との直接的なコミュニケーションも図られることから，購買に際して知覚リスクが高いと言われるアパレル商品の知覚リスク低減に影響を与えるとともに，販売促進に効果があることが明らかにされている（吉井, 2021）。また，SNSにおいて顧客による特定ブランドのクチコミや着用画像・動画の発信も生まれ，顧客のブランドに対するメディア参加が顧客エクイティを向上させている（Chae & Ko, 2016）。常にネット環境に接続している

現代，ロイヤルティは究極的にはブランドを推奨する意思と定義されることから（Kotler et al., 2016），SNSを活用したマーケティングが重要視される。

D2Cブランドでは前項で示したように，アメリカの事例を通して顧客の位置づけはコミュニティーであり仲間としている（佐々木, 2020）。西川・澁谷（2019）によると，伝統的マーケティングでは，STP即ち市場を細分化するセグメンテーション，セグメントを選択するターゲティング，競合商品との位置づけを明確にするポジショニングにより企業側からの一方的な決定によるマーケティングが行われていた。これに対してデジタル社会では，STPの一方的な受け手ではなく，ともに協働できる対等な関係とされる。さらに，顧客同士が互いにSNSで繋がっていることから，単なる顧客というより顧客コミュニティーがターゲットであり，企業が効果的にコミュニティーに関わっていくには，コミュニティーによる承認が必要となり，そこからマーケティングが施行される。

ブランドコミュニティーとは，あるブランドを愛好する人々の間で構造化された一連の社会関係に基づく，地理的な制約を受けない専門的コミュニティーとされる（Muniz & O'guinn, 2001）。SNSでは，ブランドに愛着を持った人々が地理的な制約を受けないオンライン上に集まる。そして，ブランドコミュニティーを通して発信される情報源は有用性のあるものとされ，ブランドコミュニティーが大きいほど，ブランド及びマーケットに与える影響が大きいとされる（Muniz & O'guinn, 2001）。

ブランドコミュニティーへの愛着と忠誠心はブランド態度やブランドロイヤルティに大きな影響を与えることから，企業がマーケティング・コミュニケーションツールとして運用しようとする動きも加速されている（Choi, 2013）。

さらに，SNSを通したインフルエンサーも注目される。インフルエンサーとは，方（2020）によると，ソーシャルメディアで活動している中で一定の人気を有する者と定義づけられている。ブランドはSNSインフルエンサーと提携することで，自社商品のプロモーションに多大な影響と成長の可能性を見出すことができ，インフルエンサーの商業利用は，世界的なマーケティング現象に発展している（De Veiman et al., 2017）。インフルエンサーとフォロワーとの関係性は顧客のブランドエンゲージメントを促進させ（Delbaere et al., 2021），

インフルエンサーのファンという心理はフォロワーの購買意思決定に強く関係する（Kim & Choo, 2019）。近年，インフルエンサーを起用したＤ２Ｃブランドも散見されると同時に，Ｄ２Ｃブランドの創設者自身が，自社の商品をSNS上で発信していく過程で，インフルエンサーとなっていく現象も見受けられる。

　しかし，現状，Ｄ２Ｃブランドに関して，SNSとブランドコミュニティーの関係や，インフルエンサーとの関連などに対する調査を含んだ価値創造への研究は，筆者が調べた限りではなされておらず，今後の研究発展の可能性が示唆される。

# 5

## 小括

　本章では日本ファッションブランドの業態変革に関する先行研究をレビューした。まずは慣行化されたアパレル業態に関してレビューし，長年ファッション産業を牽引してきた百貨店の業態が減退していく一方，ファッションビルを含むSCや専門店，セレクトショップなどにファッションを牽引する役目が広がっていった中で，商品の同質化という問題が発生したことを示した。また，ファストファッションブームも，サステナビリティに反するという批判を一要因とし，業態として沈静化している。商品の同質化やファストファッションの大量生産という状況は，衣料が大量に売れ残る事態を発生させており，多くのアパレルが売れ残りを前提とした価格設定をしていることが問題視されていた。

　そこで，こうした業態に変化をもたらすため，EC化の潮流に伴ってデジタルの力を取り入れ顧客満足度や顧客分析の向上，在庫の一元管理などを行うことを目的としたオムニチャネル化へ舵を切るファッション系企業が増加していることを示した。その上で，オムニチャネルを実行し，全く新しい業態で，中間業者を介さずコストを抑えたスタートアップ企業であるＤ２Ｃブランドの勃興に着目した。さらに，オムニチャネルシステムの形成に重要な役割を担うSNSとブランドコミュニティー及びインフルエンサーに関してもレビューした。

<注>　1）　百貨店の統合は，主に以下の大手百貨店である。
　　　　　三越伊勢丹ホールディングス: 三越・伊勢丹
　　　　　エイチ・ツー・オーリテイリング: 高島屋・阪神阪急百貨店
　　　　　J.フロントリテイリング: 大丸・松坂屋
　　　　　セブン&アイ・ホールディングス: そごう・西武

# 第5章

# 価値創造に関する
# 先行研究レビュー

　本書の目的は，日本のファッション産業の状況を鑑みた際に必要とされる，グローバルマーケットからの日本ファッションに対する視点及び近年勃興するD2Cブランドの価値創造を考察し，ファッションのような感性に重きを置く価値次元の議論を進展させることである。今日まで価値に関する研究は，社会学，経済学，経営学など幅広いフィールドで議論されてきたが，本書では特に経営学に関連する価値に焦点を当て価値の次元をレビューする。加えてファッションにおける価値に関しては，社会学的視点も取り入れながら先行研究をレビューする。

　なお，延岡（2011）は価値づくりを，基本的には経済学・経営学で定義する付加価値と考え，「社会的に価値の高いものづくりをすることによって，それに見合った経済的な価値を創造すること」（p.26）であるとした。付加価値とは売上高から外部購入価値を引いたものなど，数値として定義する計算式はいくつかあるが，本書では数値を導き出すことを価値創造の定義としていない。本書では，価値とは事物がどれくらい役に立つか，効用を生むか，大切に思えるかという概念と考え，こうした価値を生み出していくことを，価値創造と定義する。

# 1

## 顧客価値

　経営学の視点から「価値」に関するレビューを行う上で，まずは顧客価値に焦点を当てる。顧客価値とは，消費者が「製品」やサービスを購入することによって得られる効用であり，価格と品質の組み合わせで決定される。しかし，顧客による品質，即ち「製品」属性の認知には，個人差が見られ，評価基準や尺度について相違がある。つまり知覚品質において，顧客によって評価方向が一致しやすい属性と，個人差の大きい属性があり（網倉・新宅, 2011)，このような2種類の属性を比較する必要がある。

　そこで，次項において顧客価値に対する2種類の差別化，即ち顧客によって評価方向が一致しやすい「垂直的差別化」，顧客によって評価の差の大きい「水平的差別化」についてレビューする。

### 1.1　垂直的差別化

　垂直的差別化とは，「製品」尺度の一致した差別化を言う。高性能で操作が分かりやすい「製品」は誰もが望む。ただし，望ましい方向性が一致していても複数の機能の属性間にはトレードオフが関係し，同時に品質水準を高めることが困難な場合がある。自動車の安全性と燃費の関係を例として挙げると，安全性を高めるためにエアバックやアンチロックブレーキシステムを搭載したりボディ鋼板の厚みを増強すると，車重が増加し燃費が悪くなるというトレードオフである（網倉・新宅, 2011）。

## 1.2　水平的差別化

　水平的差別化とは，「製品」属性の評価方向が顧客によって一致しない差別化を言う。典型例としてはHotelling（1929）の「立地モデル」が挙げられ，「製品」そのものの属性だけでなく，店舗までの移動距離が顧客価値に影響を与えているという概念である。具体的には，全く同じ価格で購入したとしても，小売店舗の近くに住んでいるほど効用が高くなるし，自宅より離れたスーパーマーケットよりも近所のコンビニエンスストアで買い物をする消費者は移動コスト節約による価格プレミアムを受け入れている（網倉・新宅, 2011）。また，水平属性は多様化した消費者に対応するもので，機器の様々な付加的機能や「製品」の色・デザインなども含まれる。

　こうした差別化の枠組みにおいて，イノベーション論を用いて議論すると，垂直的差別化による持続的イノベーションに力を注ぐほど，他の価値ネットワークへと転換することが難しくなり，ライバル企業による水平的差別化への対応力の低下が見られる。即ちイノベーションのジレンマが起こる（Christensen, 1997）。

# 2

## 消費価値の類型

　上述の顧客価値における2つの差別化とは別に，消費者視点に立脚した価値のレビューを本節で行う。消費価値研究とは，消費者行動における消費者の価値観に対する研究である。1960年から1970年代にかけてS（Stimulus），O（Organism），R（Response）モデルや，情報処理パラダイムを基礎とする研究が活発となっていた（古川, 2016）。以下では，具体的に細分化された価値をレビューする。

## 2.1 Sheth et al.による消費価値研究

　Sheth et al.（1991）は，消費者がある「製品」の類型及びブランドを選ぶ理由を解明し，耐久消費財・工業「製品」・サービス等あらゆる「製品」に適用可能であるとした。Sheth et al.（1991）は，機能的価値，条件的価値，社会的価値，感情的価値，認識的価値という5つの消費価値を特定し，消費者の意思決定には，この5つの消費価値のいずれかの分野，あるいは複数に影響される可能性があると提起した。

　機能的価値とは，機能的，実用的，または性能といった客観的に判断が可能な物理的な属性が顕著に現れることによって獲得できる価値を言う。社会的価値とは，特定の社会集団と関連することによって得られる知覚的な効用を意味し，自動車で例えれば，単なる機能性だけでなくステータス性による効用などである。感情的価値とは，「製品」やサービスが感情や情緒を喚起する価値を意味し，例えばキャンドルを灯したディナーに高揚感があるように，消費者の情緒に訴えるものである。認識的価値とは，「製品」やサービスにより，好奇心，新奇性，知識などが喚起される価値を意味する。最後に条件的価値とは，一定の条件下に置いて選択される価値を意味し，例えばウエディングドレスのような限られた着用機会のないものや，クリスマスカードなど期間が限定されたものに生じるものを表す。

## 2.2 Holbrookによる消費価値研究

　Holbrook（2006）は，消費者行動を考える上で，顧客価値の類型を提起した。具体的には，「製品」や消費体験が更なる目的のために機能する「外在性」，消費体験が自己正当化する目的のものとしての「内在性」の軸と，自分自身のために「製品」または消費体験を評価する「自己指向」，他者への反応を意識した消費体験を「他者指向」とする軸を置き，価値の類型化を行った。

　この類型で，外在性で自己指向であれば，「経済的価値」となり，「製品」や

消費体験がある目的のために手段として達成する機能から，「製品」の機能性や効率性を追求する価値と言える。外在性で他者指向であると「社会的価値」が該当し，自身の消費行動により他者の反応を契機するもので，社会的ステータスを重視する価値である。内在性で自己指向であると，「快楽的価値」となり，レジャーから得られる楽しみや芸術鑑賞などによる美的な自己の楽しみから生じる価値である。そして，内在性で他者指向であると「利他的価値」が該当し，例えば倫理的に重視される慈善団体への寄付など，自身の消費行動が他者にどのように影響を与えるかという価値である。

## 2.3　消費価値を用いたグローバルイメージ戦略の研究

　古川（2016）はSheth et al.（1991）及びHolbrook（2006）の価値の類系を基に，7つの訴求要素を挙げ，グローバル・ブランド・イメージ戦略（以下，GBI戦略）に結び付けた。

　まず，「製品」及びサービスの機能面への訴求に対して，「製品」における品質などの機能的価値に焦点を当て検討した。ただし，Sweeney & Soutar（2001）の主張するように機能面を1つの消費価値として捉えるのは難しいことから，機能面への訴求は，古川（2016）の7つの訴求要素の1つ目として「価格訴求」と，2つ目としての「品質訴求」に分けて提示した。

　3つ目の訴求要素である「多様性・新規性訴求」は，好奇心や目新しさによって生じる価値によるもので，消費者の多様性探索行為であるバラエティーシーキングと，新しいモノやサービスの探索行為であるノベルティーシーキングからなる。社会性への訴求としては，古川（2016）の言う4つ目として，バンドワゴン型による集団への同調である「集団訴求」，5つ目として，ステータスを誇示し他者との差別化を図る「ステータス訴求」が挙げられる。6つ目の「感情訴求」は気分や感情によってもたらされる情緒的要因とされ，Sheth et al.（1991）の感情的価値，Holbrook（2006）の快楽的価値，そして，サービス，パッケージ，広告などに感じる楽しさや五感体験から得られる感動である和田（2002）による感覚価値により構成される。7つ目の「社会貢献訴求」

は，他者への貢献イメージであり，ブランド消費による社会や環境への貢献を訴求するものである。

　これらのGBI戦略の7要素をSheth et al.（1991）とHolbrook（2006）による価値の類型をもとに一元化したものが図表5-1である。なお，この図では，価値及び訴求が機能面と感性面に大きく2つに分かれている。

図表5-1　消費価値研究とGBI戦略

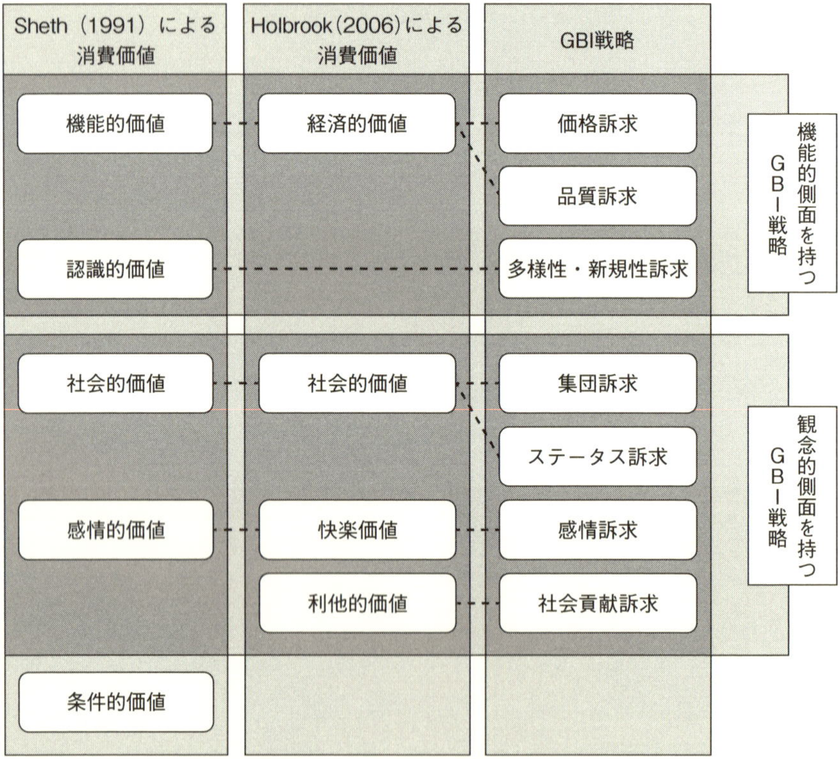

| Sheth（1991）による消費価値 | Holbrook（2006）による消費価値 | GBI戦略 | |
|---|---|---|---|
| 機能的価値 | 経済的価値 | 価格訴求 | 機能的側面を持つGBI戦略 |
| | | 品質訴求 | |
| 認識的価値 | | 多様性・新規性訴求 | |
| 社会的価値 | 社会的価値 | 集団訴求 | 観念的側面を持つGBI戦略 |
| | | ステータス訴求 | |
| 感情的価値 | 快楽価値 | 感情訴求 | |
| | 利他的価値 | 社会貢献訴求 | |
| 条件的価値 | | | |

出所：古川（2016）をもとに筆者作成

# 3

# 価値とブランド

　価値とブランドの研究においては，商品が世の中に溢れ，コモディティ化を回避したいという考えから議論が高まっていった。

## 3.1　機能的価値と意味的価値

　延岡（2008）によると，商品の価値は機能的価値と意味的価値の合算から成るとされる。機能的価値とは商品が持つ基本的機能，即ち商品の機能やスペックなど客観的に決まる価値である。一方，意味的価値とは特定の顧客が商品の特徴に関して主観的な意味づけをする感覚的なもので，商品の審美性やフィーリングなど顧客の感性に依る価値である。意味的価値に関しては，類似した概念として，感性的価値（青木, 2011），情緒的価値（遠藤, 2007），精神的価値（Khalifa, 2004），そして前節で述べた感情的価値（Sheth et al., 1991），快楽的価値（Holbrook & Hirshman, 1982a/b）などが他の研究者によって唱えられており，いずれも商品の機能や実用性では表せない感覚的な価値という意味で共通している（延岡, 2008）。

　これらの概念は，1970年代までの消費者が商品を購買する行動を情報処理として捉えていた価値次元から昇華した価値概念である。かつては，商品の購入という消費者行動は，消費者に何らかの問題が発生した時の解決手段という理論の下で，発生した問題に対して代替品の情報探索をし，購入することで解決するという情報処理と考えられていた（和泉・赤岡, 2015）。1980年代になると，アメリカの消費者行動学者であるHolbrookとHirshmanにより，情報処理では説明できない，消費における経験的側面での快楽消費という考えを提唱し（Holbrook & Hirshman, 1982a/b），その後，前述のような感覚的な価値への注目が高まっていったのであった。

　ただし，前述の意味的価値に対する類似概念は，顧客が意味づける価値の内容の一例であるのに対して，意味的価値の概念はそれらを全て包括しており，商品の価値とは機能的価値と意味的価値の合計であると考える（延岡, 2011）。意味的価値が大きいほど，同じレベルの機能的価値でも商品価値が高くなることを図示したものが図表5-2である。

図表5-2　商品価値（機能的価値＋意味的価値）

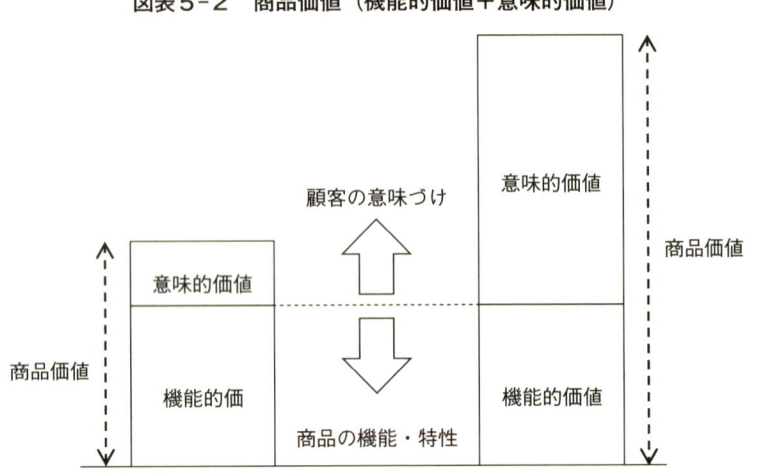

出所：延岡（2008）をもとに筆者作成

　延岡（2008, 2011）が意味的価値に焦点を当てる理由として，「意味的価値が過小評価されてきた点」と「意味的価値の重要性が増幅してきた点」を挙げ，機能的価値だけで価格が決まっているものはコモディティ化商品となる傾向が強いことから，意味的価値への注力がコモディティ化から脱却する要点であると言う。

　楠木（2006）はコモディティ化のプロセスを価値次元の可視性として，①特定可能性（visibility），②測定可能性（measurability），③普遍性（universality），④安定性（stability）という4つの下位次元から構成される概念を提唱してお

り，この視点から，機能的価値の可視性は高く，感性的価値あるいは延岡の言う意味的価値は可視性が低いと指摘している。特に製造業においては，機能やスペックでの差別化は明確に把握しやすいことから，競合他社からの追随や模倣を受けやすく，また，技術面での差別化を目指し持続的イノベーションを促進させた結果，顧客の要求する水準を超えて過剰な技術を付加するオーバーシュートが起こり，コモディティ化が加速する（楠木・阿久津, 2006）。

　機能的価値と比較し，意味的価値は，個人の「こだわり」や「自己表現」に関連する主観的なものであり，低い可視性で模倣がされにくく，顧客の支払い意思額も機能的価値が主となる商品のように「この機能であるから，この値段」というように決まりづらい（図表5-3）。即ちコモディティ化を回避させやすい。よって，機能的価値を極めつつもいかに意味的価値を創出して付加価値性を高めるかが成功の要因となると考えられた（延岡, 2008）。

図表5-3　機能的価値と意味的価値の位置づけ

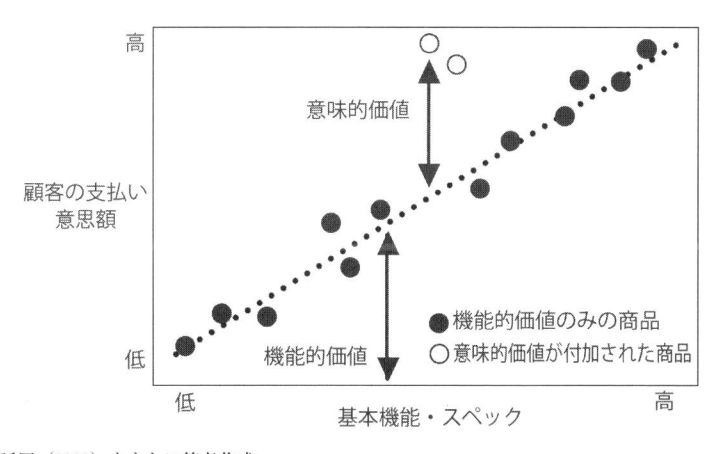

出所：延岡（2008）をもとに筆者作成

　ただし，意味的価値についても，機能が関係ないわけ ではなく，大きな貢献をもたらす。同じ機能に基づく価値であっても，客観的指標をそのまま取り入れるのが機能的価値であり，その機能に対して顧客が特別な意味づけをすると，顧客自らが創り出す部分が意味的価値となる。例を挙げれば，BMWは高い性

能を有するという客観的評価の上に，顧客自らが情緒的な意味づけをしていることから，意味的価値の多くは機能を源泉としていることが分かる。図表5－4では，左下のセルが機能・スペックなどの分かる客観的な評価基準のある機能的価値，右上のセルが意味的価値であるが，右下のセルは客観的な評価基準がある上に，特定の顧客が機能・スペックに意味づけをしたことにより意味的価値になる（延岡, 2011）。

図表5－4　主観的意味づけとされる意味的価値

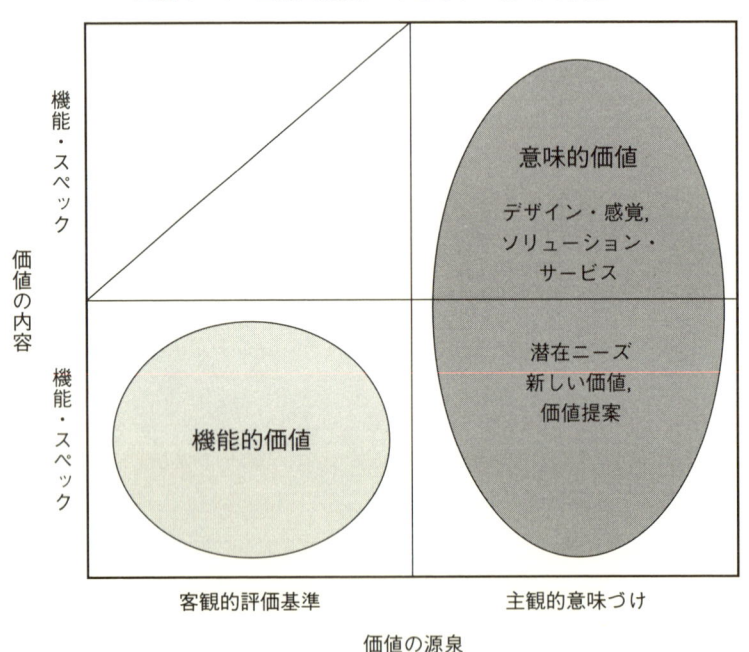

出所：延岡（2011）をもとに筆者作成

## 3.2　ブランド価値

前項で焦点を当てた意味的価値に関する要素を形成する上で大きな影響を与えるのがブランド価値である。ブランドとは，もともと欧州で自分が所有する

家畜などを他人のものと区別するために記した焼き印であったことから始まる（Stobart, 1994）。19世紀末，輸送や通信などのインフラが整い，地域ごとに分断されていた市場が統合され，標準化された「製品」を大量に全国規模に流通させる際に，包装「製品」に名前を付けることから広告効果へと繋がったことから「名前」がブランドへと昇華していった（Tedlow, 1990）。

　ブランド研究は1950年代から始まり，ブランドのイメージやロイヤルティが個々に研究がなされる中，1991年のAakerの著書でブランド・エクイティは体系化された。Aakerによるブランド・エクイティをより具体的に表現した青木（2011）を引用すると，「ブランド・エクイティとは，あるブランド名やロゴから連想されるプラスとマイナスの要素の総和であり，同種の「製品」であっても，ブランド名が付いていることによって生じる価値の差」（p.4）と定義されている。ブランド・エクイティの構成要素として，①ブランド・ロイヤルティ，②ブランド認知，③知覚品質，④ブランド連想，⑤その他の資産（パテント・トレードマーク・流通チャネルなど）の５つを挙げて整理し，顧客や企業に様々な価値をもたらすことを体系的に示した（青木, 2011）。

　1990年代の半ばを過ぎると，強いブランドの構築を標榜する概念「ブランド・アイデンティティ」が提唱され（青木, 2011），Aaker（1996）は，ブランド・アイデンティティを，ブランド戦略開発者が作りたい，あるいは維持したい，ユニークなブランド連想の集合体であり，ブランド連想はブランドの象徴であり，組織のメンバーが顧客に対して行う約束を意味すると定義した。そして，ブランド・アイデンティティは，機能的，感情的，自己表現的便益を含む価値提案を提供することで，ブランドとの関係を構築するのに貢献させねばならないと，価値提案とブランドと顧客との関係性構築を強調している（Aaker, 1996）。

　田中（1997）は，ブランドは，まず第一に，企業が生み出した何らかの「革新」を維持・保存・発展させることに寄与しており，それが達成された後，その「革新」を顧客の「価値」と「関係」という２つのものに変えることが，マーケティングマネジメントの重要な要素であると，関係性マーケティングを強調した。同じく和田（2002）も独自の関係性マーケティングに言及し，「製品」の持つ４つの価値構造を明らかにした。具体的には，基本的価値として

「カテゴリーそのものとして存在するためになくてはならない価値」，便宜価値として「消費者が当該製品を便利に楽しくたやすく購買しうる価値」，そして次の2つはブランド価値に相当するとして，1つ目には感覚価値として「製品サービスの購買や消費にあたって消費者の五感に訴求する価値」，2つ目には観念価値として「意味論や解釈論の世界での製品価値」を提唱した（図表5-5）。

図表5-5 「製品」の価値構造と形態

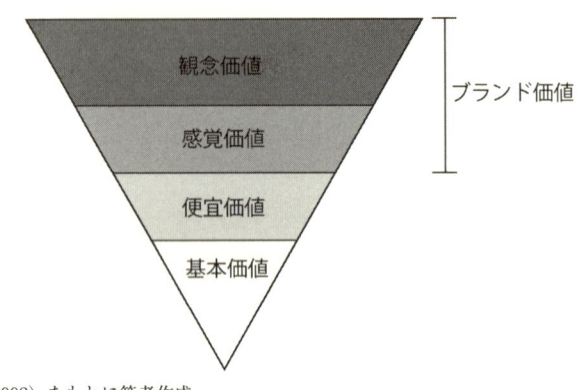

出所：和田（2002）をもとに筆者作成

### 3.3 五感に重点を置く体験的価値

　顧客やブランドに関する価値の議論が深まる中，2000年に差し掛かる頃以降，商品のコモディティ化の回避を念頭に置いた五感に訴える顧客の体験的価値提供の重要性が提唱されるようになった（楠木・阿久津, 2006）。これらは，商品を購入して価値が完結するのではなく，顧客のブランドとの出会いから商品やサービスを通して得る様々な経験に価値を置く議論であり（青木, 2011），経験経済を提唱したPine & Gilmore（1999），経験価値を唱えたSchmitt（1999），エモーショナル・ブランディングを提唱したGobe（2001）などが挙げられる。
　具体的には，Pine & Gilmore（1999）が工業経済，サービス経済を経て，メ

モラブルで感動的な「経験」に価値を置く経験経済への移行の重要性を示している。また，Schmitt（1999）は経験価値の構成要素として5つの価値要素（Sence・Feel・Think・Act・Relate）を挙げ（図表5-6），Gobe（2001）は「製品重視から経験重視へ（from Product to Experience）」，「製品の機能性重視から感性重視へ（from Function to Feel）」など伝統的マーケティングを構成する10の要素から体験的価値を重視したマーケティングに脱却すべき要素を抽出し，エモーショナル・ブランディングを提唱している（図表5-7）。

　基本的にこれらは体験的価値を通した五感が重視されており，ブランドと顧

### 図表5-6　経験価値を構成する5要素

| 1 | Sense | 美や興奮に関する顧客の感覚に訴求する要素 |
| 2 | Feel | 気分や感情に影響を与えるための要素 |
| 3 | Think | 驚き・好奇心・挑発などを組み合わせ，顧客の創造的な思考に訴求する要素 |
| 4 | Act | 行動やライフスタイルの具体的なパターンを示唆することで行動的経験価値を高める要素 |
| 5 | Relate | 顧客個人とブランドとを社会や文化的に結び付けることで社会的価値を構築する要素 |

出所：Schmitt（1999）をもとに筆者作成

### 図表5-7　エモーショナル・ブランディングを構成する10要素

| 1 | from Consumers → to People | 対象を消費者重視から人々重視へ |
| 2 | from Product → to Experience | 「製品」重視から経験重視へ |
| 3 | from Honesty → to Trust | 販売・サービスにおける実直重視から信頼重視へ |
| 4 | from Quality → to Preference | 品質重視から顧客の愛顧獲得重視へ |
| 5 | from Notoriety → to Aspiration | ブランド・商品の知名度重視から「憧れの獲得」重視へ |
| 6 | from Identity→ to Personality | ブランドのアイデンティティ重視からパーソナリティー重視へ |
| 7 | from Function → to Feel | 「製品」の機能性重視から感性重視へ |
| 8 | from Ubiquity → to Presence | 「製品」・サービスの遍在性重視から存在感重視へ |
| 9 | from Communication → to Dialogue | 顧客とのコミュニケーション重視から対話重視へ |
| 10 | from Service → to Relationship | 顧客へのサービス重視から関係性重視へ |

出所：Gobe（2001）をもとに筆者作成

客との情動的な絆と言える関係を構築することの重要性の提唱でもある。企業とブランドと顧客との関係性に関しては，Schmitt（1999）やGobe（2001）で言うならば，図表5-6の「Relate」，図表5-7の「from Servis to Relationship」という形でも強調されている。

このように，体験的価値に焦点を当てることで，顧客価値の次元は感性に類するものが重視され，同時に関係性に関わるものまで拡張されていった（青木，2011）。そして体験的価値は「製品やサービスそれ自体が生み出す価値だけではなく，購買や消費のプロセスにおいて生み出される価値」（p.35）も含めて，「価値提供」から「価値共創」へという発想へと繋がっていった（青木，2011）。

### 3.4 価値共創

価値共創（Co-Creation of Value）とは，企業が一方的に価値を生み出し，価値が企業の「製品」やサービスだけに存在するという従来の概念から脱却し，企業と消費者の企業が織りなす様々な接点により共創される経験から創出されるものとPrahalad & Ramaswamy（2004a/b）は提唱している。価値共創の議論はサービス・ドミナント・ロジック（Service-Dominant Logic，以下，S-Dロジック）への注目を契機に更に高まっていった（福田，2013）。SDロジックの考え方は，企業から顧客へ一方的に「製品」が提供されるグッズ・ドミナント・ロジック（Goods-Dominant Logic）とは異なり，提供物は使用されるまで価値を持たず，購入した「製品」・サービスを，顧客がどのような個人的視点，どのような状況で接点を持つかで文脈価値が創出されるとされる。即ち価値創造は価値が独自に生み出され，評価される社会システム内の文脈で考える必要がある（Vargo & Lusch, 2014）。価値創造において顧客は一貫して創造者側におり，全ての企業と顧客間に固有の関係として価値共創が論じられている（福田，2013）。このVargo & LuschによるS-Dロジックの基本的前提（Fundamental Premises）をまとめたのが図表5-8である。

近年，ソーシャルメディアの爆発的な普及により，ブランドと顧客との接点は多様に広がり，商品購入や店舗来店を含むブランドに触れた際の顧客からの

発信，それらからなるブランドのコミュニティー形成などを鑑みると，価値共創の理念は今後も重視されるであろう。しかし，顧客とブランドによる価値共創と言えども，本書では最初のシーズとなるものは，提案する側即ちブランドから提供をすることが必須であると考える。そこで，次のブランディング・デザインによる価値創造の概念に着目する。

**図表5-8　S-Dロジック基本的前提**

| FP 1 | サービスが交換の基本的基盤である。 |
|---|---|
| FP 2 | 間接的な交換により，本質が見えにくくなる。 |
| FP 3 | モノは，サービスを提供するための伝達手段である。 |
| FP 4 | オペラント資源[1]は戦略的ベネフィットの基本的源泉である。 |
| FP 5 | 全ての経済は，サービス経済である。 |
| FP 6 | 価値は受益者を含む複数のアクター[2]によって常に共創される。 |
| FP 7 | アクターは価値を提供することはできないが，価値提案の創造に参加することはできる。 |
| FP 8 | サービス中心の視点は，元来，顧客志向的であり，関係的である。 |
| FP 9 | 全ての社会と経済におけるアクターが価値となるリソースを形成する。 |
| FP10 | 価値は受益者によって常に独自にかつ現象学的に判断される。 |
| FP11 | 価値共創はアクターが創造した制度と制度の組み換えを通じて調整される。 |

出所：Vargo & Lusch（2008, 2016）をもとに筆者作成

## 3.5　コンテクストデザイン

　ここまで，商品の機能以外にある価値として，意味的価値に代表される感性的価値，経験価値，文脈的価値を背景に価値創造を戦略とする議論をレビューしてきたが，本項では，原田他（2012）によるコンテクストデザインに注目する。コンテクストデザインとは，商品（コンテンツ）自体でなく，上述の価値群と同じく商品のコモディティ化を回避する発想の価値である。原田（2012）によると，「もの造り至上主義」「高質現場依存主義」という旧来型の伝統的パラダイムからの脱却を唱え，コンテクストデザインはコンテンツ（商品）に依

拠したイノベーションよりもはるかに効果的なイノベーションであると提唱される。

　コンテクストとは，一般的には「文脈」や「脈絡」といった意味ととられるが，特に経営学領域の視点として，例えば戦略の背景，戦略の状況，戦略の過程等，コンテンツとしての戦略の価値を引き出す，ある種のレバレッジやトリガーとされ，当該議論における定義としては，情報の送り手と受け手のコミュ

**図表5-9　コンテクストデザインのグループ化**

| | | |
|---|---|---|
| コンテンツ不変型CD | ①背景のCD | コンテンツの背景が変わるとコンテンツ自体が何ら変化することなしにコンテンツの価値が大きく変化する状況を出現させてしまうCD |
| | ②権威付けのCD | 例えば，現代生活では価値を持たない古代遺跡が世界遺産として認定されることによって文化的・歴史的価値が付与されるが，このような価値を付与する世界遺産認定行為に見られるCD |
| | ③系列のCD | さほど高いとは言えない価値しか保持していないコンテンツを，他の大きな価値を保持するコンテンツに何らかの方法で結び付けることによって，現在の価値を大きく高めるためのCD |
| | ④過程のCD | プロセス（process）デザインによって他社に対してより多大な顧客価値を現出するCD |
| | ⑤位置のCD | コンテンツの提供される時間や場所を転換させることによって，価値の顕在化や増大が実現するというCD |
| コンテンツ変化型CD | ①順番のCD | 例えば，登場順番が試合や舞台の価値の発現や増大に多大な影響を与えていることに見出されるCD |
| | ②単位のCD | コンテンツを集約したり，あるいは小分けにしたりしてコンテンツの単位を変えることによって，元来あったコンテンツの価値をより大きくするためのCD |
| | ③集団のCD | 例えば，ファッションでの「系」や「族」に代表されるような特殊な集団を形成することによって，そこに参加した多様な若者をある方向に向けて集団化し社会レベルでの大きなパワーに転換することを可能にするCD |
| | ④組み合わせのCD | 例えば，福袋のように，多様な組み合わせによって全体としての価値を上げていくCD |
| | ⑤添加のCD | 既存のコンテンツに意図的な仕掛けや異なる要素を絡めることで，そのもともとの価値を大きく変化させるCD |
| | ⑥翻訳のCD | 翻訳により価値を顕在化させたCD |

出所：原田・三浦（2012）をもとに筆者作成

ニケーション効果を高めるために，認知プロセスにおいて，コンテンツの潜在的な価値の表現，新しい価値の創造，既存の価値の向上に大きく貢献する機能であるとしている。コンテクストブランディングの定義としては，商品や提供方法の「コンテクスト」を創造するブランディングによる価値創造とされる（原田・三浦, 2012）。

　また，当該研究では図表5-9の通り，「コンテンツ不変型コンテクストデザイン（以下，CD）」と「コンテンツ変化型CD」と2つに分け，前者はコンテンツの内容は不変のまま，コンテンツを包含するコンテクストを創造することによって，全体を価値づける戦略として5つの要素を挙げ，後者はコンテンツ自体への変化もある程度加えながら全体としてコンテクストを創造する戦略として6つの要素を挙げ，合計11の要素に分類し，事例を用いながら分析を行っている。

　このように，まずは提案する側からシーズを創造するという点で，ただ商品を作るのではなく，どのようにコンテクストを包含させて商品として完成させるのか，そうした商品が魅力的であるからこそ，次の段階として価値共創にも発展していくことに繋がる。

# 4

## ファッションにおける価値の研究

　ファッションにおける価値の研究は，19世紀末，欧米において新興ブルジョワ層の出現に対して起こった社会学的な研究から始まり，後に経営学的観点での価値の研究も出現した。

### 4.1　ファッションにおける価値の社会学的視点

　19世紀末，有閑階級の研究に取り組んだVeblenは，人々を労働者階級と有閑階級に大別し，後者による富と階級を誇示するための衒示的閑暇と衒示的消

費の現象を説いた（Veblen & Galbraith, 1973）。有閑階級の中で特に富を稼ぐ地位の男性は，女性に閑暇の象徴となる労働からかけ離れた衣装かつ豪華で流行のファッションを買い与え，自らの成功や富を示すことで，他者と比較した有意性を顕示する衒示的消費に注視した。このような衒示性の価値に注力した所謂「見せびらかし消費」は，今日で言えば，例えば高級ブランドの消費などの心理にも繋がる，ファッションの1つの価値として，ファッション論に重要な影響を与えた。しかし，衒示的な価値への熱望が強過ぎると成金主義と揶揄される側面もあり批判ともなる。衒示的消費に対しBourdieu（1979）は，教育や文化的継承を受けたブルジョアは文化資本やハビドゥスという概念に価値を置いた，「慎みのみせびらかし」という節度を持った控えめな態度で，彼らの持つ卓越性を表現することを指摘した。

　また，Veblenと同じころ，Simmel（1904）は流行に価値を置く現象に着目し，流行とは「一方では，同等の地位にある人々の結合」として同一であることを望み，「他方では，より下層の人々からのこのグループの隔離」として差別化の願望から生じているとした。

　時代がフォーディズムを経て大衆社会消費へと進むと，Riesman（1964）は標準的パッケージという概念で中産階級を中心に起こった消費の水平化を述べ，これを受け藤田他（2017）は同じモノを着たいという横並び消費に価値を置く現象と，その時代を関連づけた。同じく藤田他（2017）は，Baudrillard（1970）の消費神話の構造を取り上げ，モノの価値は，モノそのものにあるのではなく，他のモノとの差異によるとの主張をファッションにおける多様化へ意味づけた。その後，Polhemus（1994）はファッションの細分化がなされていく中で，コレクションやハイブランドの発信する流行ではなくストリートから生まれる多様なファッションに若者が価値を見出す様を描写し，その由来や発展を細分化している。

## 4.2　ファッションにおける価値の経営学的視点

　ファッション商品で考えられる価値に関して，馬場（2017）は延岡（2008）

の機能的価値と意味的価値の枠組みを引用し，ファッション商品は機能的価値となる基本機能やスペックだけで決まる商品はほぼ存在せず，ファッション商品の価値として多くを占める意味的価値は，ブランドそのものであり，デザイン，販売員の接客であると述べている。延岡（2006）は，意味的価値の源泉を「こだわり価値」と「自己表現価値」とし，ファッション商品を購買する顧客は，他人に対する自己の表現や誇示する価値として「自己表現価値」に大きな対価を支払っているとする。

　Schmitt（1999）の提唱する経験価値マーケティングとしては，店舗への来客者に対する他にないサービスの例を挙げ，Soloaga & Guerrero（2016）は，ブランドのSNSを中心としたプロモーションフィルムが顧客の経験価値としての新しいコミュニケーション戦略となっているとした。Thomas, et al.（2020）は，価値共創としてSNSを通じての顧客との共同プロモーションや顧客との共同デザインを挙げ，Tynan, et al.（2010）は，ラグジュアリーブランドを通じて，パーソナライズされたブランド体験を創出した結果，顧客とサプライヤーが価値共創するようになったと述べている。

　価値を醸成する「コンテクストデザイン」としては，以下のファッションの事例を挙げている。まずUNIQLOのパリ出店の成功に関しては，2009年オペラというパリの中心地の大規模旗艦店をオープンするにあたり，前もってパリのオシャレで旬なエリアやデパートで期間限定店を出店し知名度を上げ，世界中からジャーナリストが集まるパリ・コレクションの時期に開業を合わせ，加えて世界的地位を確立しているファッションブランド「ジルサンダー」とのコラボレーション「＋J」の商品をその日に打ち出すという仕掛けをした。また，日本のマンガやアニメーションキャラクターをシャツ柄に取り入れ打ち出した。

　こうした提案により，商品というコンテンツはUNIQLOのままであっても，クールジャパンというフランス人が抱く日本のイメージと結び付けることによってイメージが引き上げられ「空間位置のコンテクストデザイン」として価値の醸成がなされていた（竹之内・原田，2012）。

　次に，伊勢丹メンズ館を取り上げ，それまで女性目線で作られていたメンズ売場を[3]，自ら商品を選ぶ，ファッションに関心の高い男性をターゲットとし，男性目線で売り場を再構築した。具体的には，男性客はブランドで購入するよ

りアイテムで購入する方が主であると伊勢丹の顧客調査で分かったことから，売場のブランドごとの間仕切りをほとんど無くして顧客がアイテムを選びやすくし，「男のこだわり」を感じさせる売場に構成して成功した。伊勢丹にとって売場は「ライフスタイルミックス」の提案の場所であり，即ち「組み合わせのコンテクストデザイン」として価値が醸成された（江戸, 2012）。

# 5

## 小括

　本章では，前章までの2つの視点の先行研究を踏まえ，日本ファッションブランドの価値創造を探求するために，価値次元に関する研究についてレビューした。まずは，顧客価値に焦点を当て，顧客価値の垂直的差別化と水平的差別化をレビューした。次に，より消費者視点に立脚し，消費価値及び顧客価値の類型を古川（2016）のグローバルイメージ戦略に対する訴求の類型に合わせてレビューした。価値とブランドに関する研究に関しては，「機能的価値と意味的価値」の価値次元を基本としながら，客観的に決まる機能的価値と顧客による意味づけである感覚的な意味的価値をレビューし，意味的価値に類似した概念を明らかにした。意味的価値に類するものは，商品のコモディティ化を回避するものであり，その重要性を指摘した。さらに，ファッションにおける価値の具体的な研究として，社会学的視点と経営学的視点での研究をレビューした。

　これらのレビューにおいて，価値次元に関してはいずれの研究者が唱える価値要素も，客観的指標の評価に基づく機能的価値と，主観的な意味づけのある感覚的な価値に大別され，その中で，延岡（2008, 2011）の意味的価値は，他の研究者が唱える一類型とされる感覚的な価値を包括するものであることを示した。延岡（2008, 2011）は，ファッションは意味的価値の中でも顧客の「自己表現価値」とし，馬場（2017）は，意味的価値はブランドそのものであり，デザイン，販売員の接客であるとしている。

　次章では，先行研究レビューの結果を踏まえ，先行研究の限界とそれに伴うリサーチクエスチョンを導出する。

<注>　1）　オペラント資源とは，グッズや材料など有限資源であるオペランド資源に操作を施す可視性の低い（例えば知識や技術）資源を指す（Vargo & Lush, 2004）。

　　　　2）　ここでのアクターとは，主に企業や顧客，またそれらに関係する人々を指す（Vargo & Lush, 2014）。

　　　　3）　2003年頃の伊勢丹メンズ館の購入客の内65％が女性客であった。

第6章

# リサーチデザイン

　日本のファッションマーケットが縮小化傾向をたどり，業態活性化が求められている中で，本書は，日本ファッションブランドにとって重要視される2つの課題に関して研究を行う。1つ目はグローバルマーケットに対する課題であり，2つ目は新規業態であるD2Cブランドに対する課題である。

　前者の課題に対しては，世界最大規模のファッションマーケットである中国を事例として，日本ファッションの受容性を分析する。後者の課題に対しては，まだ業態として歴史の浅い日本におけるD2Cブランドの特性について考察を行う。そして，これら2つの課題に対して，それぞれの代表となるファッションブランドに関する事例研究を行い，日本ファッションブランドとして共通に見出せる価値創造を明らかにする。

　さらに，本書の最終的な目的である価値次元への議論も行う。ファッション商品は，客観的数値で見出す機能的価値ではなく，感性に関連する意味的価値（延岡，2008）に最も依拠する商品の1つである。このような特性を持つファッションブランドの価値創造を通じて，コモディティ化を回避するために提議されてきた意味的価値を批判的に考察し，より効果的な価値次元の議論へ進展させることを試みる。

　以上の研究目的から，先行研究として，第3章で日本ファッションブランドのグローバル性，第4章で日本ファッションブランドの業態変革，第5章で価値創造に関するレビューを行った。本章では，これらの先行研究の限界を示してリサーチクエスチョンを導出し，研究方法を提示する。

# 1

## 先行研究の限界

### 日本ファッションブランドの
### グローバル性に関する先行研究の限界

　本書における第一の研究目的を，「グローバルマーケットの対象として世界最大規模のファッション消費国として中国を事例とし，同国における日本のファッションブランドの受容性を探求する」としている。

　この先行研究の1つ目にあたる，グローバルマーケットに影響を与えた日本人ファッションデザイナーという観点で見た際に，1970年代〜80年代にパリ・コレクションでデビューした三宅一生や川久保玲を筆頭とする現在でも著名な世界的デザイナー以外への研究は，ほとんど見受けられないのが現状である。

　2つ目にあたるクリエイティブ産業としてのファッションという視点では，クールジャパンの振興からコンテンツ産業への研究は散見されるものの，日本のファッションの表象とも言えるKAWAIIに関する海外の研究は非日常的ファッションへの考察であり，日本ファッションブランドの研究には繋がっていなかった。加えて，日本ファッションブランドの海外進出として期待された中国を中心とするクールジャパンのファッション振興も，日本国内に総数として多数を占める中価格帯のレディースアパレルを中心に進出していたにもかかわらず，期待通りの結果には至らず，研究論文としての蓄積は乏しい現状であった。反して隣国の韓国ファッションの中国を対象とした研究は，同国のクリエイティブ産業振興であるクールコリアとして，アイドルやドラマの韓流コンテンツへの人気が，ファッションへの嗜好へ影響を与えているとされる研究が見られた。

　3つ目にあたるグローバルマーケットにおける日本の実用衣料ブランドに関しては，UNIQLOと無印良品は中国を中心に多くの店舗を海外に出店してお

り，グローバル戦略に対する視点で先行研究が行われていた。

　以上のことから，グローバル性に関する先行研究として，一定の成果が見られるのが，1970年代から1980年代にデビューした世界的なデザイナーと，実用衣料であるUNIQLOや無印良品である。とは言え，本書の第一の研究目的である「グローバルマーケットの対象として世界最大規模のファッション消費国として中国を事例とし，同国における日本のファッションブランドの受容性を探求する」上で，それらの研究が，中国での受容という部分に特化しているわけではないことから，十分な先行研究の蓄積があるとは言えない。ましてや，日本ファッションブランドで総数的に多い中価格帯ブランドに関しては，中国に多く進出していたブランド群であるにもかかわらず，研究が乏しいのが現状である。

　ここで，本書で述べる主なファッションブランド群，即ち中国に進出している日本ファッションの主なブランド群[1]を，図表6-1に示す。図は縦軸が商

図表6-1　本書で対象とする日本ファッションの主なブランド群と先行研究

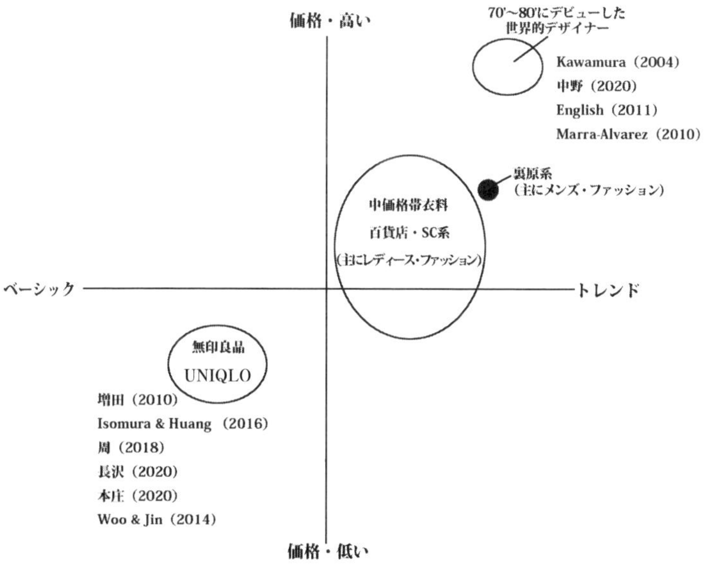

価格・高い

70'〜80'にデビューした世界的デザイナー
Kawamura（2004）
中野（2020）
English（2011）
Marra-Alvarez（2010）

裏原系
(主にメンズ・ファッション)

中価格帯衣料
百貨店・SC系
(主にレディース・ファッション)

ベーシック ── トレンド

無印良品
UNIQLO

増田（2010）
Isomura & Huang（2016）
周（2018）
長沢（2020）
本庄（2020）
Woo & Jin（2014）

価格・低い

出所：杉田（2016）をもとに筆者作成

品の価格であり，横軸がトレンド的かベーシック的かという図なのであるが，図右上の1970年〜1980年代にデビューした世界的デザイナーと，図左下の無印良品・UNIQLOは，グローバルという視点では先行研究が見られ，中央の中価格帯衣料及び後で述べる裏原系への研究が乏しいということが図中の説明からも分かる。

　以上により，日本のファッションビジネスにおいて，よりグローバルな視点が必要とされる昨今，日本ファッションブランドの受容性を，最大の海外販売先である中国を対象に明らかにすることは，研究の蓄積が少ないという点から意義あることと考える。さらに，調査の際に，他者と比較することで自己を明確化できる社会的比較論（Festinger, 1954）に基づき，日本と同様クリエイティブ産業としてファッションを捉え，中国市場で競合する韓国[2]と比較を行うことで，より日本の特徴を浮き彫りにしようと試みること，加えて中国から日本ファッションブランドの認知の高いブランドの特性を検討するとともに，事例研究でその価値創造を分析する本書は，これまでにない視点であり，重要な知見が獲得できると考える。

## 1.2　日本ファッションブランドの業態変革に関する先行研究の限界

　本書における第二の研究目的は，ECをフィールドに近年勃興する国内におけるD2Cアパレルブランドの特性を明らかにすることである。この目的に関する先行研究として，まずは慣行化されたアパレル業態をレビューした。戦後，日本において洋装化が急激に進む中，百貨店がファッション産業を牽引し，1991年には百貨店売上のピークを迎えたが，その後，ファッションを発信する上での求心力が下降していき，2000年代には低迷していったと言われる。一方，2000年頃にはファッションビルを含むSC（shopping center）が注目され，続いてH&Mを筆頭とする外資系ファストファッションの業態が隆盛を極めた。

　SCやファストファッションの勢いも沈滞化していく頃，インターネットやスマートフォンの普及により，ファッション市場のEC化率が急速に伸長し，

アパレル自社のリアル店舗とネット店舗のシームレスな連携を図るオムニチャネル戦略を推進する企業が増加していった。そして，2010年代中頃よりオムニチャネルの実行を含んだ上で，ネット店舗からブランドをスタートさせ，その後実店舗を持ったとしても軸足はEC販売にあるというＤ２Ｃブランドという業態が創出された。

　Ｄ２Ｃブランドは近年注目されている業態であるものの，Ｄ２Ｃブランドと言われる業態の企業が創業されたのがアメリカにおける2010年代初頭からであり，日本においてはそれ以降であることから歴史が浅く，研究成果は世界的にも，そして国内においては特に乏しいのが現状である。

　このことから，近年勃興するＤ２Ｃブランドを体系的に明らかにし，特性を考察することは，国内ファッション産業が業態として活性化されるべき中で，注目すべき新規業態を解明するという意味で，意義の高いことと考える。さらに，Ｄ２ＣブランドであるTREFLE+１の事例を通してより詳しくＤ２Ｃブランドを分析し，価値創造を明らかにすることは有用な知見の獲得に繋がるものと考える。

## 1.3　価値創造に関する先行研究の限界

　本書における最終的な研究目的は，上述の２つのフィールドの事例を通して日本ファッションブランドの価値創造の一端を明らかにし，価値次元の議論を進展させることである。

　経営学における価値次元の研究で，延岡（2008）の提示した機能的価値と意味的価値の議論がある。機能的価値とは商品の機能やスペックなど客観的に決まる価値であり，意味的価値とは特定の顧客が商品の特徴に関して主観的な意味づけをする感覚的な価値である。

　後者の価値に感覚的という意味で類似した概念として，経験価値（Schmitt, 1999），情緒的価値（遠藤, 2007），感性的価値（青木, 2011）などがあり，また，対比する価値として機能的価値ではなく実用的な価値との区別において，精神的価値（Khalifa, 2004），快楽的価値（Holbrook & Hirschman, 1982a/b），そ

して，ブランディング面においてコンテクストブランディング（原田他, 2012）等が挙げられ（図表6-2），これらの感覚的な価値は商品のコモディティ化を回避する概念とされる。

　延岡（2008）は商品の価値とは機能的価値と意味的価値の合計とし，他の感覚的価値の概念は分類的なものとしていることから，本書では延岡の分類をもとに議論を進める。延岡もこの価値概念の中でファッションに触れているが，馬場（2017）はさらに明確に延岡（2008）を取り上げ，ファッション商品に関する多くを占める事象が意味的価値と結論づけている。しかし，このように単純に解釈して問題がないのであろうか。延岡は商品のコモディディ化を回避するために意味的価値の重要性を説いているが，ファッションの大部分の要素が意味的価値なのであれば，多くのファッションがコモディティ化を避けられるということになる。第4章1で述べたように，現在のファッション商品は売れ残りが問題になっており，上記の理論では合理的な説明がつかない。

### 図表6-2　延岡の価値次元と類似概念

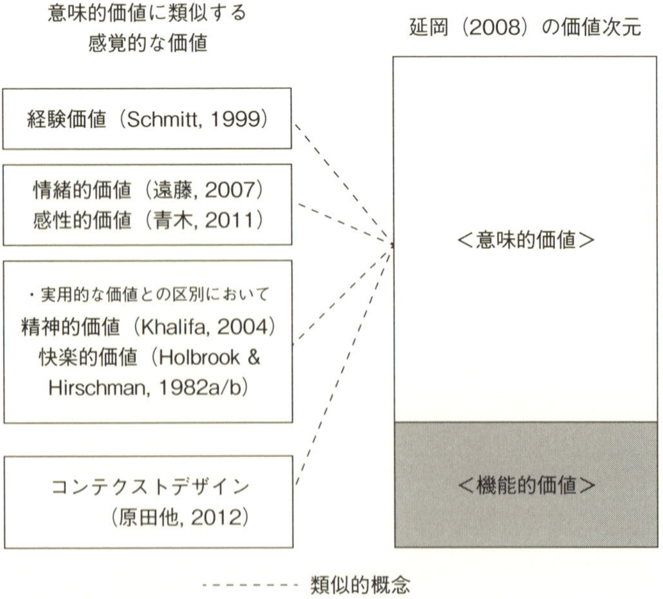

意味的価値に類似する
感覚的な価値

延岡（2008）の価値次元

- 経験価値（Schmitt, 1999）
- 情緒的価値（遠藤, 2007）
  感性的価値（青木, 2011）
- ・実用的な価値との区別において
  精神的価値（Khalifa, 2004）
  快楽的価値（Holbrook &
  Hirschman, 1982a/b）
- コンテクストデザイン
  （原田他, 2012）

＜意味的価値＞

＜機能的価値＞

- - - - - - - - 類似的概念

出所：先行研究をもとに筆者作成

　換言すれば，現状，ファッションを含んだ感覚的な価値を商品の主体とする産業に対して，コモディティ化を回避するための価値次元の議論が未発達なのである。では，商品の価値の合計とされる意味的価値と機能的価値の概念をどのように解釈すれば，ファッションを主とする感覚的商品に対して基本概念が成り立つのであろうか。

　本書では，感性に関連する意味的価値に最も依拠する商品の1つであるファッションブランドの価値創造を通じて，より効果的な価値次元の議論を発展させ，ファッション以外の業種にも一般化できるよう研究を進める。

# 2

## リサーチクエスチョン

　先行研究の限界から，以下の2つのリサーチクエスチョンを導出した。

RQ1　日本ファッションブランドのグローバルマーケットにおける受容性とはどのようなものか
　　　分析視角1-1　中国における日本のファッションのイメージはどのような特徴を有するのか。
　　　分析視角1-2　中国において日本ファッションブランドの認知はどのような特徴を有するのか。
　　　分析視角1-3　分析視角1-2で抽出されたブランドBAPEは，どのように価値を創造しているのか。

RQ2　日本における新規業態D2Cブランドの特性はどのようなものか
　　　分析視角2-1　日本におけるD2Cブランドは体系的にどのような特性を有するのか。
　　　分析視角2-2　事例研究として取り上げるブランドTREFLE+1はどのように価値を創造しているのか。

　上記のリサーチクエスチョンより明らかとなったファッションブランドの価値創造を通じて，コモディティ化を回避するために提議されてきた意味的価値を批判的に考察し，より効果的な価値次元の議論へ発展させることを試みる。加えて，意味的価値と機能的価値の議論から得られた概念を，ファッション以外の産業や事象に対して一般化が可能か考察する。

# 3

## 研究方法

　本書は，日本ファッションブランドの2つの課題を背景に大きく二方向の調査から，それぞれ分析を行い，それらを統括する上で既存の概念と照らし合わせ，理論的発展に伴う考察を行う。なお，調査及び分析が記述された各章に対するリサーチクエスチョン，分析視角，調査方法，分析方法を表したものが図表6-3となる。

### 3.1　RQ1に対する研究方法

　第7章及び第8章において，RQ1「日本ファッションブランドのグローバルマーケットにおける受容性とはどのようなものか」を考察する。なお，RQ1に対して，グローバルマーケットの事例として中国を挙げるが，理由としては中国が世界最大級のファッションマーケットであり，多くの日本ファッションブランドが進出しているからである[3]。

**(1)　分析視角1-1に対する調査・分析（第7章）**

　分析視角1-1「中国における日本ファッションのイメージはどのような特徴を有するのか」に対する調査方法は，インターネットでの質問紙調査で定量分析により考察を行う。質問紙調査は中国における日韓ファッションブランドが最も進出している都市である北京と上海の居住者[4]を対象として，男女及

図表6-3　リサーチデザイン

| | 第7章 | | 第8章 | |
|---|---|---|---|---|
| RQ1 | 日本ファッションブランドの，グローバルマーケットにおける<br>受容性とはどのようなものか | | | |
| 分析視角 | 1-1：中国における日本ファッションのイメージはどのような特徴を有するのか。 | 1-2：中国において日本ファッションブランドの認知はどのような特徴を有するのか。 | 1-3：分析視角1-2で抽出されたブランドBAPEは，どのように価値を創造しているのか。 | |
| 調査方法 | 中国（北京・上海在住者）への<br>アンケート調査 | | 裏原宿店舗・中国人来街者インタビュー及び中国へのアンケート調査 | 文献調査 |
| 分析方法 | 定量分析<br>・重回帰分析<br>・T検定 | ブランド純粋想起による分析 | 改5A消費行動モデルによる分析 | ＜事例研究＞<br>物語分析 |

| | 第9章 | 第10章 |
|---|---|---|
| RQ2 | 日本における新規業態D2Cブランドの特性はどのようなものか | |
| 分析視角 | 2-1：日本におけるD2Cブランドは体系的にどのような特性を有するのか。 | 2-2：事例として取り上げるTREFLE+1はどのように価値を創造しているのか。 |
| 調査方法 | 文献及びインタビュー調査 | TREFLE+1社長・Cディレクター及び顧客へのインタビュー調査，参与観察 |
| 分析方法 | 8Pフレームワークによる分析 | ＜事例研究＞<br>オープンコーディングを用いた定性分析 |

出所：筆者作成

び18〜55歳までの世代をできるだけ均等に合計1,030名にアンケート調査を行う。

　なお，ここで社会的比較論（Festinger, 1954）に基づき，日本ファッションの特徴をより浮き彫りにするために，中国で日本と競合する韓国と比較する。その際，ファッションに対する関心度がどのように影響しているのか一定の傾向を獲得するために，Rogers（1962）の普及学の流れを組んだファッション・リーダーシップ性（Gutman& Mils, 1982）を回答者の指標として用い，ファッション・リーダーシップ性の高低を考慮しながら分析を行う。

　分析は，日韓ファッションのイメージに関する質問から，T検定による平均の差の有意性を検定し，日本のファッションが韓国と比較してどのようなイメージを有していたか考察する。そして，従属変数を日韓ファッションへの選好度とした重回帰分析を行い，日韓の差を比較する。

### (2)　分析視角1-2に対する調査・分析（第7章）

　分析視覚1-2「日本ファッションブランドの認知はどのような特徴を有するのか」に対する調査方法は分析視覚1-1と同じ回答者による質問紙調査を用いる。純粋想起で日韓の認知ブランドを抽出し，その特性を日韓で比較し分析を行う。

### (3)　分析視角1-3に対する調査・分析（第8章）

　分析視角1-3では「分析視覚1-2で抽出された日本ファッションブランドであるBAPEは，どのように価値を創造しているのか」を検討する。第7章の質問紙調査により抽出されたブランドから，想起率が高い裏原系と言われるBAPEを取り上げ考察する。具体的には第8章の調査及び分析は2つに分かれ，8-1ではBAPEを中心とする裏原系の聖地である裏原宿における中国人来街者への誘引性を考察し，8-2ではBAPEの価値創造を考察する。

　8-1での調査方法は，裏原宿の店舗150店舗への取扱商品の確認，111件の店舗スタッフへの反構造化インタビューを行うと同時に，中国人来街者5組へのインタビュー調査，中国人633名を調査対象としたインターネット質問紙調査となる。分析方法は，Kotler et al.（2016）をもとに修正を加えた改5A消

費行動モデルにより当地の誘引性を通して裏原系ブランドの受容性を考察する。8-2での調査方法は，BAPEを対象とした文献調査となり，事例研究として物語分析（田村, 2016）を用いて当該ブランドの価値創造を考察する。

## 3.2　RQ2に対する研究方法

第9章において，RQ2「日本における新規業態D2Cブランドの特性はどのようなものか」を検討する。

**(1)** 分析視角2-1に対する調査・分析（第9章）

分析視角2-1「日本におけるD2Cブランドは体系的にどのような特性を有するのか」に対する調査は，文献調査及びD2Cブランド4件に対するインタビュー調査，ポップアップショップへの参与観察及び来店客へのインタビュー調査を用いて，サービス・マーケティングミックス8Pフレームワークにより分析を行う。

**(2)** 分析視角2-2に対する調査・分析（第10章）

分析視角2-2「事例として取り上げるTREFLE+1はどのような価値を創造しているのであろうか」に対する調査は，当該ブランドのオーナー，クリエイティブディレクター，販売戦略担当本部長への複数回にわたる非構造化インタビュー調査，ポップアップショップへの参与観察及び来店客44名への非構造化インタビュー調査を行った。そして取得したデータよりオープンコーディングを行った定性分析により，TREFLE+1の価値創造を分析する。

## 3.3　価値次元の議論の発展

RQ1日本ファッショ ンンブランドのグローバルマーケットにおける受容性に対する調査から抽出した，中国で認知の高いBAPEの価値創造，及びRQ2

日本における新規業態Ｄ２Ｃブランドの調査から抽出した近年急成長中の
TREFLE＋１の価値創造の分析を行うことで，共通の概念を検出する。これら
２つの事例研究を用いて，コモディティ化を回避するために提議されてきた意
味的価値を批判的に考察し，これまで不十分であった感性に関する主観的な価
値に対する議論を，より効果的な価値次元の議論へと進展させることを試みる。

---

<注>　1）　文献調査の結果抽出された中国に進出している日本ファッションアパ
レル群であると同時に，第7章の中国に対する調査で抽出されたブラ
ンド群でもある。

2）　韓国との比較理由としては，そもそも中国では外国のファッションを
欧米系・日系・韓系と分類する傾向があり，その中で韓国は文化的背
景や身体の体形，衣料の価格帯が比較的日本と近いことに加え，クー
ルジャパンと対比するクールコリアのファッションへの影響が挙げら
れる。

3）　例えば，UNIQLOは全2,312店舗中，国内は812店舗で海外は1,502店舗
中，中国は869店舗である（2022.7.21更新分）。レディースファッショ
ンブランドのスナイデルは全128店舗中，国内は36店舗，海外は92店舗
中，中国は82店舗である（2022.10.10確認）。このように日本のファッ
ションブランドは海外の中でもその巨大なマーケット規模の魅力や，
文化や体形の日本との近似性から，とりわけ中国に出店する傾向があ
る。

4）　例えば，UNIQLOは中国におけるグローバル旗艦店は上海と北京のみ
に有し，ハイブランドのISSEY MIYAKEの店舗は北京と上海に集中
している。

# 第 **7** 章

# 調査分析Ⅰ-1：中国における
# 日本ファッションブランドの受容性

　本章では，グローバルマーケットでの日本ファッションブランドの受容性はどのようなものかを考察するために，世界最大規模のファッション消費地であり，日本ファッションブランドが最も進出している中国を事例として考察する。

　日本のファッション業界では比較的近年まで，中国には日本ファッションへの憧憬があり，少なくとも日本ファッションは中国では優位なはずであろうという思い込みが浸透してきた（e.g., DIAMOND online, 2008; 坂口, 2010）。これは，日本が中国よりも早くに発展し中国に対して文化輸出を行っていたこと，何よりも山村（2011）や島田（2011）が指摘するように，日本のファッション雑誌が街中に溢れていたことにより，日本のファッションへの憧憬が存在すると信じられていたのではないかと考えられる。

　このような心理的背景を内包しつつ，日本のアパレル企業の中国進出は1990年近くから始まり，紆余曲折を経て2010年頃より，クールジャパンのサポートによるファッションイベントの賑わいが日本国内で盛んに報道され，石田（2012）や岩本（2013）が世界で注目される日本のKAWAIIと指摘したように，クリエイティブ産業としての日本ファッションブランドのポテンシャルを信じる空気が醸成されていった。

　本章では，まずは中国のファッション市場の変遷と中国における日本ファッションブランドの軌跡を概観し，次にアンケート調査を用いて日本のファッションがどのようなイメージを有し，それらが選好にどのように影響するのかを分析する。調査において中国マーケットで日本と競合する韓国との比較をす

ることで，より日本の特徴を浮き彫りにしようと試みる。また，日韓ファッ
ションのイメージ生成には，所謂オシャレな人で，他者より早く流行を取り入
れ，ファッションの情報伝播に影響力を持つとされる回答者のファッション・
リーダーシップ性（以下，FL）の高さにどのように関係するのか分析し，日
韓ファッションブランドの具体的な認知はどのような特徴を有するのか考察す
る。

# 1

## 中国におけるファッション市場の変遷

　宋（2011）によれば，中国にファッションという概念が生まれたのは，1978
年改革開放路線開始後のPierre Cardin訪中及び翌年開催されたファッション
ショーからであるという。その後，中国の市場経済の導入により成功を掴んだ
一部の60后[1]，70后生まれの間で，欧州の貴族スタイルへの憧れが高まり，
1990年代後半から2000年代にかけては，ラグジュアリーブランドへ憧れる一方，
欧米・日韓の，茶髪にジーンズといったようなファッションに影響を受けた80
后の層がファッションを牽引するようになった。特にこの頃から韓流ブームは
若者へ強い影響を与え，流れに乗った韓国E・LAND社は，当時中国全土に
1,000店舗を構えるほど急成長を成し遂げている（宋，2012）。
　2006年にはファストファッションのZARAが，翌年2007年にはH&Mが上海
に出店し，ファストファッションブームの時代が到来，同時に，欧米のラグ
ジュアリーブランドの中国進出が勢いを得，日本よりはるかに先端的で斬新な
デザインの高級ショッピングモールが続々とオープンしていった（島田，2013）。
　2012年中国政府による国家公務員のコンプライアンス実践に関する通達とし
て公布された「倹約令」を機に，中国アパレル小売市場の成長は一定の鈍化を
見せたと言われたものの，現在米国を抜き世界最大のファッションマーケット
となっており，市場拡大の方向は留まる傾向にない（Statista，2022）。
　近年の中国ファッション市場の傾向としては，デジタル化によるオンライン
購買の隆盛により，ファッションのオンライン購買率は2020年以降オフライン

購買を超えており（Statista, 2022），インフルエンサーを起用したライブ配信による販売の寄与も大きい（姜, 2022）。また国産アパレルの発展と同時に，「国潮」（グオチャオ）と言われる自国ブランドへの共感に対する潮流も注目される（JETRO, 2022; ELLE, 2021）。

# 2

## 中国における日本ファッションの軌跡

中国における日本アパレルについては江上（2020）をもとに一部修正を行い，図表7-1のように大きく3つのカテゴリーに分類する[2]。

図表7-1　本章における中国での日本アパレルの類型

| マジョリティートレンド型 | 実用衣料型 | コレクションデザイナー型 |
|---|---|---|
| 第一波<br>ワールド，イトキン，オンワードHD等<br><br>第二波<br>アダストリア，マッシュスタイルラボ，ストライプ等 | UNIQLO<br>無印良品 | ISSEY MIYAKE<br><br>COMME des GARÇONS<br>等 |

出所：江上（2020）をもとに筆者作成

1つ目としては，毎シーズン欧州のファッションコレクションで刷新されるトレンドを参考にする傾向の強い中価格帯衣料のブランド群が挙げられる。このブランドカテゴリーは，日本ファッションブランドにおいて総数的に集中するマス・マーケットゾーンであることから，本書では「マジョリティートレンド型」と呼ぶ。2つ目としては，UNIQLOを筆頭に，定番デザインで日用消耗品的要素の強い実用衣料型のブランドカテゴリーがあり，以降これらを「実用衣料型」と呼ぶ。3つ目としては，ISSEY MIYAKEなどデザイナーの独創

的創造性をもって世界的な名声の下，パリ・コレクション等の世界的なファッションコレクションに出展するブランドがあり，以降「コレクションデザイナー型」と呼ぶこととする。

　本節では，社会背景としての中国における日本，特にファッション分野への憧憬の系譜に照らし合わせ，日本アパレルの中国への受容性を確認する。日本のアパレルは上述の3つのカテゴリーの中でも，「マジョリティートレンド型」が長く日本ファッションの象徴的カテゴリーであり[3]，中国への早期段階での進出を開始し，クールジャパン事業もこれらのアパレルが中心にサポートも受けていた。よって，本節で述べる「憧憬」と関連するのは，「マジョリティートレンド型」となり，このゾーンを主たる議題として考察する。なお，「マジョリティートレンド型」の中国進出にあたって，第一波として百貨店系アパレル[4]が進出し，第二波としてSC系アパレルが進出していることから，この順に見ていく。

　続いて，マジョリティートレンド群とは一線を画し，実用衣料型として中国で卓抜したポジションを築いたブランド，ファッションマニアを中心とした層からの受容と考えられる世界的なコレクションデザイナー型を考察する。

## 2.1　マジョリティートレンド型ブランド:
　　百貨店系アパレル

　1979年，初の外国映画として中国で上映された日本映画，高倉健主演「君よ憤怒の河を渉れ」は当時10億人の中国国民が熱狂し大ヒットした。続いて1980年代の山口百恵・三浦友和主演のテレビドラマ「赤い疑惑」が放映され大ブームを巻き起こした時代，中国において日本のブランドは，家電を中心にファッションや化粧品など憧れの対象であったと言われる（電通総研, 2013）。

　日本のアパレル企業は1980年代より生産基地として中国進出をはじめ，中国販売は第一陣として百貨店系と称するアパレルを中心に，1987年よりワールド，1995年からイトキン，2000年代よりオンワード樫山，もくもく，三陽商会と続々と中国進出を果たした[5]。当初これらの日本ファッションブランドは，

前述の日本への憧憬と，中国における競合他社の未成熟から出せば売れる状態
で，当時の中国では一握りの富裕層が，「着ているだけで上品に見え，お金持
ちを表現できる」と，月に売上が1,000万円を超える店舗も数多く現れた（島
田，2013）。

　しかし，2000年代半ばを超えると，地元中国ブランドの台頭，マーケティン
グノウハウに長けた欧米ブランド，韓流ブームに乗って強力な攻勢をかける韓
国ブランドの出現で，日本ブランドへの憧憬は薄らいでいった。2007年には上
海南京東路一等地のイトキンが閉店，2008年には中国1号店として出店してい
た上海華亭路伊勢丹が閉店となり（Record China, 2008），第一波の日本ファッ
ションブランドは，中国の市場成長を十分に享受できないまま注目度が陰って
いった。

## 2.2　マジョリティートレンド型ブランド：SC系アパレル

　中国市場で浸透しているとまでは言えない日本ファッションブランドに反し
て，2000年代には，街には多くの日本人モデルが表紙を飾った日本発の女性
ファッション誌が溢れていた（図表7-2）。このことに注目した研究者や
ファッション関係従事者は少なくなく，論文や報告書，雑誌やインターネット
記事での論考が散見されるようになった。

　中国のファッション誌は中国本土誌と欧米系・日系の海外提携誌があり，当
初は海外提携誌が圧倒的に優位であった（北方・古賀，2011）。横川（2006）よ
ると中国のファッション誌の歴史を述べれば，1988年，フランスの『世界時装
之苑（ELLE）』の創刊を始まりとし，日本勢では1995年『端麗（Ray）』，2001
年『昕薇（ViVi）』，『今日風采（Oggi）』，2002年『秀（BITEKI，08年まで
With）』，2004年『米娜（mina）』，2005年『安（25ans）』と現地提携による創
刊が進んだ。中でもRayは2010年頃の複数のレポートによれば，図表7-2に
示したように中国ファッション誌シェア1位とのことであった（北方・古賀，
2011）。

　これら日系雑誌の表紙は前述の通り多くが日本人モデルで，掲載内容は現地編集もあるとは言え，多数の雑誌が日本の記事の多くをそのまま翻訳し日本の商品を掲載していることから，日本人の多くは，中国における日本ファッションブランドのポテンシャル（山村，2011; 島田，2011）を信じたものと考えられる。2000年代後半頃より，海外において日本の「KAWAII」は評判が高いという雰囲気が日本社会に醸成されたことから（e.g.,日本経済新聞電子版，2011b; 日本経済新聞電子版，2013），日本のファッションも評判を得るはずだと甘く考えていたと考えられる。

図表7-2　2010年頃の北京における女性向けファッション誌売上分布

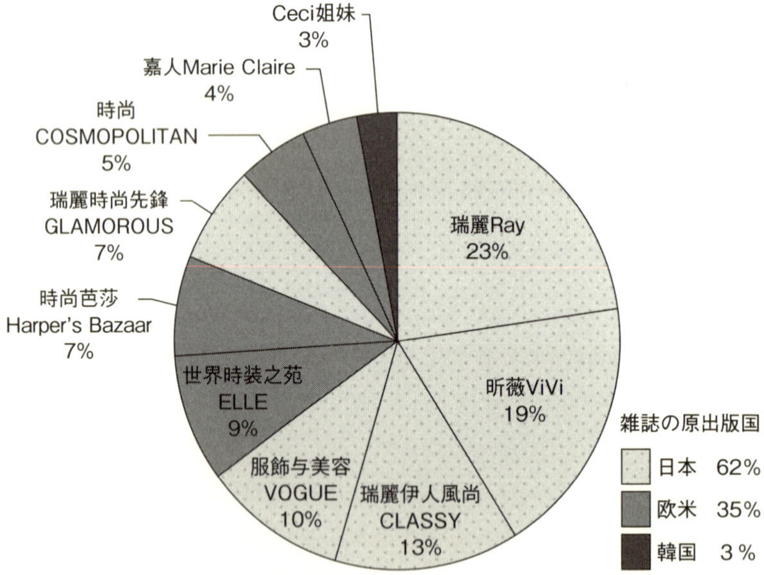

出所：北方・古賀（2011）をもとに筆者作成

　中国への，第二波と言える日本ファッションブランドの進出は，「KAWAII」というニュアンスを広義に含んだ若手ブランドSC系アパレルを中心に，2000年代後半より急増し始めた。2010年6月，経済産業省の主導で発足したクールジャパンの推進事業の1つにファッションも取り上げられ[6]，以後，強力な

政府の後押しも加わり，中国でファッションイベントが催されるようになった。このようなイベントの中で最も大がかりなものの1つが，東京ガールズコレクションであった。

中国での東京ガールズコレクションは2011年に北京で初開催され，当時政権与党の前首相であった鳩山氏も駆けつけ，数々のニュースで盛況ぶりは日本にも報告されていた（e.g.,日本経済新聞電子版, 2011a; 中国網日本語版, 2011）。しかし実際は，現地ファッションPRコンサルタントでショーに招待されていたT氏への筆者のヒアリング調査[7]によると，ファッションショーの余興である中国でも人気の高い倉木麻衣氏によるライブは大盛況であったが，ライブが終わると帰っていく観客が大変目立ち，肝心のファッションショー自体の盛り上がりは，日本で報道されている程ではなかった。翌年の上海開催も同様であり（文化通信, 2012），これを最後にこのイベントは継続されていない。

2012年，中国へ進出している日本企業にとって甚大な問題が起こった。日本政府の尖閣諸島国有化をきっかけに，反日デモが各地で起こり一部が暴徒化したのである。この大規模反日デモを機に一部のブランドを除いて，商機を得ていなかったブランドの多くは徐々に引き揚げ，同時に中国でのクールジャパンによる推進事業も撤退していった[8]。

## 2.3 実用衣料型ブランド及び コレクションデザイナー型ブランド

本項では，日本ファッションの主軸であったマジョリティーブランド型とは異なる，2つのグループについて見ていく。

1つ目の実用衣料型とされるブランドは，かつて，ファッション業界では，このゾーンはファッションではなく実用利用品（宋, 2012）とも言われていた，トレンドにあまり惑わされない実用衣料中心のブランドである。このタイプに該当するブランドは2002年に中国に初出店したUNIQLO，2005年に同地に初出店した無印良品である。UNIQLOは当初低価格路線で打ち出して失敗したことを教訓に，「高付加価値なベーシックカジュアル」と「日本というアイデ

ンティティ」を積極的に打ち出したことにより出店4年目で黒字化を果たし
（月泉, 2015），その後も時代に対応して積極的にデジタルプロモーションを活
用して競争優位を獲得し（王, 2013; 李, 2021），2022年8月期で中国店舗数は
897店舗となっている。無印良品も日本においては大衆ブランドであったが，
中国進出においては「ミドルエンドからハイエンドな生活スタイルを実現する
ブランド」として打ち出して人気を獲得し（周, 2018），2022年8月期で中国店
舗数は325店舗となり，UNIQLO・無印良品両者とも当該ブランドの業績を牽
引する業績を中国で上げている。

　2つ目のコレクションデザイナー型ブランドでは，欧米で認められたブラン
ドはCOMME des GARÇONS[9]が2010年に初めて中国に出店し，2022年現在
で3店舗を有している。同じく欧米で認められたISSEY MIYAKEも2013年に
中国に初出店し，2022年には32店舗[10]を構え，中国のファッションマニア中
心に受容されている。

# 3

## 中国における日本ファッションブランドの
## 受容性に関する調査

　前節では，中国ファッション市場の変遷，中国における日本ファッションの
軌跡を，クリエイティブ産業としてのファッションを推進するクールジャパン
事業と関連させつつ考察した。本節では，最大の海外販売対象である中国市場
において，日本ファッションブランドの受容性はどのようなものなのか，その
実情を探るべく，日本ファッションのイメージとブランド認知の特徴を調査し
考察を行う。その際，他者と比較することで自己を明確化する理論（Festinger,
1954）をもとに，日本ファッションと競合する韓国とを比較する。

　調査被験者のファッションへの造詣の有無は，特に実務関係者にとって取得
したい重要な情報であることから，Gutman & Mils（1982）のファッション・
リーダーシップ（以下，FL）論をもとにした指標を被験者に適合させ分析を
行うこととした。

## 3.1　リサーチクエスチョンと分析視角

　本章では「日本ファッションブランドのグローバルマーケットにおける受容性はどのようなものか」というRQ1をもとに，中国を調査対象の事例とし，韓国と比較した上で，以下の分析視角を設定した。

　　　分析視角1-1：中国における日本のファッションのイメージはどのような特徴を有するのか。

　　　分析視角1-2：中国において，日本のファッションブランドの認知はどのような特徴を有するのか。

　本章で提示する分析視角1-1及び1-2では，前提としてFL性に着目する。FLとは，Gutman & Mils（1982）を中心に尺度化された測定項目であり，Rogers（1962）の普及学を基盤にファッションの採用と普及のフレームワークを構築したSproles（1979）の流れを汲むものである（MacLean, 1980）。FLとは一般の消費者より先んじて新しいファッションを取り入れ周囲への影響力を有し，ファッションの普及に重要な役割を果たすとされることから（Goldsmith, et al., 1993），本書ではGutman & Mils（1982）をもとにした質問項目を，アジア人により適するであろう表現に多少の改編を行い，尺度として用いることとした。

　FLを分析視角1-1及び1-2で踏まえた上で，韓国と比較しながら分析視角1-1では中国における日本のファッションのイメージの特徴を分析し，分析視角1-2で回答者の性別への考慮も加え，日本ファッションブランドの認知の特徴を考察する。

## 3.2　調査の概要

　2020年7月23日〜8月25日にかけて中国2大都市，北京・上海居住者1,030名を対象に，中国大手WEB調査会社「問巻星」を通してアンケート調査を実施した。回答者は調査会社の登録者で割当法にて回答を得ている。抽出率は，

北京総人口2,189.0万人（北京市統計局, 2020）に対して0.002％，上海総人口2,428.14万人（上海市統計局, 2019）に対して0.002％である[11]。回答者の基本属性は図表7－3の通り，男女，居住地（北京・上海），年齢（18-25歳・26-35歳・36-45歳・46-55歳）に関しては，ほぼ均等な人数の構成となっている[12]。

　本書の特徴である，FL尺度の高低で分析が可能となるよう，業種と職種にファッションや流行への造詣が深いであろうとされる分類を敢えて加えている。選出方法としては調査会社に登録された会員より，調査対象1,000人余りに対し，ファッションやトレンドへの造詣が深いであろうと考えられる職種（ファッションデザイナー，ファッション以外のデザイナー，企画・マーケティング）で約半数の回答者を確保できるよう調査会社に依頼した。残りの半数は同じく登録会員より上記以外の職種の回答者を募集したが，芸能人・モデル・ブロガーなど副次的にファッションやトレンドへの造詣の深い回答者も得ることができた。なお，FL性の測定及び分析視角1-1の分析ではSPSS Statistics（ver.26）を使用し，分析視角1-2ではKH Coder 3にて考察を行っている[13]。

### 図表7－3　基本属性

| 性別 | | 男性 | 女性 | | 居住地 | | 北京 | 上海 | |
|---|---|---|---|---|---|---|---|---|---|
| | 人数 | 509 | 521 | | | 人数 | 511 | 519 | |
| | ％ | 49.42 | 50.58 | | | ％ | 49.61 | 50.39 | |
| 年齢 | | 18-25歳 | 26-35歳 | 36-45歳 | 46-55歳 | | | | |
| | 人数 | 257 | 262 | 255 | 256 | | | | |
| | ％ | 24.95 | 25.44 | 24.76 | 24.58 | | | | |
| 業種 | | ファッション関係 | ファッション以外のデザイン関係 | 広告関係 | 芸能関係 | その他 | | | |
| | 人数 | 240 | 300 | 162 | 16 | 312 | | | |
| | ％ | 23.3 | 29.13 | 15.73 | 1.55 | 30.29 | | | |
| 職種 | | ファッションデザイナー | ファッション以外のデザイナー | 企画マーケティング | 芸能人 | モデル | ブロガー | 学生 | その他 |
| | 人数 | 126 | 153 | 255 | 11 | 21 | 51 | 40 | 373 |
| | ％ | 12.23 | 14.85 | 24.76 | 1.07 | 2.04 | 4.95 | 3.88 | 373 |

出所：筆者作成

## 3.3　FL性の測定

　本調査では回答者のFL性との関連を分析していくことから，回答者のFL性を測定する。まず，4項目の質問を設定し（図表7-4），5件法で回答を得た度数分布表は図表7-5となる。なお，内的整合性は $\alpha$ =0.86で十分な値を得ている。

図表7-4　本書で使用するFL尺度設定への設問

| 1 | 私は常に流行を把握している |
|---|---|
| 2 | 私のオシャレは周囲の人に影響を与えている |
| 3 | 私は周囲の中で誰よりも早く流行を取り入れる |
| 4 | 私は周囲の中で一番オシャレである |

尺度の信頼性　　$\alpha$ 係数＝0.86

出所：筆者作成

図表7-5　FL性（ファッション・リーダーシップ性）尺度への設問　度数分布表

| | 1．私は常に流行を把握している | | 2．私のオシャレは周囲の人に影響を与えている | |
|---|---|---|---|---|
| | 度数 | 割合（%） | 度数 | 割合（%） |
| 1．全くそう思わない | 35 | 3.4 | 54 | 5.2 |
| 2．そう思わない | 84 | 8.1 | 117 | 11.3 |
| 3．どちらとも言えない | 263 | 25.5 | 251 | 24.3 |
| 4．そう思う | 491 | 47.6 | 350 | 33.9 |
| 5．とてもそう思う | 157 | 15.2 | 258 | 25.0 |
| 合計 | 1,030 | 99.9 | 1,030 | 99.9 |

| | 3．私は周囲の中で誰よりも早く流行を取り入れる | | 4．私は周囲の中で一番オシャレである。 | |
|---|---|---|---|---|
| | 度数 | 割合（%） | 度数 | 割合（%） |
| 1．全くそう思わない | 44 | 4.3 | 97 | 9.4 |
| 2．そう思わない | 113 | 11.0 | 153 | 14.8 |
| 3．どちらとも言えない | 258 | 25.0 | 285 | 27.6 |
| 4．そう思う | 383 | 37.1 | 338 | 32.8 |
| 5．とてもそう思う | 232 | 22.5 | 157 | 15.2 |
| 合計 | 1,030 | 99.9 | 1,030 | 99.9 |

出所：筆者作成

図表7-6　ファッションへの造詣が深いと考えられる職種とその他

| 職種 | 第1群：ファッションへ造詣が深いと考えられる職種<br>ファッションデザイナー／ファッション以外のデザイナー／<br>企画・マーケティング／芸能人／モデル／ブロガー | 第2群：その他<br>学生・その他 |
|---|---|---|
| 人数 | 617 | 413 |
| % | 59.90 | 40.10 |

出所：筆者作成

図表7-7　FL性の平均の差に対する独立した2つの群のt検定
ファッションへの造詣が深いと考えられる職種とその他の職種

| FL性への設問項目 | 属性 | 度数 | 平均値 | 標準偏差 | t値 |
|---|---|---|---|---|---|
| 1．私は常に流行を把握している | 第1群：ファッションへの造詣職種 | 617 | 3.89 | .826 | |
| | 第2群：その他 | 413 | 3.25 | 1.000 | 10.690** |
| 2．私のオシャレは周囲の人に影響を与えている | 第1群：ファッションへの造詣職種 | 617 | 3.92 | .999 | |
| | 第2群：その他 | 413 | 3.18 | 1.170 | 10.590** |
| 3．私は周囲の中で誰よりも早く流行を取り入れる | 第1群：ファッションへの造詣職種 | 617 | 3.94 | .886 | |
| | 第2群：その他 | 413 | 3.16 | 1.165 | 11.618** |
| 4．私は周囲の中で一番オシャレである。 | 第1群：ファッションへの造詣職種 | 617 | 3.63 | 1.036 | |
| | 第2群：その他 | 413 | 2.80 | 1.196 | 11.395** |

**p<.01

出所：筆者作成

　次に，FL性と職種の関係を見る上で，図表7-6の通り職業としてファッションに造詣が深いであろうグループ（ファッションデザイナー，ファッション以外のデザイナー，企画・マーケティング，芸能人，モデル，ブロガー）を第1群（617名）に，学生とその他を第2群（413名）に分割した[14]。2つの群のFL性得点の平均値の差で「独立した2つの群のt検定」を行ったものが図表7-7となる。なお，4設問項目全てF値が有意であることから等分散を仮定していない。

　結果は図表7-7の通り，1～4の設問項目全てにおいて，第1群のファッションへの造詣が深いと考えられる職種は，第2群のその他より平均が高く，その差は有意であると示された。

　FL性の高い群（以下，高群と称す）と低い群（以下，低群と称す）を比較するため，次のような2群を設定した。まず，FL尺度設定の設問4項目（図表7-4）に対する回答「全くそう思わない」を1点「そう思わない」を2点「どちらとも言えない」を3点「そう思う」を4点，「とてもそう思う」を5点とし，各回答者の4項目の回答を合計して一人ずつ得点化した[15]。できるだけ等分に近く2分割できるよう，4～14点の保有者を低群，15～20点の保有者を高群とした。なお，低群の総数は479名，高群の総数は551名となっている。

## 3.4　調査結果：分析視角の検討

　アンケート調査の設問の構成は，図表7-8～図表7-10のA1～A3を日韓ファッションへの印象生成に影響を与えると考えられる要因として設け[16]，B1～B18日韓ファッションへの印象として，江上（2020）での調査から判明した項目18問を日韓それぞれに対し設定している。回答は「とてもそう思う」～「全くそう思わない」の5件法で回答を得ている。

**(1)**　分析視角1-1「中国における日本ファッションのイメージはどのような特徴を有すのか」

### ①───日韓ファッションに対するイメージの差異

　分析視角1-1に対し，平均の差の有意差を確認するため4つのt検定を行った。図表7-7がFL性低群における日本に対するファッションイメージと韓国に対するファッションイメージの平均の差を比較した「対応のある二群のt検定」である。図表7-8の通り「個性的」「大衆的」「ニッチ」の3項目以外18項目で日韓の間で平均の差が有意と示されている。

### 図表7-8　FL性低群による日韓ファッションへのイメージ項目の平均の差
対応のある2つの群　t検定

| 設問　項目 | 国 | 平均 | 標準偏差 | 割合（%） | | | | | T値 |
|---|---|---|---|---|---|---|---|---|---|
| | | | | 1 | 2 | 3 | 4 | 5 | |
| A1.日本または韓国の | 日本 | 3.23 | 1.21 | 9.2 | 19.8 | 26.9 | 27.3 | 16.7 | |
| ファッションを選好する | 韓国 | 3.08 | 1.15 | 11.1 | 19.0 | 31.3 | 28.2 | 10.4 | 2.32* |
| A2.　　〃 | 日本 | 3.24 | 1.21 | 10.6 | 17.1 | 24.8 | 32.6 | 14.8 | |
| 商品全般を信用する | 韓国 | 2.58 | 1.07 | 17.1 | 30.9 | 32.2 | 16.1 | 3.8 | 10.59** |
| A3.　　〃 | 日本 | 3.42 | 1.09 | 4.6 | 17.1 | 25.9 | 36.5 | 15.9 | |
| タレントはオシャレ | 韓国 | 3.63 | 1.10 | 5.8 | 9.6 | 21.7 | 41.5 | 21.3 | -3.50** |
| B1.日本または韓国の | 日本 | 3.01 | 1.02 | 5.8 | 26.9 | 34.7 | 25.5 | 7.1 | |
| ファッションは華やか | 韓国 | 3.17 | .93 | 4.4 | 18.4 | 38.0 | 34.7 | 4.6 | -2.97** |
| B2.　　〃 | 日本 | 3.24 | 1.04 | 6.9 | 16.7 | 30.1 | 38.2 | 8.1 | |
| 流行している | 韓国 | 3.58 | 1.03 | 3.1 | 13.4 | 23.4 | 42.4 | 17.7 | -6.20** |
| B3.　　〃 | 日本 | 3.11 | 1.13 | 8.4 | 22.1 | 31.3 | 26.5 | 11.7 | |
| クール | 韓国 | 3.45 | 1.07 | 5.4 | 13.2 | 27.8 | 38.2 | 15.4 | -5.47** |
| B4.　　〃 | 日本 | 3.73 | 1.09 | 3.8 | 11.3 | 20.3 | 37.8 | 26.9 | |
| 可愛い | 韓国 | 3.19 | 1.07 | 6.9 | 18.0 | 34.9 | 29.6 | 10.6 | 9.03** |
| B5.　　〃 | 日本 | 3.59 | 1.04 | 3.5 | 11.1 | 27.8 | 37.8 | 19.8 | |
| ナチュラル | 韓国 | 3.15 | 1.10 | 8.6 | 17.3 | 35.1 | 28.6 | 10.4 | 7.33** |
| B6.　　〃 | 日本 | 2.99 | 1.10 | 8.1 | 26.9 | 33.0 | 22.1 | 9.8 | |
| セクシー | 韓国 | 3.30 | 1.06 | 5.2 | 17.5 | 31.5 | 33.8 | 11.9 | -5.19** |
| B7.　　〃 | 日本 | 3.55 | 1.08 | 4.0 | 13.4 | 26.7 | 35.9 | 20.0 | |
| 少女風 | 韓国 | 3.32 | .98 | 4.8 | 14.0 | 34.9 | 37.6 | 8.8 | 3.96** |
| B8.　　〃 | 日本 | 3.50 | 1.08 | 5.8 | 11.1 | 27.3 | 38.6 | 17.1 | |
| シンプル | 韓国 | 3.24 | 1.08 | 5.4 | 21.7 | 27.8 | 33.8 | 11.3 | 4.30** |
| B9.　　〃 | 日本 | 3.32 | 1.09 | 6.5 | 16.5 | 28.6 | 35.7 | 12.7 | |
| 偉大なデザイナーの印象 | 韓国 | 3.09 | 1.07 | 7.1 | 22.8 | 33.0 | 28.4 | 8.8 | 4.29** |
| B10.　　〃 | 日本 | 3.85 | 1.04 | 2.9 | 8.1 | 20.0 | 38.6 | 30.3 | |
| 品質が良い | 韓国 | 3.32 | 1.02 | 3.5 | 17.7 | 33.8 | 32.8 | 12.1 | 9.94** |
| B11.　　〃 | 日本 | 3.74 | 1.11 | 4.4 | 10.9 | 18.8 | 38.0 | 28.0 | |
| 着心地が良い | 韓国 | 3.48 | 1.04 | 5.0 | 11.1 | 31.1 | 37.0 | 15.9 | 4.80** |
| B12.　　〃 | 日本 | 3.32 | 1.13 | 5.8 | 18.8 | 29.0 | 30.3 | 16.1 | |
| 飽きない | 韓国 | 3.08 | 1.12 | 8.8 | 22.3 | 30.7 | 28.2 | 10.0 | 3.98** |
| B13.　　〃 | 日本 | 3.50 | 1.10 | 6.3 | 12.5 | 23.0 | 41.8 | 16.5 | |
| 個性的 | 韓国 | 3.55 | 1.10 | 6.1 | 11.5 | 22.5 | 41.5 | 18.4 | -.87 |
| B14.　　〃 | 日本 | 3.18 | 1.09 | 7.9 | 18.0 | 32.6 | 31.5 | 10.0 | |
| 大衆的 | 韓国 | 3.16 | 1.05 | 6.3 | 20.9 | 32.6 | 31.5 | 8.8 | .36 |
| B15.　　〃 | 日本 | 2.85 | 1.11 | 10.9 | 30.5 | 29.6 | 21.3 | 7.7 | |
| ニッチ | 韓国 | 2.86 | 1.15 | 12.1 | 29.6 | 26.5 | 24.0 | 7.7 | -.16 |

| | | | | | | | | | | |
|---|---|---|---|---|---|---|---|---|---|---|
| B16. | 〃 | 日本 | 3.60 | 1.01 | 3.8 | 9.2 | 28.6 | 39.3 | 18.6 | |
| | 若者に人気 | 韓国 | 3.95 | 1.02 | 3.3 | 6.7 | 15.0 | 41.8 | 33.2 | -6.56** |
| B17. | 〃 | 日本 | 3.37 | 1.08 | 6.5 | 13.6 | 29.6 | 36.7 | 13.6 | |
| | 最近勢いがある | 韓国 | 3.52 | 1.03 | 4.6 | 11.7 | 25.9 | 43.2 | 14.6 | -2.51* |
| B18. | 〃 | 日本 | 3.16 | 1.13 | 8.6 | 19.8 | 30.1 | 29.9 | 11.7 | |
| | 存在感が大きい | 韓国 | 3.36 | 1.05 | 4.2 | 17.1 | 30.7 | 34.4 | 13.6 | -3.24** |

$* p < 0.5 \quad ** p < .01$

出所：筆者作成

図表7-9　FL性高群による日韓ファッションへのイメージ項目の平均の差
対応のある2つの群　t検定

| 設問　項目 | 国 | 平均 | 標準偏差 | 割合（%） | | | | | T値 |
|---|---|---|---|---|---|---|---|---|---|
| | | | | 1 | 2 | 3 | 4 | 5 | |
| A1.日本または韓国の | 日本 | 3.97 | 1.01 | 2.2 | 7.4 | 17.4 | 37.6 | 35.4 | |
| ファッションを選好する | 韓国 | 3.97 | .88 | .5 | 4.5 | 23.0 | 40.7 | 31.2 | -.19 |
| A2.　〃 | 日本 | 3.84 | 1.07 | 3.3 | 8.5 | 21.6 | 34.5 | 32.1 | |
| 商品全般を信用する | 韓国 | 3.36 | 1.04 | 4.4 | 15.6 | 33.0 | 33.6 | 13.4 | 9.59** |
| A3.　〃 | 日本 | 3.90 | .89 | .5 | 6.7 | 21.4 | 44.8 | 26.5 | |
| タレントはオシャレ | 韓国 | 4.28 | .72 | .2 | 2.0 | 8.7 | 47.7 | 41.4 | -8.88** |
| B1.日本または韓国の | 日本 | 3.57 | 1.00 | 2.2 | 12.5 | 30.3 | 36.5 | 18.5 | |
| ファッションは華やか | 韓国 | 3.78 | .82 | .5 | 6.0 | 25.8 | 50.3 | 17.4 | -4.89** |
| B2.　〃 | 日本 | 3.86 | .92 | 1.1 | 6.7 | 23.8 | 42.1 | 26.3 | |
| 流行している | 韓国 | 4.27 | .78 | .7 | 1.8 | 11.1 | 42.8 | 43.6 | -8.84** |
| B3.　〃 | 日本 | 3.61 | 1.09 | 3.6 | 12.5 | 27.0 | 32.8 | 24.0 | |
| クール | 韓国 | 4.05 | .85 | .5 | 4.0 | 19.8 | 42.8 | 33.4 | -8.66** |
| B4.　〃 | 日本 | 4.16 | .93 | 1.3 | 5.4 | 12.3 | 37.7 | 43.2 | |
| 可愛い | 韓国 | 3.75 | 1.00 | 2.4 | 8.7 | 24.9 | 39.2 | 24.9 | 7.30** |
| B5.　〃 | 日本 | 4.08 | .93 | .9 | 6.2 | 15.1 | 39.4 | 38.5 | |
| ナチュラル | 韓国 | 3.81 | .93 | 1.5 | 8.0 | 22.0 | 45.0 | 23.6 | 5.56** |
| B6.　〃 | 日本 | 3.46 | 1.06 | 3.3 | 15.1 | 32.5 | 30.9 | 18.3 | |
| セクシー | 韓国 | 3.87 | .96 | 1.8 | 5.6 | 25.4 | 38.3 | 28.9 | -7.81** |
| B7.　〃 | 日本 | 4.05 | .93 | 1.1 | 5.6 | 17.1 | 39.4 | 36.8 | |
| 少女風 | 韓国 | 3.83 | 1.00 | 2.5 | 6.9 | 23.8 | 39.0 | 27.8 | 4.29** |
| B8.　〃 | 日本 | 4.00 | .99 | 1.5 | 7.1 | 18.9 | 35.4 | 37.2 | |
| シンプル | 韓国 | 3.73 | .96 | 2.2 | 7.8 | 27.2 | 40.8 | 22.0 | 5.26** |
| B9.　〃 | 日本 | 3.93 | .91 | 1.3 | 6.2 | 18.9 | 45.4 | 28.3 | |
| 偉大なデザイナーの印象 | 韓国 | 3.70 | .98 | 1.8 | 9.8 | 27.4 | 38.5 | 22.5 | 4.94** |
| B10.　〃 | 日本 | 4.27 | .79 | .7 | 1.3 | 13.1 | 39.9 | 45.0 | |
| 品質が良い | 韓国 | 3.95 | .91 | 1.1 | 4.9 | 23.0 | 40.3 | 30.7 | 7.25** |
| B11.　〃 | 日本 | 4.26 | .84 | .9 | 3.1 | 11.1 | 39.0 | 45.9 | |
| 着心地が良い | 韓国 | 4.02 | .86 | .9 | 4.4 | 17.4 | 46.1 | 31.2 | 5.15** |
| B12.　〃 | 日本 | 3.82 | 1.01 | 2.7 | 7.8 | 22.0 | 39.4 | 28.1 | |
| 飽きない | 韓国 | 3.59 | 1.00 | 2.5 | 12.0 | 27.8 | 39.2 | 18.5 | 4.66** |
| B13.　〃 | 日本 | 4.03 | .90 | 1.6 | 4.7 | 14.9 | 46.1 | 32.7 | |
| 個性的 | 韓国 | 4.04 | .90 | .9 | 6.0 | 15.2 | 44.1 | 33.8 | -.08 |
| B14.　〃 | 日本 | 3.26 | 1.17 | 7.8 | 19.2 | 27.4 | 29.4 | 15.8 | |
| 大衆的 | 韓国 | 3.30 | 1.10 | 6.4 | 18.1 | 27.6 | 34.8 | 13.1 | -.67 |
| B15.　〃 | 日本 | 3.11 | 1.20 | 10.7 | 22.7 | 24.7 | 28.7 | 13.2 | |
| ニッチ | 韓国 | 3.11 | 1.18 | 9.1 | 24.1 | 26.5 | 27.0 | 13.2 | -.03 |

| | | | | | | | | | |
|---|---|---|---|---|---|---|---|---|---|
| B16. | 〃 | 日本 | 4.02 | .91 | 1.1 | 5.6 | 16.7 | 43.6 | 33.0 | |
| | 若者に人気 | 韓国 | 4.40 | .77 | .5 | 1.5 | 9.6 | 34.1 | 54.3 | -8.49** |
| B17. | 〃 | 日本 | 3.91 | .97 | 2.7 | 5.3 | 19.6 | 43.2 | 29.2 | |
| | 最近勢いがある | 韓国 | 4.09 | .79 | .9 | 3.3 | 11.8 | 54.4 | 29.6 | -3.79** |
| B18. | 〃 | 日本 | 3.78 | .97 | 2.0 | 8.2 | 24.3 | 41.2 | 24.3 | |
| | 存在感が大きい | 韓国 | 3.87 | .95 | 1.8 | 7.1 | 20.7 | 43.2 | 27.2 | -1.80 |

$* p < 0.5 \ ** p < .01$

出所：筆者作成

　図表7-9はFL性高群における日本に対するファッションイメージと韓国に対するファッションイメージの平均の差を比較した「対応のある2つの群のt検定」である。図表7-8のFL性低群と同じく「個性的」「大衆的」「ニッチ」の3項目の他，「日本又は韓国のファッションを選好する」「存在感が大きい」以外の16項目で平均の差が有意と示されている。

　図表7-10は，Aが日本ファッションに対する印象をFL性の高群・低群で違いを見た平均の差の「独立した2つの群のt検定」である。この中で設問3項目はF値が有意でなかったことから等分散は仮定せず，それ以外の18項目は等分散を仮定した検定となっている。FL性高群と低群の平均の有意差に関しては，「大衆的」以外の20項目は有意と示されている。続いて，図表7-10のBは韓国ファッションに対する印象をFL性の高群・低群で違いを見た平均の差の独立した2つの群のt検定であり，この中で設問6項目はF値が有意でなかったことから等分散は仮定せず，それ以外の15項目等分散を仮定した検定となっている。また，FL性の高群と低群の平均の差は21項目全て有意と示されている。

　図表7-10におけるAとBのt値を比較すると，設問5項目「シンプル」「偉大なデザイナーの印象」「個性的」「ニッチ」「存在感が大きい」以外の16項目で，韓国のファッションに対する印象のt値が日本に対してより大きいことが確認できる。

### 図表7-10　日韓ファッションに対する印象をFL性高低群で違いをみた平均の差
### 独立した2つの群　t検定

| 設問　項目 | FL性 | A. 日本のファッションに対するイメージ | | | | B. 韓国のファッションに対するイメージ | | | |
|---|---|---|---|---|---|---|---|---|---|
| | | 平均 | 標準偏差 | | T値 | 平均 | 標準偏差 | | T値 |
| A1. 日本または韓国の | 低群 | 3.23 | 1.21 | 等分散を | | 3.08 | 1.15 | 等分散を | |
| ファッションを選好する | 高群 | 3.97 | 1.01 | 仮定しない | -10.57** | 3.97 | .88 | 仮定しない | -13.85** |
| A2. 〃 | 低群 | 3.24 | 1.21 | 等分散を | | 2.58 | 1.07 | 等分散を | |
| 商品全般を信用する | 高群 | 3.84 | 1.07 | 仮定しない | -8.35** | 3.36 | 1.03 | 仮定する | -11.84** |
| A3. 〃 | 低群 | 3.42 | 1.09 | 等分散を | | 3.63 | 1.10 | 等分散を | |
| タレントはオシャレ | 高群 | 3.90 | .888 | 仮定しない | -7.70** | 4.28 | .72 | 仮定しない | -11.11** |
| B1. 日本または韓国の | 低群 | 3.01 | 1.02 | 等分散を | | 3.17 | .93 | 等分散を | |
| ファッションは華やか | 高群 | 3.57 | .10 | 仮定する | -8.81** | 3.78 | .82 | 仮定しない | -11.15** |
| B2. 〃 | 低群 | 3.24 | 1.05 | 等分散を | | 3.58 | 1.03 | 等分散を | |
| 流行している | 高群 | 3.86 | .92 | 仮定しない | -10.00** | 4.27 | .78 | 仮定しない | -11.88** |
| B3. 〃 | 低群 | 3.11 | 1.13 | 等分散を | | 3.45 | 1.07 | 等分散を | |
| クール | 高群 | 3.61 | 1.09 | 仮定する | -.720** | 4.05 | .85 | 仮定しない | -9.87** |
| B4. 〃 | 低群 | 3.73 | 1.09 | 等分散を | | 3.19 | 1.07 | 等分散を | |
| 可愛い | 高群 | 4.16 | .93 | 仮定しない | -6.80** | 3.75 | 1.00 | 仮定する | -8.73** |
| B5. 〃 | 低群 | 3.59 | 1.04 | 等分散を | | 3.15 | 1.10 | 等分散を | |
| ナチュラル | 高群 | 4.08 | .92 | 仮定しない | -7.96** | 3.81 | .93 | 仮定しない | -10.37** |
| B6. 〃 | 低群 | 2.99 | 1.10 | 等分散を | | 3.30 | 1.06 | 等分散を | |
| セクシー | 高群 | 3.46 | 1.06 | 仮定する | -7.00** | 3.87 | .96 | 仮定しない | -9.05** |
| B7. 〃 | 低群 | 3.55 | 1.08 | 等分散を | | 3.32 | .98 | 等分散を | |
| 少女風 | 高群 | 4.05 | .93 | 仮定しない | -8.02** | 3.83 | 1.00 | 仮定する | -8.27** |
| B8. 〃 | 低群 | 3.50 | 1.08 | 等分散を | | 3.24 | 1.08 | 等分散を | |
| シンプル | 高群 | 4.00 | .99 | 仮定しない | -7.66** | 3.73 | .96 | 仮定しない | -7.60** |
| B9. 〃 | 低群 | 3.32 | 1.09 | 等分散を | | 3.09 | 1.07 | 等分散を | |
| 偉大なデザイナーの印象 | 高群 | 3.93 | .91 | 仮定しない | -9.74** | 3.70 | .98 | 仮定する | -9.55** |
| B10. 〃 | 低群 | 3.85 | 1.04 | 等分散を | | 3.32 | 1.02 | 等分散を | |
| 品質が良い | 高群 | 4.27 | .79 | 仮定しない | -7.24** | 3.95 | .91 | 仮定しない | -10.32** |
| B11. 〃 | 低群 | 3.74 | 1.11 | 等分散を | | 3.48 | 1.04 | 等分散を | |
| 着心地が良い | 高群 | 4.26 | .84 | 仮定しない | -8.31** | 4.02 | .86 | 仮定しない | -9.09** |
| B12. 〃 | 低群 | 3.32 | 1.13 | 等分散を | | 3.08 | 1.12 | 等分散を | |
| 飽きない | 高群 | 3.82 | 1.01 | 仮定しない | -7.51** | 3.59 | 1.00 | 仮定する | -7.69** |
| B13. 〃 | 低群 | 3.50 | 1.10 | 等分散を | | 3.55 | 1.10 | 等分散を | |
| 個性的 | 高群 | 4.03 | .90 | 仮定しない | -8.51** | 4.04 | .90 | 仮定しない | -7.76** |
| B14. 〃 | 日本 | 3.18 | 1.09 | 等分散を | | 3.16 | 1.05 | 等分散を | |
| 大衆的 | 韓国 | 3.26 | 1.17 | 仮定しない | -1.19 | 3.30 | 1.11 | 仮定しない | -2.15* |
| B15. 〃 | 日本 | 2.85 | 1.11 | 等分散を | | 2.86 | 1.15 | 等分散を | |
| ニッチ | 韓国 | 3.11 | 1.21 | 仮定しない | -3.66** | 3.11 | 1.18 | 仮定する | -3.53** |

| B16. | 〃 | 日本 | 3.60 | 1.01 | 等分散を | | 3.95 | 1.02 | 等分散を | |
| | 若者に人気 | 韓国 | 4.02 | .90 | 仮定しない | -6.89** | 4.40 | .77 | 仮定しない | -7.95** |
| B17. | 〃 | 日本 | 3.37 | 1.08 | 等分散を | | 3.52 | 1.03 | 等分散を | |
| | 最近勢いがある | 韓国 | 3.91 | .97 | 仮定しない | -8.35** | 4.09 | .79 | 仮定しない | -9.88** |
| B18. | 〃 | 日本 | 3.16 | 1.13 | 等分散を | | 3.36 | 1.05 | 等分散を | |
| | 存在感が大きい | 韓国 | 3.78 | .97 | 仮定しない | -9.26** | 3.87 | .95 | 仮定しない | -8.09** |

＊p＜0.5　＊＊p＜.01

出所：筆者作成

　図表7-8～図表7-10の平均を図で記したものが図表7-11で，この図により分析視角1「中国における日本のファッションのイメージはどのような特徴を有するのか」の結果が端的に読み取れる。結果は，日本のファッションに対するイメージは，FL性低群・高群とも特に「品質が良い」「着心地が良い」「可愛い」の平均が韓国より高く，他にも「シンプル」や「ナチュラル」など機能性を意識したものの平均も韓国より高くなっている。韓国に対するイメー

**図表7-11　日韓のファッションイメージに対する平均**

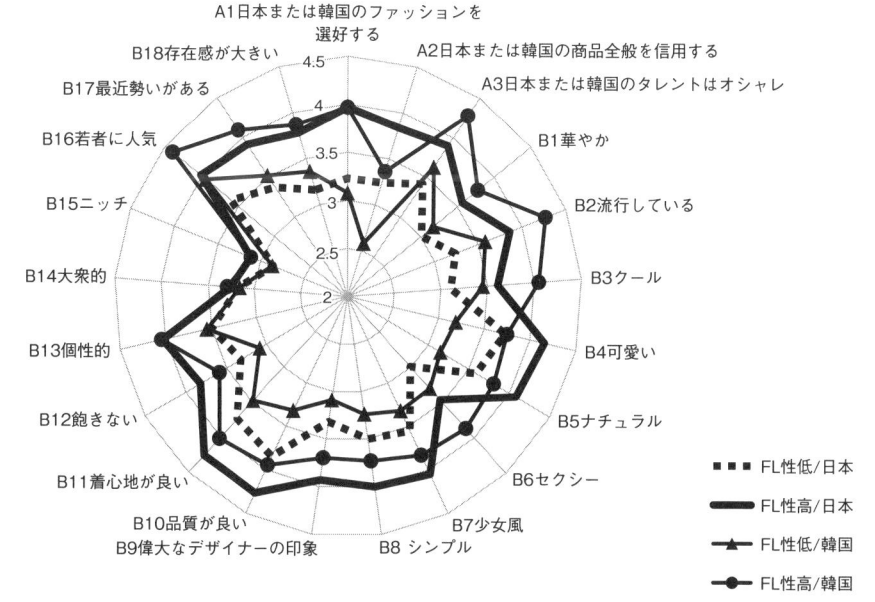

出所：筆者作成

ジはFL性低群・高群とも特に「韓国のタレントはオシャレ」「流行している」「若者に人気」が日本より高く，他には「クール」や「華やか」「勢い」などトレンド的な要素の平均も日本より高くなっている。

また，FL性に関しては「ニッチ」と「大衆的」以外は，日本のファッションに対する印象及び韓国のファッションに対する印象のいずれも大きくFL性高群の方が低群より平均が高いことが分かる。即ち，日本のファッションには機能的要素と可愛さへのイメージが強く，韓国ファッションにはトレンド性へのイメージが強く，それらのイメージはFL性が高いほど強いことが示された。加えて，日本と韓国のt値比較（図表7-10）において，韓国のファッションに対しては，FL性が高い方がより各イメージ項目を肯定的に捉えていると言える。

## ②────日韓のファッションへの選好に対するイメージの差異

日韓のファッションへの選好に対し，中国におけるFL性の違いを考慮した上で，日韓のファッションのイメージ要素の何が有意に影響するのか重回帰分析を用いて検討する。

このような消費者心理に対し多くの質問項目を有する分析は，因子分析により質問項目を共通因子で集約し，重回帰分析に入るケースが一般的である。しかし，本書の趣旨であるFL性及び日韓の比較を行うには，因子分析の場合，日韓それぞれ同じ項目で因子が形成されるわけではないことから比較が難しく，敢えてここでは因子分析での検証は選択しないこととした。なお，重回帰分析において，いずれもVIF数値は2.1未満であることから多重共線性は確認されていない。

図表7-12は日本のファッションへの選好に対してA：FL性の低群　B：FL性の高群により有意な影響を与えるイメージを分析したものである。A：FL性の低群は決定係数$R^2$が.47で「飽きない」「ナチュラル」「日本商品の全般を信用する」「クール」「存在感の大きい」「年齢（若さ）」が有意であり，特に「飽きない」「ナチュラル」「日本商品の全般を信用」の標準偏回帰係数が高い。一方，B：FL性高群は決定係数$R^2$が.49で「最近勢いがある」「日本商品の全

般を信用する」「偉大なデザイナー」「シンプル」「若者に人気」「性別（女性）」「クール」「存在感が大きい」が有意であり，特に「最近勢いがある」「日本商品の全般を信用する」「偉大なデザイナー」の標準偏回帰係数が大きい。

図表7-12 重回帰分析 従属変数 日本のファッションに対する選好度

| 設問項目 | | A: FL性低群 | | | B: FL性高群 | | |
|---|---|---|---|---|---|---|---|
| | | $B$ 偏回帰係数 | $SEB$ 標準誤差 | $\beta$ 標準偏回帰係数 | $B$ 偏回帰係数 | $SEB$ 標準誤差 | $\beta$ 標準偏回帰係数 |
| A2. | 日本または韓国の商品全般を信用する | .139 | .043 | .139** | .111 | .036 | .118** |
| A3. | " タレントはオシャレ | .072 | .047 | .065 | .051 | .042 | .045 |
| B1. | 日本または韓国のファッションは華やか | -.028 | .051 | -.023 | .040 | .039 | .040 |
| B2. | " 流行している | .045 | .054 | .039 | .143 | .042 | .130 |
| B3. | " クール | .126 | .045 | .118** | .078 | .034 | .084* |
| B4. | " 可愛い | .079 | .047 | .071 | .006 | .040 | .006 |
| B5. | " ナチュラル | .178 | .057 | .152** | .060 | .045 | .055 |
| B6. | " セクシー | .059 | .044 | .053 | -.036 | .034 | -.038 |
| B7. | " 少女風 | -.035 | .048 | -.031 | .015 | .040 | .013 |
| B8. | " シンプル | -.024 | .051 | -.022 | .112 | .037 | .109** |
| B9. | " 偉大なデザイナーの印象 | .045 | .051 | .040 | .125 | .041 | .113** |
| B10. | " 品質が良い | .032 | .056 | .028 | .139 | .048 | .109** |
| B11. | " 着心地が良い | .024 | .052 | .022 | -.061 | .045 | -.051 |
| B12. | " 飽きない | .212 | .048 | .197** | .071 | .037 | .071 |
| B13. | " 個性的 | .062 | .047 | .056 | .013 | .041 | .012 |
| B14. | " 大衆的 | -.028 | .042 | -.025 | -.043 | .030 | -.050 |
| B15. | " ニッチ | .010 | .040 | .010 | -.056 | .029 | -.066 |
| B16. | " 若者に人気 | -.074 | .050 | -.062 | .117 | .041 | .105** |
| B17. | " 最近勢いがある | .106 | .055 | .095 | .142 | .043 | .136** |
| B18. | " 存在感が大きい | .100 | .050 | .094* | .077 | .038 | .074* |
| 性別ダミー（男性0女性1） | | .069 | .088 | .029 | .204 | .065 | .101** |
| 年齢ダミー（高年0若年1） | | .203 | .085 | .084* | .011 | .064 | .005 |
| $R^2$ | | .47** | | | .49** | | |

*p < .05 **p < .01
※性別ダミーは0が男性（509名）1が女性（521名）年齢ダミーは0が18-35歳（519名）1が36-55歳（511名）
出所：筆者作成

続いて，図表7-13は韓国のファッションへの選好に対してＡ：FL性低群Ｂ：FL性高群により有意な影響を与えるイメージを分析したものである。Ａ：FL性の低群は決定係数$R^2$が.50で「韓国タレントはオシャレ」「韓国商品を信用する」「品質が良い」「可愛い」「飽きない」「最近勢いがある」「クール」が有意であり，特に「韓国タレントはオシャレ」「韓国商品を信用する」「品質が良い」の標準偏回帰係数が高い。Ｂ：FL性高群は決定係数$R^2$が.37で他の重回

図表7-13　重回帰分析　従属変数　韓国のファッションに対する選好度

| 設問項目 | | A: FL性低群 | | | B: FL性高群 | | |
|---|---|---|---|---|---|---|---|
| | | $B$ 偏回帰係数 | $SEB$ 標準誤差 | $\beta$ 標準偏回帰係数 | $B$ 偏回帰係数 | $SEB$ 標準誤差 | $\beta$ 標準偏回帰係数 |
| A2. | 日本または韓国の商品全般を信用する | .246 | .042 | .228** | .075 | .036 | .088* |
| A3. | 〃　　　タレントはオシャレ | .261 | .047 | .249** | .161 | .051 | .132** |
| B1. | 日本または韓国のファッションは華やか | -.015 | .050 | -.012 | -.032 | .045 | -.030 |
| B2. | 〃　　　流行している | .076 | .052 | .068 | .142 | .049 | .126** |
| B3. | 〃　　　クール | .100 | .046 | .093* | .096 | .041 | .092* |
| B4. | 〃　　　可愛い | .119 | .043 | .110** | .106 | .036 | .121** |
| B5. | 〃　　　ナチュラル | .066 | .044 | .063 | .047 | .039 | .050 |
| B6. | 〃　　　セクシー | .037 | .042 | .034 | .060 | .036 | .065 |
| B7. | 〃　　　少女風 | -.067 | .045 | -.057 | .010 | .034 | .011 |
| B8. | 〃　　　シンプル | .052 | .043 | .048 | .083 | .036 | .090* |
| B9. | 〃偉大なデザイナーの印象 | -.107 | .047 | -.099* | .045 | .038 | .050 |
| B10. | 〃　　　品質が良い | .187 | .049 | .165** | .035 | .041 | .036 |
| B11. | 〃　　　着心地が良い | -.042 | .049 | -.038 | .075 | .040 | .074 |
| B12. | 〃　　　飽きない | .110 | .042 | .107** | .024 | .035 | .027 |
| B13. | 〃　　　個性的 | .065 | .042 | .062 | .063 | .039 | .064 |
| B14. | 〃　　　大衆的 | -.010 | .039 | -.009 | -.071 | .029 | -.089* |
| B15. | 〃　　　ニッチ | .023 | .036 | .022 | -.032 | .028 | -.042 |
| B16. | 〃　　　若者に人気 | -.083 | .047 | -.074 | .098 | .045 | .085* |
| B17. | 〃　　最近勢いがある | .114 | .047 | .101* | .003 | .045 | .002 |
| B18. | 〃　　存在感が大きい | .013 | .044 | .011 | .025 | .039 | .027 |
| 性別ダミー（男性0女性1） | | .081 | .082 | .035 | -.006 | .064 | -.004 |
| 年齢ダミー（高年0若年1） | | .021 | .081 | .009 | .097 | .063 | .055 |
| $R^2$ | | .50*** | | | .37*** | | |

*p＜.05　**p＜.01
出所：筆者作成

帰分析と比較してやや説明力が低いものの，「タレントはオシャレ」「流行している」「可愛い」「クール」「シンプル」「大衆的」「韓国商品を信用する」「若者に人気」が有意で，特に「タレントはオシャレ」「流行している」「可愛い」は標準偏回帰係数が高い。

　以上の分析結果により，中国における日韓ファッションへの選好に対するイメージの差異については以下となる。日本ファッションの選好度に与えている影響としては，FL性低群においては，標準偏回帰係数の高い「飽きない」「商品の信用」「ナチュラル」などから，UNIQLOや無印良品などの実用衣料のイメージが背後にあるように推察され，FL性高群においては，同じく「商品の信用」は標準偏回帰係数が高いとともに「勢い」や「偉大なデザイナー」が選好に影響を強く与えていることから，FL性の高い回答者たちはよりデザイナーズ的な日本のファッション性を評価していると考えられる。

　一方，韓国ファッションにおいては図表7-11では「韓国商品を信用する」や「品質が良い」はイメージとしては低かったものの，選好に高く影響を与えていることは，特に低群の間で韓国商品がより身近に浸透している可能性があると推察できる。また，低群・高群において，韓国のファッションの選好度に対して「タレントはオシャレ」の影響が強いことから，韓国タレントがファッション・アイコンとなっており，韓国コンテンツの人気が背景にあることが推察される。

　興味深い点として，「日本のファッションは可愛い」はイメージとして強いのであるが，FL性高群低群ともに日本のファッションの選好には有意ではなく，反して韓国のファッションの選好に「韓国のファッションは可愛い」が有意であることが挙げられる。これは中国人にとって日本ファッションの「可愛い」よりも韓国の「可愛い」の方が嗜好に合うということであろう。なお，この理由としては，韓国の「可愛い」は韓流タレントのイメージにより比較的広い層から選好に繋がっているものと推察される。

　他方，日本の「可愛い」に関しては，江上（2015）のインタビュー調査で「ロリータファッションなどの印象も強く，マニア受けの側面が感じられる」という複数の発話が確認されたことから，本調査では「ロリータファッション以外」と注釈を付けたものの選好が有意でないことは，「マニア受け」という

印象が定着している可能性が一要因として考えられる。

**(2)　分析視角1-2「中国において日本ファッションブランドの認知はどのような特徴を有するのか」**

　ブランド認知とは，特定の製品カテゴリーにおいて，潜在的な購買者が特定のブランドを認識または思い起こすことができるという概念である（Aaker, 1991）。ブランド認知は顧客ベースのブランド・エクイティを構築することに関係する重要な要素であり，ブランド再認とブランド再生に分けられる。ブランド再認は，ブランド名が提示された際にそのブランドを認識することを指し，ブランド再生は特定の製品カテゴリーが提示されたときに関連するブランドを思い起こすことを指す（Aaker, 1996）。

　近年は，ブランドが中国に店舗を有していなくとも，メディアや訪日旅行を通じて日本ファッションブランドを認知するケースもあろうことから，日本ファッションブランドのブランド再認を調べるには，どのブランドを設定するべきか困難である。そこで，分析視角1-2の検討を行う上で，ブランド再生，即ち純粋想起調査により特徴を抽出する。

　図表7-14はアンケート調査の中で，回答者より「日本ファッションブランドに対して，知っているブランド全てを教えて下さい」という質問より得た自由回答から，出現回数10回以上[17]のみのブランドを出現回数の多いものから順に表したものである。

　図表7-14のAは純粋想起で挙がったブランド（以下，想起ブランド）の想起回数総数，Bは回答者の性別で想起ブランドを分けたもの，CはFL性の高群・低群で分けたものである。図表7-15は日本と比較するための韓国のファッションブランドに対する純粋想起である。なお，カイ二乗検定は，検定の有効性の観点からサンプル数30以上のデータのみ算出している。

## 図表7-14　日本ファッションブランドへの純粋想起

商品性別　　F: ファミリー（メンズ・レディース・キッズ）M: メンズ　L: レディース　U: ユニセックス

| 連番 | 商品性別 | ブランド名 | 出現回数総数 | 回答者性別 | 度数 | カイニ乗値 | 回答者FL性 | 度数 | カイニ乗値 | 特記事項 |
|---|---|---|---|---|---|---|---|---|---|---|
| | | | | A: 想起回数総数 | | | B:回答者性別での差 | | C: 回答者FL性での差 | |
| | | 無し | 451 | 男性 | 236 | | 低群 | 265 | | |
| | | | | 女性 | 215 | 2.51 | 高群 | 186 | 47.55** | |
| 1 | F | UNIQLO | 234 | 男性 | 103 | | 低群 | 101 | | 実用衣料型 |
| | | | | 女性 | 131 | 3.26 | 高群 | 133 | 1.19 | |
| 2 | F | 無印良品 | 164 | 男性 | 86 | | 低群 | 56 | | 実用衣料型 |
| | | | | 女性 | 78 | 0.19 | 高群 | 108 | 11.39** | |
| 3 | M / L | ISSEY MIYAKE | 115 | 男性 | 38 | | 低群 | 36 | | コレクションデザイナー型 |
| | | | | 女性 | 77 | 13.16** | 高群 | 79 | 11.35** | |
| 4 | F | BAPE | 62 | 男性 | 38 | | 低群 | 11 | | ストリート |
| | | | | 女性 | 24 | 0.19 | 高群 | 51 | 20.73** | |
| 5 | M / L / U | Y-3 | 35 | 男性 | 19 | | 低群 | 5 | | ストリート |
| | | | | 女性 | 16 | 0.17 | 高群 | 30 | 13.81** | |
| 6 | F | ASICS | 17 | 男性 | 11 | | 低群 | 3 | | スポーツ |
| | | | | 女性 | 6 | | 高群 | 14 | | |
| 7 | F | MIZUNO | 16 | 男性 | 12 | | 低群 | 3 | | スポーツ |
| | | | | 女性 | 4 | | 高群 | 13 | | |
| 8 | M / L | COMME des GARÇONS18) | 16 | 男性 | 7 | | 低群 | 6 | | コレクションデザイナー型 |
| | | | | 女性 | 9 | | 高群 | 10 | | |
| 9 | F | EVISU | 13 | 男性 | 7 | | 低群 | 5 | | ストリート |
| | | | | 女性 | 6 | | 高群 | 8 | | |
| 10 | L | SNIDEL | 11 | 男性 | 5 | | 低群 | 3 | | |
| | | | | 女性 | 6 | | 高群 | 8 | | |
| 11 | F | Onitsuka Tiger | 10 | 男性 | 7 | | 低群 | 3 | | スポーツ |
| | | | | 女性 | 3 | | 高群 | 7 | | |
| 12 | M / L | Yohji Yamamoto | 10 | 男性 | 4 | | 低群 | 4 | | コレクションデザイナー型 |
| | | | | 女性 | 6 | | 高群 | 6 | | |

** p < .01

注）・Y-3に関しては，ファッションテイストとしてストリートファッションブランドと言われるが，ブランドの背景は，スポーツブランドのadidasとコレクションデザイナーのYohji Yamamotoとのコラボである。
　　・EVISUに関しては，ファッションテイストとしてストリートファッションブランドであるとともに，高い技術を用いた日本製のジーンズがブランドの主力商品として有名である。
出所：筆者作成

商品性別　F:ファミリー（メンズ・レディース・キッズ）　M:メンズ　L:レディース　U:ユニセックス　U:ユニセックス

## 図表7-15　韓国ファッションブランドへの純粋想起

| 連番 | 商品性別 | ブランド名 | 出現回数総数 | A:総数 | | | B:回答者性別での差 | | | C:回答者FL性での差 | | | 特記事項 |
|---|---|---|---|---|---|---|---|---|---|---|---|---|---|
| | | | | 回答者性別 | 度数 | カイ二乗値 | 回答者FL性 | 度数 | カイ二乗値 | 特記事項 |
| | | 無し | 533 | 男性 | 285 | 6.93** | 低群 | 314 | 67.32** | |
| | | | | 女性 | 248 | | 高群 | 219 | | |
| 1 | M／L | EXR | 73 | 男性 | 50 | 10.63** | 高群 | 47 | 3.29 | スポーツ |
| | | | | 女性 | 23 | | 低群 | 26 | | |
| 2 | L | ROEM | 50 | 男性 | 20 | 1.49 | 高群 | 38 | 9.77** | |
| | | | | 女性 | 30 | | 低群 | 12 | | |
| 3 | M／L | MCM | 43 | 男性 | 17 | 1.37 | 高群 | 25 | 0.22 | バッグ中心 |
| | | | | 女性 | 26 | | 低群 | 16 | | |
| 4 | L | E・LAND | 42 | 男性 | 15 | 2.74 | 高群 | 26 | 0.92 | |
| | | | | 女性 | 27 | | 低群 | 14 | | |
| 5 | M／L | STUDIO TOMBOY | 32 | 男性 | 20 | 1.75 | 高群 | 18 | 1.21 | |
| | | | | 女性 | 12 | | 低群 | 8 | | |
| 6 | M／L | BASIC HOUSE | 24 | 男性 | 10 | | 高群 | 16 | | |
| | | | | 女性 | 14 | | 低群 | 9 | | |
| 7 | F | FILA | 20 | 男性 | 6 | | 高群 | 11 | | スポーツ |
| | | | | 女性 | 14 | | 低群 | 5 | | |
| 8 | M／L | TOMBOY JEANS | 19 | 男性 | 9 | | 高群 | 14 | | |
| | | | | 女性 | 10 | | 低群 | 5 | | |
| 9 | L | SJYP | 15 | 男性 | 8 | | 高群 | 10 | | |
| | | | | 女性 | 7 | | 低群 | 4 | | |
| 10 | F | BEANPOLE | 13 | 男性 | 7 | | 高群 | 9 | | |
| | | | | 女性 | 6 | | 低群 | 3 | | |
| 11 | F | SPAO | 13 | 男性 | 2 | | 高群 | 11 | | |
| | | | | 女性 | 11 | | 低群 | 4 | | |
| 12 | U | GENTLE MONSTER | 12 | 男性 | 4 | | 低群 | 8 | | アイウェア |
| | | | | 女性 | 8 | | 高群 | 2 | | |
| 13 | L | ab.f.z | 11 | 男性 | 8 | | 高群 | 9 | | |
| | | | | 女性 | 3 | | 低群 | 3 | | |
| 14 | L | brannyko | 10 | 男性 | 2 | | 高群 | 7 | | |
| | | | | 女性 | 8 | | 低群 | 1 | | |
| 15 | M／L | Mind Bridge | 10 | 男性 | 5 | | 高群 | 9 | | |
| | | | | 女性 | 5 | | 低群 | 3 | | |
| 16 | L | on&on | 10 | 男性 | 2 | | 低群 | 7 | | |
| | | | | 女性 | 8 | | 高群 | 3 | | |
| 17 | L | SJSJ | 10 | 男性 | 2 | | 高群 | 7 | | |
| | | | | 女性 | 8 | | | | | |

** p＜.01

出所：筆者作成

　日韓ファッションブランドにおける想起ブランドの内容を見ていくと，日本は商品性別ではファミリー（メンズ・レディース・キッズ）を取り扱うブランドが7件，メンズ・レディース・ユニセックスを扱うブランドが1件，メンズ・レディースを扱うブランドが3件，レディースのみを扱うブランドが1件である。韓国は，ファミリーが3件，メンズ・レディースを扱うブランドが6件，レディースブランドは7件，ユニセックスブランドは1件である。

　想起ブランドの個々の特徴を見ていくと，日本は，UNIQLO・無印良品といったファッション衣料とともに機能性を謳い，肌着なども多く販売する実用衣料型のブランドの想起回数が，前者は234回，後者は165回と非常に多いとともに，スポーツブランドが3件想起されており，ファッションテイストとしてはストリートファッション[19]であってもスポーツブランドとコレクションデザイナーとのコラボで出来たブランドが1件，同じくストリートファッションで日本製の高い加工技術を特徴とするジーンズブランドも1件ある。このことから，日本の想起ブランドは機能性や技術力に傾倒したブランドへの傾注が高いことが分かる。

　また，1980年前後から活躍するパリ・コレクションへ出展するような，デザイナーの個性が溢れるコレクションデザイナー型のブランドが3件挙がっている。他にも3件挙がっているストリートファッションのブランドのうち，BAPEとEVISUにおいては，現在はレディースファッションやキッズファッションも扱っているが，もともとはメンズブランドとして人気を博したブランドであり，Y-3も元来ユニセックスなデザインテイストである。

　かつてクールジャパンのサポートや，中国で販売されていた日本のファッション雑誌の人気からKAWAIIが評判であると注目され，本章2で論じたマジョリティートレンド型のレディースファッションブランドはどうであろうか。想起数10回以上で挙がったレディースブランドはSNIDELの1ブランドのみであった。そして，メンズ・レディースを取り扱うブランド及びファミリーを取り扱うブランドのレディースファッションに，こうしたマス層のレディースファッションは入っていない。

　一方，韓国は，スポーツブランドは2件見られるが，その他は日本のように機能性や技術力に注力したブランド群の傾向はあまり見られない。同時にコレ

クションデザイナー型やストリートファッションブランドも挙がっていない。韓国で挙がった想起ブランドの４割にあたる７件のレディースブランドは，総じて比較的若い女性を対象とした，通勤・通学に着用可能なオシャレ着で，日本の想起ブランドに挙がったSNIDELと近似の層である。また，韓国で挙がったメンズ・レディース及びファミリーを取り扱うブランドのレディース向け商品の多くは，韓国の７件のレディースファッションブランドと似た層を対象にしたものである。

　このことから，日本ファッションブランドに対しては，韓国ファッションブランドと比較し，レディースブランドへ向けられた傾注が低いと考えられる。

　次に，総数で得られた結果の背景に何があるか，図表７-14，図表７-15のＢ回答者性別での差とＣ回答者FL性での差を見てみる。日本ファッションブランドの男女差を見てみると，ISSEY MIYAKEがカイ二乗検定で女性によって有意に多く想起されているものの，他は有意ではなかった。一方，韓国はEXRでカイ二乗検定が男性によって有意に多く想起されていたが，韓国も同じく他のブランドは有意でなかった。

　続いて，図表７-14のＣ回答者FL性での差を見てみる。日本ファッションブランドに対しては，カイ二乗検定の対象５ブランドのうち，無印良品，ISSEY MIYAKE，BAPE，Y-3でFL性高群が有意に多くなっている。一方，韓国ファッションブランドに対してFL性高群の多さが有意となっているのは，カイ二乗検定を行った５ブランドのうち１ブランドのみであった。このことから，日本ブランドはUNIQLO以外の無印良品，ISSEY MIYAKE，BAPE，Y-3に対しては，オシャレな人ほどブランドに対して認知していることが分かる。

　さらに，これら純粋想起で挙がった日韓のブランドの設立年を見てみる（図表７-16）。

　図表７-16を見ると，日本ファッションブランドは全12ブランドのうち，1970年代以前に設立されたブランドが５件，1980年代に３件，1990年代に２件，そして2000年代以降に設立されたブランドは，わずか２件しかない。しかもこのうちの１件は1981年より世界的に著名なYohji Yamamotoのデザイナーである山本耀司と世界的なスポーツブランドadidasとのコラボブランドであり，既に名声の基盤があったという点から，無名の状態から旗揚げしたブランドは

## 図表7-16　純粋想起日韓ブランドの設立年

| | 日本ブランドへの純粋想起 | | | | | 韓国ブランドへの純粋想起 | | |
|---|---|---|---|---|---|---|---|---|
| | ブランド名 | 出現回数 | ブランド設立年 | | | ブランド名 | 出現回数 | ブランド設立年 |
| 1 | UNIQLO | 234 | 1984 | | 1 | EXR | 73 | 2001 |
| 2 | 無印良品 | 164 | 1980 | | 2 | ROEM | 50 | 1991 |
| 3 | ISSEY MIYAKE | 115 | 1971 | | 3 | MCM | 43 | 2005韓国買収 |
| 4 | BAPE | 62 | 1993 | | 4 | E・LAND | 42 | 1980 |
| 5 | Y-3（山本耀司とadidasのコラボ） | 35 | 2002 | | 5 | STUDIO TOMBOY | 32 | 1977 |
| 6 | ASICS | 17 | 1977 | | 6 | BASIC HOUSE | 24 | 2000 |
| 7 | MIZUNO | 16 | 1906 | | 7 | FILA | 20 | 2007韓国買収 |
| 8 | COMME des GARÇONS | 16 | 1969 | | 8 | TOMBOYJEANS | 19 | 不明 |
| 9 | EVISU | 13 | 1991 | | 9 | SJYP | 15 | 2014 |
| 10 | SNIDEL | 11 | 2005 | | 10 | BEAN POLE | 13 | 1989 |
| 11 | Onitsuka Tiger | 10 | 1949 | | 11 | SPAO | 13 | 2009 |
| 12 | Yohji Yammoto | 10 | 1982 | | 12 | GENTLE MONSTER | 12 | 2011 |
| | | | | | 13 | ab.f.z | 11 | 1996 |
| | | | | | 14 | brannyko | 10 | 不明 |
| | | | | | 15 | Mind Bridge | 10 | 2003 |
| | | | | | 16 | on&on | 10 | 1992 |
| | | | | | 17 | SJSJ | 10 | 1997 |

出所：筆者作成

2000年代以降1ブランドしかない。

　一方，韓国ファッションブランドは，創設年が不明のブランドが2件と既存ブランドの買収により韓国ブランドとなった2ブランド，合計4ブランドを省いた13ブランドのうち，1970年代以前に設立されたブランドが1件，1980年代に2件，1990年代に4件，2000年代に4件，2010年代に2件であり，2000年代以降に設立されたブランドは合計で6件となり全体の5割弱となる。

　確かに韓国の方が日本より経済成長が後から起こったことから，日本と比較するとブランド創設年の古いブランドが多くないことは理解できるが，2000年代以降に創設された日本のブランドで認知があまり獲得できていない一方，韓国ファッションブランドは新しいブランドへの認知がある傾向は注視すべきであると考える。

# 4

## 小括

　本章では，中国における日本のファッションの受容性を明らかにするために，中国での日本ファッションブランドの軌跡を確認しながら，日本のファッションがどのようなイメージを有し，それらのイメージが選好にどのように影響するのか，具体的なブランド認知はどのような特徴を有するのか，FL性を考慮した上で競合する韓国と比較し考察した。

　結果は，分析視角1「中国における日本のファッションのイメージはどのような特徴を有するのか」に関しては，日本のファッションには機能的要素と可愛さへのイメージが強く，比較した韓国のファッションに関しては，韓国タレントはオシャレ及びトレンド性へのイメージが強く，それらのイメージはFL性が高いほど強いことが示された。

　また，日韓のファッションの選好に対する，イメージの差異を分析したところ，日本のファッションに対して回答者のFL性低群においては「飽きない」「商品の信用」「ナチュラル」などから，UNIQLOや無印良品などの実用衣料のイメージが背後にあるように推察され，FL性高群においては，よりデザイナーズ的な日本のファッションを評価していると考えられた。韓国のファッションに対しては，FL性低群・高群ともに，韓国のファッションの選好度に対して，韓国タレントのファッション・アイコン性及び韓国コンテンツの影響があると考えられた。興味深い点としては，日本のファッションへの「可愛い」は印象としては強いけれども選好に有意ではなく，反して韓国のファッションは有意であることから，中国人にとって韓国ファッションの可愛さの方がより嗜好に合うと推察された。

　分析視角2「中国において日本ファッションブランドの認知はどのような特徴を有するのか」に関しては，日本ファッションブランドは実用衣料やスポーツメーカーといった機能性や高度な技術が重視されるブランドへの認知が高いと同時に，世界的なコレクションブランド型やストリートファッションブランド

への高い認知がある傾向が分かった。そして，レディースファッションブランドは，日本ファッションブランドにおいては認知が低い傾向であることに反して，韓国は高い傾向が示された。またカイ二乗検定を行った日韓ファッションブランドに対しては，日本はFL性高群から有意に認知されるブランドが5ブランド中4ブランドと多かったが，韓国はFL性との関係は5ブランド中1ブランドしか確認されなかった。ブランドの設立年に関しては想起された日本ファッションブランドは，韓国と比較して，新しいブランドが少ないことが分かった。

　最後に，世界のファッションの商品性別売り上げはレディース商品が多数を占めることから[20]，ファッションと言えばレディースブランドを主体に語られることが多く，中国においてクールジャパンで推進されていたブランドも，レディースブランドへ力を入れる傾向が強かった。このことからも，日本のレディースブランドへの認知が芳しくないこと，そして先行研究では示されていないメンズ色の強いストリートブランドやスポーツメーカーの認知が高かったことは傾注すべきであると考える。

---

<注>　1）　○○年代生まれと表する際，中国で年代の後ろに后をつける。例：80后とは1980年代生まれ。

　　　　2）　この3つのカテゴリーとは筆者による2015年の調査（中国におけるファッション業界従事者・女性94名・男性6名へのインタビュー）及び2019年の調査（中国におけるファッション業界従事者・女性97名・男性4名へのインタビュー）により抽出されたものであり，Roland Berger（2016）のクールジャパン事業報告書でもこの3つのカテゴリーが同様に記載されている（p.15）。ただし，名称は当該報告書より本書の名称へとアレンジしている。

　　　　3）　経済産業省（2014）では，アッパーミドルゾーンという名称で同じゾーンを呼称し，日本ファッションブランドが最も得意で比重の大きいゾーンと分析されている。

　　　　4）　アパレル業界では，アパレルブランドごとに，商品の販売される商業施設の業態が概ね決まっており，主に百貨店で販売されるブランドを百貨店系アパレル，駅ビル含むファッションビル・ショッピングセンターで販売されるブランドをSC系アパレルと呼ぶことが多い。

　　　　5）　各社HP沿革及び以下サイトより確認した。F-WORKS WEB「中国市場を拓く日本アパレル企業」2008.1　http://www.f-works.com/fwp/

fwpbn/08-01/pick3.html
（2022.10.26アクセス）

6）「我が国の魅力を生かしたクールジャパン戦略」経済産業省HP
https://www.meti.go.jp/report/tsuhaku2012/2012honbun/html/
i4220000.html
（2022.10.26アクセス）

7）ファッションPRコンサルタントの日本人T氏より，クールジャパン事
業の頃の中国における日本ファッションブランドの内容を含み，現在
の中国ファッション界の状況に関してヒアリング調査を行った。
（2018.12.20, 11:00〜13:00）上海。

8）日系・繊維関係の新聞社上海駐在員記者（2019.10.01）及び前述の上海
ファッションPRコンサルタントT氏（2018.12.20）よりヒアリングした。

9）COMME des GARÇONS, HP https://tenpomap.blogspot.com/search/
label/%E4%B8%AD%E5%9B%BD
（2022.10.26アクセス）

10）ISSEY MIYAKE, HP 　https://www.isseymiyake.com/ja/stores/
（2022.10.26アクセス）

11）年齢及び職業別人口に関して当調査で抽出率を算出できる資料は見受
けられない。

12）紙幅の関係から本書では居住地ごとの属性は示されていないが，各属
性に対し，北京と上海で偏りを軽減するために，等分に近い回答者，
例えばファッションデザイナーは北京で70名，上海で56名といった回
答者を得ている。

13）SPSSはIBM社の統計解析ソフトであり，KH Coderはテキスト型デー
タ用統計分析ソフトである。

14）ここで学生もファッションへの造詣が深いグループに入るのではない
かという議論もあろうが，本書では職種でファッションへの造詣の深
さを判断することとした。

15）例えば回答者Aが4設問とも「とてもそう思う（5点）」と回答したら，
回答者AのFL得点は20点となる。

16）A2に関しては元来日本商品への信頼は高いという研究（田中, 2010; 宮
本, 2013）などがあること，また，A3に関しては，アイドルやドラマ
の韓流コンテンツが世界をはじめ中国での韓国のファッションの人気
に影響を与えているという研究（e.g., Hong & Liu, 2009; Yang, et al.,
2012）があることから，質問項目として設定している。

17）出現回数の基準を10回以上と設定した根拠は，吉澤・阿久津（2003）
のブランド想起調査では「1つのカテゴリーの回答者は1,300人から
1,500人であるから，1％ということはそのうち13から15人によって回
答されたことを意味する。それ以下の場合は，回答者がいたとしても
偶然の要素が大きく，信頼性に欠けると判断し」（p.69）ていることか

ら，本調査で対象とする1,030名の概ね1％である10回以上を基準とした。

18) 図表7-14における純粋想起では，川久保玲という名称で16回の想起回数が挙がったが，川久保玲というデザイナーの名称でのブランドはないことから，彼女の主とするブランドであるCOMME des GARÇONSという名称で表には記述を行っている。なお，川久保玲のブランドはCOMME des GARÇONSほど主ではないが，PLAY，CDGもあり，この2つのブランドに関しては，純粋想起でブランド名が挙がっている。

19) ここで言う「ストリートファッション」とは，中村（2006）の定義を引用し，ヒップホップのスタイルやスポーツカジュアルの要素をベースに古着などを組み合わせたファッションテイストのことである。

20) アパレル商品小売市場規模の性別内訳の比率は，中国に関しては，華通証券国際（2023）によると，2022年でレディース衣料48.03％，メンズ衣料25.98％，子供衣料11.58％，服飾雑貨・その他14.40％である。日本に関しては，矢野経済研究所によると2019年でレディース衣料62.29％，メンズ衣料27.75％，子供衣料9.96％と報告されている（矢野経済研究所，2020）。つまり，アパレルではレディース衣料が抜きんでて大きいシェアを占めていることが分かる。

# 第8章

# 調査分析 I - 2 ：裏原系ブランド BAPE

　分析視角 1-2 で抽出された純粋想起ブランド出現回数から，ブランド想起への出現回数が高い上位 5 ブランドを見てみると[1]，1 位がUNIQLO，2 位が無印良品，3 位がISSEY MIYAKE，4 位がBAPEであり，5 位がY-3 となっている。この中で，UNIQLO及び無印良品の中国における健闘は日本でも周知のことであり，ISSEY MIYAKEのデザイナーである三宅一生，Y-3 のデザイナーである山本耀司らは，1980年前後から世界的に活躍したことにより高い知名度で知られる。しかし，BAPEはどうであろうか。

　中国出店店舗数を中国投資の代理変数と考え，中国出店店舗数を見てみると，図表 8 - 1 の通り，UNIQLOは897店舗と非常に多い店舗数で，これは日本国内出店の809店舗を上回っている。しかし，純粋想起出現回数より店舗数を割り，これを「中国出店店舗数に対するブランド想起率」とすると，わずか0.26に過ぎない。続いて，無印良品は0.51，ISSEY MIYAKEは3.59，Y-3 は0.76であるのに対して，BAPEは6.88である。

図表8-1　中国出店店舗数に対するブランド想起率

| 純粋想起数順位 | ブランド名 | 純粋想起出現回数 | 中国出店店舗数 | 中国出店店舗数に対するブランド想起率 |
|---|---|---|---|---|
| 1 | UNIQLO | 234 | 897 | 0.26 |
| 2 | 無印良品 | 165 | 325 | 0.51 |
| 3 | ISSEY MIYAKE | 115 | 32 | 3.59 |
| 4 | BAPE | 62 | 9 | 6.88 |
| 5 | Y-3 | 35 | 46 | 0.76 |

出所：筆者作成[2]

　これらの数値から，BAPEが突出して高いことが分かる。BAPEは裏原系と言われるジャンルのストリートファッションブランドであり，他の裏原系ブランドも，ブランド想起出現回数は多くはないが，中国において直営店販売中心ではないにもかかわらず，UNDERCOVERが6回，Master Mind Japanが5回，NEIGHBORHOODが4回想起されている。そして，何よりも，2019年に東京のファッション系店舗が林立する銀座や渋谷など多くのエリアに対し，インバウンド旅行者によるファッション商品購買予備調査を行っていた際，著名な銀座の大通りや竹下通りでもない裏路地の裏原宿に多くの外国人が回遊していることに着目した。複数のファッション系店舗に聞き取り調査を行うと，他のエリアよりも多い比率で裏原宿に外国人が訪れていると考えられた。

　そこで，この特徴的な現象を精査すべく，本章では中国出店店舗数に対するブランド想起率が著しく高かったBAPEを中心に裏原系に焦点を当て考察を行う。具体的には，まず裏原系の聖地とされインバウンドで賑わった裏原宿地区を現地インタビューとWEBアンケートを用いて，最も多い来街外国人である中国人に焦点を当て，誘因性を検証し裏原系ブランドの受容性を検討する。次に，先行研究とWEB資料を用いて想起率が高く裏原系の象徴的ブランドであるBAPEの価値創造を考察する。

　本章では，上述の通り裏原系ブランドであるBAPEを事例とし，RQ1「日本のファッションブランドの，グローバルマーケットにおける受容性はどのようなものか」をもとに分析視角1-3「分析視角1-2で抽出されたブランド

BAPEは，どのように価値を創造しているのか」を明らかにする。

# 1

## 裏原宿の誘引性

　本節ではBAPEを中心に裏原系ブランドの受容性を探求すべく，裏原系ブランドの聖地である裏原宿に，そこが裏路地細街路地区であるにもかかわらず，近年非常に多くの外国人来街者による回遊が散見された現象に着目し考察を行う。

### 1.1 裏原宿の変遷と裏原系ストリートブランドの萌芽

　「裏原宿」とは原宿地区に属するが，原宿の象徴である竹下通りからは離れ，大通りの明治通りと表参道の裏通りに位置する細街路地区の通称である。原宿地区が若者の溢れるファッションタウンとなった契機は，隣接する代々木の米軍宿舎ワシントンハイツ（1946-1964年）が日本に返還され，1964年に開催された東京オリンピックの施設となったことにより，原宿に外国人向けの店舗やレストランが次々にオープンしたことを嚆矢とする。以降，アメリカ文化の香り漂う街として，若者が憧れ，数多く訪れるようになったと言われる（許，2009）。また，表参道と明治通りの交差点に面した場所に1958年に完成したセントラルアパートには，デザイナーやカメラマンなどのクリエイターが多く居住し，彼らの集まる１階のコーヒーショップには，新しいものを創造したい若者たちが原宿の熱気に惹かれて集まり，原宿文化を創造する原動力となっていった（許，2009）。

　1970年代には女性ファッション誌『anan』，『non-no』が創刊され[3]，原宿のアパレル店舗が特集されることにより全国的に注目が集まり，地下鉄駅の相次ぐ開業[4]は，竹下通りやセントラルアパート周辺の店舗開業を急増させ，消費者としての若者たちが集まる場所へと進化させていった（矢部，2012; 難波，

2006; 三田, 2007)。

1980年代に入ると，パリ・コレクションで活躍した日本人デザイナーの影響から，国内でDCブランドブームが起こり，1978年にセントラルアパートの向いに開業したラフォーレ原宿は，同ブームを牽引する商業施設となり（矢部, 2012），若者たちが更に集中し，同地区にナイトクラブやアパレル小売店が点在し始めた。

1980年代後半はバブル経済により当該地区で極端な地価の高騰が起こり，裏路地の既存地域社会を形成していた住民たちを中心に他への流出が起きた（三田, 2006）。1990年代に入るとバブル経済崩壊とともにDCブランドのブームも衰え，原宿では空き店舗・空き家の増加と賃料の下落が起きた（矢部, 2012）。この家賃の安さを契機と考えたのが，新たな原宿の活力の担い手となる若手独立系小資本のクリエイターたちで（許, 2009），アパレル小売店を中心にクラブ，カフェといった商業施設が当該地区に集積されていった（三田, 2006）。

原宿地区の空き店舗・空き家，賃料の下落を背景に，第7章の分析視角1-2で抽出されたBAPEを中心に，裏原系ブランドが裏原宿において創設されていった。具体的には1993年に文化服装学院出身の当時23歳で，後に直ぐBAPEを立ち上げる長尾智明と，既にUNDERCOVERというブランドを立ち上げていた24歳の高橋盾によりNOWHEREが開店し（三田, 2006），1994年にはDJやスタイリストの経験を経て，レコード会社に勤務していた当時27歳の滝沢伸介によりNEIGHBORHOODが立ち上げられた。

裏原宿の先駆的ブランドはブランド同士の人脈の繋がりが深く，上記の3つのブランドは，いずれも藤原ヒロシ・高木完[5]と繋がるネットワークであり，こうしたクリエイター同士の人的ネットワークで裏原宿のファッション系店舗は他にも膨らんでいったのが，裏原宿の特徴的カルチャーでもある（三田, 2006）。

裏原宿で作られる服は当初は主に20代の男性を対象としたストリートファッションで（矢部, 2012），基本的に独立系小資本であったがために，少品種少量生産で一度に店舗に並ぶ商品総数が少ないという事情があった（許, 2009）。これを逆手にとり，同じ頃創刊が相次いだメンズのストリートファッションの雑誌で「レアもの」「そこでしか手に入らない，そこですら手に入れることは難

しい」と取り上げられ人気を呼び，全国的なストリートファッションブームへと繋がり，後に裏原系と呼ばれるようになった（中村, 2006; 許, 2009）。

　裏原ブームは2000年代まで続いたが，熱狂的な支持を得ていたのは当時の20歳前後の男性中心であり，他の世代やジャンルの人々にとって，それほど意識される現象ではなかった中，徐々に沈静化していったと言われる（Hizasi, 2021）。しかし，インバウンド需要に沸いたコロナ禍前の2019年，メディアでインバウンド需要が騒がれた竹下通りや銀座とは異なる裏路地細街路の裏原宿に，中国人を筆頭に多くの外国人が回遊する様子を本書のリサーチで見出した。

　本書では，ファッション系インバウンド消費に関する予備調査を2019年1月～7月にかけて実施しており，竹下通り，銀座，渋谷，表参道，新宿の大通り，細街路中心の街である代官山，下北沢の街におけるファッション系店舗[6]に，訪日外国人の来街及び来店購買スタイル状況の聞き取りを行っている。その中で，格別外国人来街者に着目して日本のメディアから取り上げられるわけでもない裏原宿が，東京のファッション系店舗の林立するエリアの中でも外国人来街者の比率がトップクラスであるエリアとして浮かび上がった。

## 1.2　裏原宿とインバウンド消費

　第7章の分析視角1-2より裏原系の象徴であるBAPEの想起率が高いとともに他の裏原系ブランドも想起されたことと，コロナ禍前に裏原系ブランドの発祥地である裏原宿への多くの来街外国人を見出したという事実とを兼ね合わせ，裏原宿に関する先行研究とインバウンド消費に関する既往の研究を順に分析する。

　まずは，裏原宿の研究であるが，裏路地である細街路で起こった特殊な事例として1990年代後半～2000年代にかけて盛んになった経緯がある。1990年代より裏原宿では，それまでのファッション業界から組織的に提案された流行とは一線を画した「ストリートファッション」が生成され（藤田他, 2017），隣接する大通りの「表舞台」とは異にした，レア物の溢れる「秘匿されたエリア」という特権的空間として，一部の若者たちへの熱狂的な受容が創出された（中村，

2006; 難波, 2006)。このような背景から,「ストリートファッション」を主とする下位文化に焦点を当て, それを担う人的ネットワーク（中村, 2006; 三田, 2007), あるいは, それを担う店舗集積のメカニズム（許, 2005; 矢部, 2012）に着目した研究が散見される。しかし, 近年賑わった外国人来街者に焦点を当てた研究は現時点でなされていない。

次に, ファッション商品の誘引性という視点から「インバウンド消費」という文脈に着目する。インバウンド消費に関しては, 訪日外国人の急増とともに散見されるようになった研究であり, マクロ的視野で包括的に消費動態を分析したものが多く（藤井, 2017; 松本, 2016), その中で訪日中国人の消費動態に着目したものは, 本書で注視する近年における訪日中国人の観光態度や消費動向の変化を部分的に指摘しているものの（張, 2018; 黄, 2017), 本書で対象とするファッション商品を消費対象としては触れてはいない。このような中で, ファッション・インバウンドに関連した数少ない研究の1つとして, 李・小林（2018）による考察が挙げられるが, 訪日中国人のファッションへの知識水準に応じて参照する情報源が異なることを明らかにしたものであって, 本書での研究対象である地域やファッションブランドに関連したものとは異なっている。

以上のように, 既往の研究では, 本節での第一の目的とする裏原宿における中国人来街者の誘引性という文脈での研究はなされはいない。

そこで, 裏原宿への中国人来街者は, 先行研究及び分析視覚1-2で抽出された裏原系が得意とするストリートファッションに誘引されているのかという問いのもと, 何の要素に受容性があるのかを見出す評価要因と推奨対象の検証を行う。ここで「推奨」を取り上げるのは, オンラインに常に接続されている今日,「推奨」が顧客ロイヤルティの定義として不可欠な要素となっているからであり（Kotler et al., 2016), 推奨を勝ち取る上で「評価」への着目が有用であると考えられるからである。なお, この検証はKotler et al.（2016）が「ロイヤルティは究極的にはブランドを推奨する意思として定義される」(p.96)としてマーケティング4.0で提唱した, カスタマージャーニー5Aモデルをもとに修正した消費行動モデルを構築し考察を行うことから, 次にカスタマージャーニーの既往研究を分析する。

## 1.3　カスタマージャーニー５Ａモデルの確認と本書における修正モデルの提示

　カスタマージャーニーとは，顧客が商品やサービスの購買に至るまでのプロセスを描いたものであり，消費行動モデルとして1898年にE. St. Elmo Lewisによって示された「注意（Attention）」「興味（Interest）」「欲求（Desire）」の３段階のモデルに，1900年代初頭，「行動（Action）」を加え４段階に修正されたAIDAモデルがマーケティング早期のものとして知られている。

　その後，研究者や実務家によって多様な消費行動モデルが提起され，中でもAIDAモデルの修正版として最後に顧客ロイヤルティの代用値として「再行動」（Act again）を追加したDerek D. Ruckerによる４Ａモデル（Kotler et al.,2016），そしてHall（1921）により消費者へ商品情報を記憶させることへの重要性が指摘され，後に提唱されたAIDAのDと最後のAの間に「記憶の保持（Memory）を加えたAIDMAモデルは研究及び実務のフィールドで広く受け入れられてきた。

　また，時代が進むとともに，カスタマージャーニーの描写はより複雑で専門的になり，購入前と購入後の両ステージに拡張がなされ（Hamilton et al.,2021），近年では顧客体験の形成と影響の重要性（Puccinelli et al.,2009）から，複雑に絡み合うチャネルやメディアの複数のタッチポイントを通じたより社会的なカスタマージャーニーも提唱されている（Lemon & Verhoef, 2016）。

　一方，インターネット環境の発展に伴い，購買後の行動として共有（Share）を中核とするモデルが，2005年の電通によるAISAS（Attention, Interest, Search, Action, Share）を筆頭に複数提起されている。デジタル化に対応する消費行動モデル形成の流れの中で，企業と顧客のオンライン交流を一体化させたマーケティングアプローチとして，最終目標に顧客の「推奨（Advocate）」[7]を勝ち取ることとしたカスタマージャーニーがKotler et al. (2016) の提唱する５Ａモデルであり，本節での提起するモデルの基礎となっている。

　５Ａモデルとは，上述の４Ａモデル（Aware, Attitude, Act, Act again）を発展させたもので，ロイヤルティを４Ａモデルの「再購入（Act again）」から

「ブランドを推奨する意思（Advocate）」と再定義したものである。具体的には，認知（Aware）：ブランドのことを知る・思い出すこと，訴求（Appeal）：ブランドに惹きつけられること，調査（Ask）：追加情報を得ようとする行為，行動（Act）：商品の購入や使用・サービスを受けること，推奨（Advocate）：他者への推奨，の順に構成されたフレームワークである。

　しかし，このフレームワークを検討すると，以下2つの問題が提起される。まず1つ目として，スマートフォン等で場所を問わず瞬時に検索することが可能である今日，訴求と調査の垣根が低く分けがたいものと考えられる。それはKotler et al.（2016）の「顧客がインターネットでブラウジングや検索をしている時に，度々出くわして興味が惹かれ，更に検索し評価をするようになるかもしれない」（p.84）という記述の通り，「訴求」と「調査」では，調査を重ねながら良いと確信していく循環性があることにより，明確に分別するのではなく1つのステージとした方が自然と考えられる。

　2つ目に，「行動」から「推奨」へと直結している部分であるが，「行動」の結果，そのブランドや商品，サービスから何も感じられなければ「推奨」へ移行できないことから，本書では「行動」と「推奨」の間こそが中核と考え「評価（Appreciate）」を加える。既往の研究としても，「推奨」即ちポジティブなクチコミは，高揚感がクチコミ動機を促進する主たる要素であり（Lovett et al., 2013），商品やサービスなど他者の助けとなる情報（Dichter, 1966），発信者のオリジナリティーの主張（Cheema & Kaikati, 2010）などがクチコミ動機として挙げられ，クチコミ要因の重要性が議論されている。そこで，消費者自らが発信者となる今日，効果的なクチコミ促進がマーケティング上重視されることも鑑み，「推奨」する動機としての要因を強調する意味でも「評価」をモデルの一要素として加える必要があると考えた。

　図表8-2がコトラー5Aモデルを基に修正したここでの改5Aモデル，即ち裏原宿でのカスタマージャーニーである。まずモデル内の「認知」は「知る」という行為の上で，メディアや周囲からの情報ということが該当する。「訴求/調査」において，訴求とは「良い」と確信することであり，調査とは「周囲に聞く，WEB・SNS等利用しながら調べる」であり，前述のように相互関係が深く互いに循環し調査を重ねながら良いと確信していく。「行動」とは，

「店舗へ行く[8]，購入する」という行為が該当する。本書で加えられた「評価（Appreciate）」は，街や店舗，商品が気に入った，珍しいから，オシャレだから，写真映えするからというような次の「推奨」に導く要因となり，本モデルの中核とされる。最後に「推奨」とは，オンライン上のクチコミ投稿や口頭での推奨発信である（Kotler et al., 2016）。これらは次の認知へと循環していく。

図表8-2　改5A消費行動モデル

| 認知<br>(Aware) | 訴求／調査<br>(Appeal / Ask) | 行動<br>(Act) | 評価<br>(Appreciate) | 推奨<br>(Advocate) |
|---|---|---|---|---|
| 広告・メディア<br>クチコミ等に<br>によって知る | 認知を得て<br>気になったものを<br>調査しながら<br>良いと確信していく | 店舗に行く<br>購買 | 気に入った<br>珍しいから自慢になる<br>オシャレだ<br>写真映えする | 推奨発信<br>(口コミ投稿・SNS・<br>ブログ・口頭で<br>伝えるなど) |

出所：Kotler（2016）をもとに筆者作成

### 1.4　調査の種類

本調査は現地調査とインターネットアンケート調査で構成される。現地調査は，裏原宿に位置する店舗（調査Ⅰ）と来街中国人に対する街頭インタビュー（調査Ⅱ）で構成され，インターネットアンケートは，中国在住者を対象にしている（調査Ⅲ）。

### 1.5　調査対象地域

前述の通り裏原宿という地域は通称であり，具体的には大通りである表参道や明治通りの裏道にあたる原宿地域を指す。一般的には，矢部（2012）が提示するように表参道より北側の神宮前3丁目及び4丁目のキャットストリートより西側地域であろう。しかし，裏原宿の主となる通りであるキャットストリートにおいては，表参道を渡り南側にもファッション系店舗が軒を連ねて伸びて

おり，北側と南側で来街者の往来もある。本書において重視する点は裏路地の
ファッション系店舗という観点から，調査Ⅰでは矢部（2012）よりも範囲を広
くとり，ファッション系店舗が密集している図表8-3の黒実線の通りを調査
対象とした。

　また，便宜上，この地域の通り名を，既に通称となっているノースキャット
ストリート（以下，Nキャット St.），サウスキャットストリート（以下，S
キャット St.），原宿通り，プロペラストリート（以下，プロペラ St.）以外に，
仮名として中央通り，東西通り，一部エリアをスポットと本書では呼称する
（図表8-3）。なお，調査Ⅲではアンケート用紙に対象地域を地図に示したが，
裏原宿地域の受け取り方として，回答者によって回答する上で認識に一定のぶ
れはあると感知されたが，本書における探求の目的に影響はないと見て，その
まま分析対象の回答としている。

## 1.6　調査Ⅰ　ファッション系店舗への調査

調査期間：2019年3月〜4月（予備調査），同年7月20日〜8月30日（本調査）
　　　　　※2021年7月20日（追加調査），ただしコロナ禍前の内容に対する
　　　　　　質問
調査対象：上記調査期間において地図（図表8-3）の黒実線の通り上の1F
　　　　　に構える，ほぼ全てのファッション系店舗150軒[9]。
調査内容：①店舗調査：取扱商品の確認（150軒を対象）
　　　　　　②店舗への半構造インタビュー調査（111軒より聴取）
　本調査では，裏原宿にどのような店舗が存立するのか，そして，裏原宿の
ファッション系店舗のスタッフ側からの視点で，どういった店舗にどのくらい
の訪日外国人が訪れているのかという質問を中心に，インバウンド需要の実態
を聴取し，その誘引性を探った。
　当該地区で調査をした通りごとの店舗数（図表8-4a），取扱商品の対象性
別（図表8-4b），店舗を取扱商品ごとに分類したもの（図表8-4c）であり，
最大の取扱商品は衣料品となっている。衣料において，ファッションテイスト

**図表8-3　裏原宿：調査対象エリア**

出所：ハラジュクドアーズ地図をもとに筆者作成

別で分類すると，図表8-4dの通りストリートファッションが最多となる。調査対象150店舗中，店長を主とする店舗スタッフから回答を得た111店舗において，各店舗に訪れる外国人の比率という質問に対して得た回答では，全店舗平均として来客の約5割が外国人であることが明らかになった。

　ストリートファッションにおいては平均約6割，ストリートファッションのコーディネイト上欠かせないスニーカー店も外国人来店率が平均約6割であった。これらのアイテムを取り扱う店舗はプロペラSt.とスポット（図表8-3）に集中して位置しており，プロペラSt.の平均は6割半，スポットは7割半であることから，多くの外国人はストリートファッションに誘引され裏原宿を訪れていると考えられる。

　各店舗からのヒアリングによると，外国人来店者のうち各店舗最多が訪日中国人であると聴取を得た。他の外国人来店者と比較した中国人来店者の特徴は，聴取できた62店舗より，来店に対する購買率が平均5.3割で日本人や他の外国

#### 図表8-4a　調査対象　通りごとの店舗数

プロペラst.　Nキャットst.　中央通り　原宿通り　東西通り　Sキャットst.

23店　38店　13店 13店 12店　51店　N=150

出所：筆者作成

#### 図表8-4b　調査対象　取扱商品の対象性別

女性　　　　　男性　　ユニセックス・男女混在

40店　　　　51店　　　　59店　N=150

出所：筆者作成

#### 図表8-4c　裏原宿 調査対象　ファッション系店舗 取扱商品別店舗数

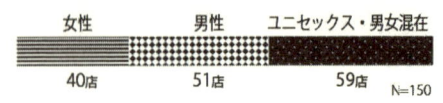

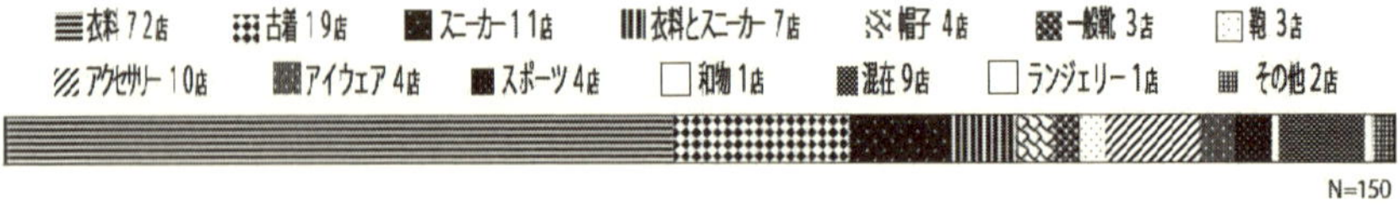

≡衣料 72店　∷古着 19店　■スニーカー 11店　▦衣料とスニーカー 7店　░帽子 4店　░一般雑貨 3店　░鞄 3店
░アクセサリー 10店　■アイウェア 4店　■スポーツ 4店　□和物 1店　▦混在 9店　□ランジェリー 1店　▦その他 2店

N=150

出所：筆者作成

#### 図表8-4d　裏原宿 調査対象　衣料品店舗のファッションテイスト　店舗数

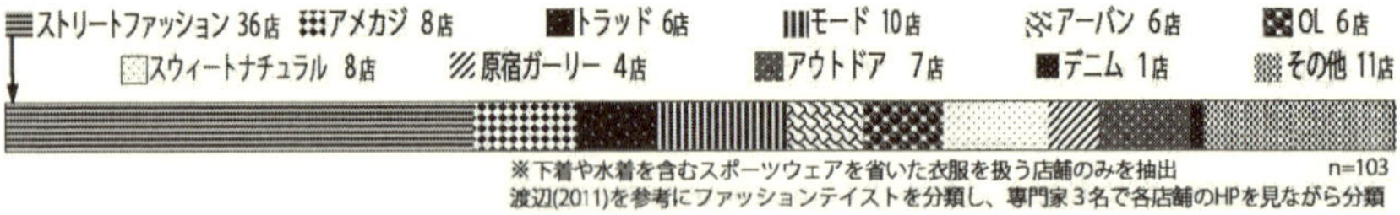

≡ストリートファッション 36店　▦アメカジ 8店　■トラッド 6店　▥モード 10店　░アーバン 6店　▨OL 6店
░スウィートナチュラル 8店　░原宿ガーリー 4店　▦アウトドア 7店　■デニム 1店　▨その他 11店

※下着や水着を含むスポーツウェアを省いた衣服を扱う店舗のみを抽出
渡辺(2011)を参考にファッションテイストを分類し、専門家3名で各店舗のHPを見ながら分類
n=103

出所：筆者作成

人来店者より高く，一人当たりの購買量も土産買いをする傾向があることから最も多いことが分かった[10]。さらに，ストリートファッションブランドとスニーカーブランドの店舗を中心に，中国でも著名なブランドでは，そのブランドのアイコン的定番商品を好んで購入する傾向が強く，レアモデルや日本限定企画等の希少性ある商品が特に他の外国人より中国人来店者に人気を博している[11]。以上により，最多の来店率及び購買率等から次節では中国人に焦点を当て調査を行う。

## 1.7　調査Ⅱ　来街中国人に対する街頭インタビュー

WEBアンケート調査の予備調査として，来街者対面式アンケート調査を51件行った。その中で，アンケート回答以外に5分以上の発話があった来街者の属性が図表8-5となる。このインタビューは大変有用であることから，以降図表8-2の改5Aモデルによる考察で使用する。

図表8-5　来街中国人に対するインタビュー　回答者属性

| 回答者No. | 聴取日 | 性別 | 年代 | グループ人数 | 職業 | 居住地（出身地） | インタビュー時間 |
|---|---|---|---|---|---|---|---|
| No.1 | 2020.01.28 | 女性 | 20代 | 3名 | モデル | 深圳市 | 10分 |
| No.2 | 2020.01.28 | 男性 | 20代 | 4名 | 会社員 | 広東省 | 5分 |
| No.3 | 2020.01.28 | 女性 | 20代 | 2名 | 会社員 | 上海市 | 5分 |
| No.4 | 2020.02.02 | 男性 | 20代 | 2名 | 留学生 | 東京（広東省） | 60分＋Eメール |
| No.5 | 2020.02.12 | 男性 | 20代 | 2名 | 留学生 | 東京（浙江省） | 60分＋Eメール |

※・グループで来街している訪日中国人にインタビューしており，上記属性はグループ代表者のものを記載している。
　・日本在住留学生のインタビューは，日中のファッション状況の相違，日本から中国への情報発信等を中心に聴取している。
出所：筆者作成

## 1.8　調査Ⅲ　中国人を対象としたインターネットアンケート調査

調査期間：2020年8月20日〜8月30日
調査対象者：中国在住者の中で，裏原宿を訪問した者，あるいは今後訪問したいと考える者633名[12]

### (1)　属性

　本調査は中国調査サイト「問巻星」により，WEB上で調査目的に対して該当する者に回答を依頼する方法をとった。回答者の属性は図表8-6の通りである。

**図表8-6　インターネットアンケート調査　回答者属性**

| 性別 | | | 年齢 | | | 海外渡航回数 | | | 訪日回数 | | |
|---|---|---|---|---|---|---|---|---|---|---|---|
| 女性 | 355 | 56.08% | 18-25歳 | 128 | 20.02% | 1回 | 18 | 2.84% | 1回 | 104 | 16.43% |
| 男性 | 278 | 43.92% | 26-35歳 | 351 | 55.45% | 2回 | 39 | 6.16% | 2回 | 374 | 59.08% |
| | | | 36-45歳 | 115 | 18.17% | 3回 | 212 | 33.49% | 3回 | 150 | 23.70% |
| 裏原宿訪問の有無 | | | 46-55歳 | 34 | 5.37% | 4回 | 241 | 38.07% | 4回 | 3 | 0.47% |
| 有 | 298 | 47.08% | 56歳以上 | 5 | 0.79% | 5回 | 98 | 15.48% | 5回 | 0 | 0.00% |
| 無 | 335 | 52.92% | | | | 6回以上 | 25 | 3.95% | 6回以上 | 2 | 0.32% |

※単位：人数

出所：筆者作成

### (2)　裏原宿全体像への設問

　本調査の設問は，調査Ⅰ裏原宿店舗，及び調査Ⅱ訪日中国人来街者インタビューから得た内容を参考にして作成したものである。設問は4項目「裏原宿の認知経路」「裏原宿への訪問理由」「裏原宿で興味のあるファッション系店舗」「裏原宿で興味のある商品」を設定し，各項目に記述された設問中，当てはまるものを上限3つ選択するよう依頼し，それらの合計得点を算出した。そして各設問をグラフ化したものが図表8-7a，8-7b，8-7c，8-7dである。なお，本アンケート調査結果は，次項の消費行動モデルにおいて使用し考察を行う。

### 図表8-7a　裏原宿の認知経路

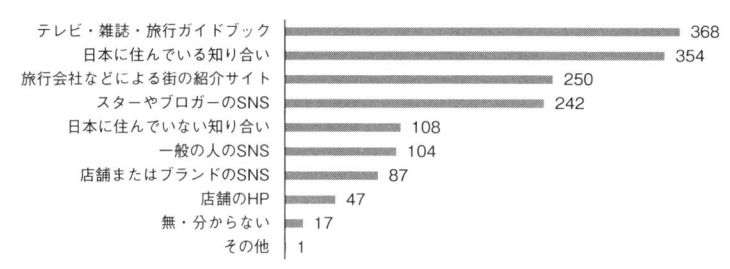

| | |
|---|---|
| テレビ・雑誌・旅行ガイドブック | 368 |
| 日本に住んでいる知り合い | 354 |
| 旅行会社などによる街の紹介サイト | 250 |
| スターやブロガーのSNS | 242 |
| 日本に住んでいない知り合い | 108 |
| 一般の人のSNS | 104 |
| 店舗またはブランドのSNS | 87 |
| 店舗のHP | 47 |
| 無・分からない | 17 |
| その他 | 1 |

出所：筆者作成

### 図表8-7b　裏原宿への訪問理由

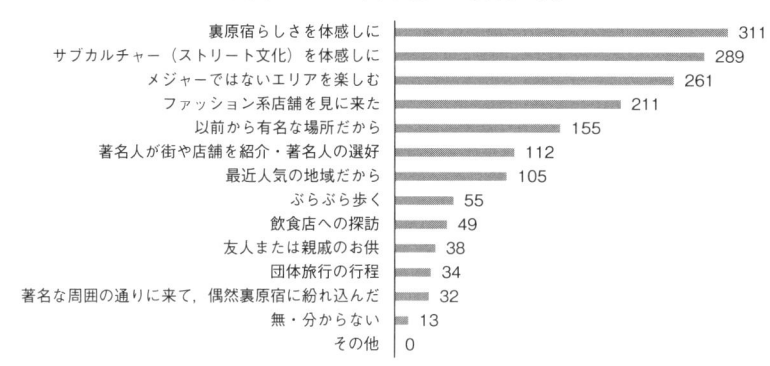

| | |
|---|---|
| 裏原宿らしさを体感しに | 311 |
| サブカルチャー（ストリート文化）を体感しに | 289 |
| メジャーではないエリアを楽しむ | 261 |
| ファッション系店舗を見に来た | 211 |
| 以前から有名な場所だから | 155 |
| 著名人が街や店舗を紹介・著名人の選好 | 112 |
| 最近人気の地域だから | 105 |
| ぶらぶら歩く | 55 |
| 飲食店への探訪 | 49 |
| 友人または親戚のお供 | 38 |
| 団体旅行の行程 | 34 |
| 著名な周囲の通りに来て，偶然裏原宿に紛れ込んだ | 32 |
| 無・分からない | 13 |
| その他 | 0 |

出所：筆者作成

### 図表8-7c　裏原宿で興味のあるファッション系店舗

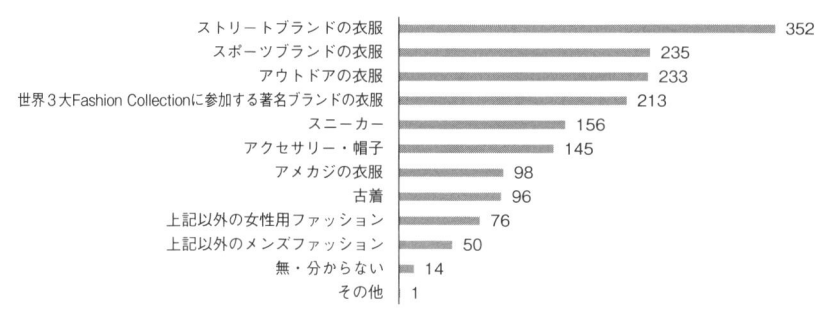

| | |
|---|---|
| ストリートブランドの衣服 | 352 |
| スポーツブランドの衣服 | 235 |
| アウトドアの衣服 | 233 |
| 世界3大Fashion Collectionに参加する著名ブランドの衣服 | 213 |
| スニーカー | 156 |
| アクセサリー・帽子 | 145 |
| アメカジの衣服 | 98 |
| 古着 | 96 |
| 上記以外の女性用ファッション | 76 |
| 上記以外のメンズファッション | 50 |
| 無・分からない | 14 |
| その他 | 1 |

出所：筆者作成

図表8-7d　裏原宿での興味のある商品・サービス

| 項目 | 数値 |
|---|---|
| レアな商品 | 254 |
| 本物への信頼 | 242 |
| 限定品（日本・東京） | 235 |
| コスパの良さ | 224 |
| 豊富な種類の商品 | 217 |
| デザインの良さ | 206 |
| 品質の良さ | 143 |
| 個性的な店舗 | 69 |
| 可愛い商品が多い | 53 |
| デザインの良い店舗 | 38 |
| 優雅な商品が多い | 29 |
| 日本ブランドだから | 28 |
| 写真が撮りたくなる店舗 | 24 |
| 著名人が使用した商品 | 16 |
| 日本での製造 | 14 |
| 店員の優れたサービス | 9 |
| 著名人の訪れた店舗 | 8 |
| 店舗のイベント | 6 |
| その他 | 0 |

出所：筆者作成

### (3)　自由記述推奨対象の店舗

　「裏原宿で他者へ推奨したい店舗（ブランド）はありますか」という質問に対しては「有」134名，「無」が499名であった。「有」と回答した中から，「どの店舗（ブランド）を，どのような理由で，どのような方法で推奨したいと思いますか」を自由記述で回答を得た内容から，出現回数2回以上を抽出したものが図表8-8，8-9a，8-9bのグラフと表になる。

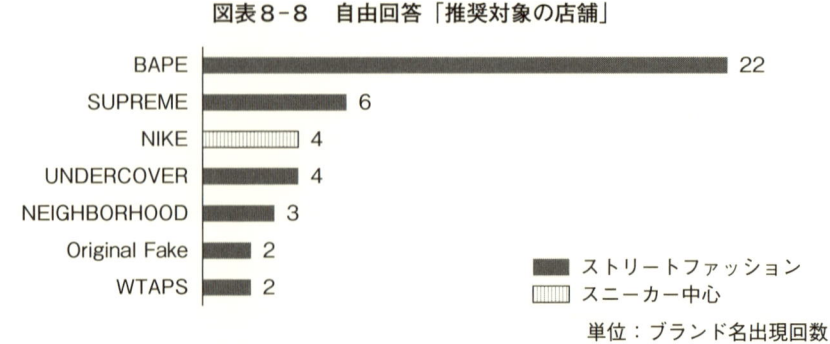

図表8-8　自由回答「推奨対象の店舗」

| ブランド | 数値 |
|---|---|
| BAPE | 22 |
| SUPREME | 6 |
| NIKE | 4 |
| UNDERCOVER | 4 |
| NEIGHBORHOOD | 3 |
| Original Fake | 2 |
| WTAPS | 2 |

■ ストリートファッション
▥ スニーカー中心

単位：ブランド名出現回数

出所：筆者作成

図表8-9a　自由回答　推奨要因：コーディングワードと出現回数

| コーディングワード | コーディング前の単語 | 出現回数 |
|---|---|---|
| オリジナリティー | 個性　オリジナリティー　特別　先駆者 | 11 |
| 流行 | 流行　人気　前衛的 | 10 |
| レア性 | 限定　ニッチ　絶版 | 6 |
| デザイン性 | デザイン（商品・店舗） | 6 |
| 豊富な種類 | 豊富な種類 | 6 |
| オシャレ | オシャレ　クール | 5 |
| コスパ | コスパ　割引 | 5 |
| 品質 | 品質　着心地 | 3 |
| 本物 | 本物 | 3 |
| 手工芸 | 手作り品　工芸品 | 3 |
| 芸能人 | アイドル　芸能人 | 2 |

出所：筆者作成

図表8-9b自由回答　推奨手段

| 推奨手段 | 推奨手段の説明 | 出現回数 |
|---|---|---|
| ウィチャット | LINEのようなアプリ | 9 |
| ウィチャットモーメンツ | Facebookのようなもの | 8 |
| ウェイボー | X（旧Twitter）のようなアプリ | 9 |
| 口頭 | | 3 |

※ウィチャットモーメンツとはウィチャットの一機能なので，ウィチャットと記入した人も，
　このウィチャットモーメンツで使用した可能性有り

出所：筆者作成

　まず，推奨したい店舗（ブランド）名を抽出したグラフが図表8-8であり，前章分析視角1-3で抽出されたブランドが，BAPEを筆頭に，UNDERCOVER，NEIGHBORHOODが抽出されていることが分かる。次に推奨したい理由として抜き出した単語をコーディングしたものが図表8-9a，そして推奨手段に関する単語を抽出したものが8-9bとなる。なお，この自由回答の考察は，図表8-8，8-9a，9bと自由回答のコメントを用いて，次項の改5Aモデルで考察を行う。

## 1.9 改5Aモデルによるカスタマージャーニーの考察

　ここからは，本章1.3で提示した改5Aモデルを使用し，ここまでの店舗インタビュー及びアンケート結果，そして来街中国人インタビューを用いて，カスタマージャーニーを検討する。なお，以下，本文中の（int.No..）とは図表8-5のインタビュー回答者からのものであり（自）とは自由回答コメントから，（店）とは店舗インタビューから得た内容である。

**(1)　認知（AWARE）**

　図表8-7aより，裏原宿の認知経路として，デジタル化が世界トップレベルで進んだ側面を有する中国と言えども，テレビや雑誌，ガイドブックなどのオールドメディアの効果は未だ大きい。特に日本に居住する知り合いからの情報源で裏原宿を知ることが多いことは，姚・李・李（2015）とも一致し，日本在住者の本国への発信影響力の強さ，蘇（2015）の指摘する，中国人の繋がりの強い人の情報を重視する傾向を見出すことができる。例えば，図表8-10は中国人留学生（int.No.5自身）が，裏原宿の象徴的ストリートファッションブランドBAPEの一目でそれと分かるアイコン的図柄のパーカーを着用し，本国の

**図表8-10　BAPEのパーカーを着用してSNSに投稿**

出所：ウィチャットモーメンツ

中国人と交流しているSNSウィチャットモーメンツに投稿していた写真である。

　このように裏原宿の代表的なブランドの洋服やグッズを着用した写真を見て，そのブランドの店舗を訪れようと，裏原宿への誘因へ繋がっているケースも多いと考えられる。芸能人による着用も同じ効果で，裏原宿で最も注目されるBAPEや SUPREME（図表8-8）は特に中国の著名人，アイドルやラッパー，アーティストなどが着用することで，そもそもの認知が高まったと言われている（図表8-7a, int.No.1,4, 5）。また，同ブランドを筆頭に裏原宿のストリートブランドと言えば，音楽やスケートなどとの親和性が高く（難波, 2006），それらの文化への憧れから興味を持つ人もいるであろう（int.No.4）。

### (2)　訴求／調査（APPEAL / ASK）

　認知を経て，興味を持ったブランドを検索し，そのブランドが裏原宿に位置すると知る，または裏原宿がストリートカルチャー，ストリートファッションのメッカであると知る（図表8-7b, 8-7c；int.No.2）。流行のエリアであるらしいが，まだそれほどメジャーでないことから，海外旅行を何度か経験し旅慣れてきた個人旅行者にとって（図表8-6），興味が湧くかもわからない（図表8-7b）。裏原宿への検索が進むと，中国で著名な銀座は多くが高級品を扱う店舗によって構成されるが，裏原宿は若者に手の届く範疇の価格帯で（int.No.1, No.3），しかも旬なブランド，レアな商品が得られると知り，是非行ってみたいと思うかもしれない（図表8-7d, 8-9a, int.No.2）。これらの情報は中国のSNSを除けば，裏原宿の潮牌店（流行ブランドの店）や街頭潮流起源地（ストリートファッションの震源地）というタイトルで紹介されている。

### (3)　行動（ACT）

　訴求／調査の循環を経て，裏原宿へ足を運び，裏原宿らしさを体感しながら，軒を連ねるファッション系の店舗をのぞくであろう（図表8-7b）。中国には世界的なハイエンドブランドは揃っていても，ストリートファッションブランドの店舗は，まだそれほど進出していないことから，裏原宿は魅力的に映るようである（図表8-7c, int.No.1, 5）。裏原宿のストリートファッションブランドの先駆であったBAPEの大型店舗に行けば店舗の見栄えも良く豊富な種類が

取り揃えてあり購買意欲も沸く（自）。その他，アジアに店舗の少ない SUPREMEや，その近辺には他のストリートファッションの店舗，スニーカー専門店と並んでいる。ストリートファッションやスニーカーの店舗で，中国で入手しにくい商品を中心に自身用と時に家族へのお土産を足して購入する（店）。週に一度の入荷日，またはコラボ商品などのレア性のある商品の入荷日には行列に並んで希少な商品を獲得したいかもしれない（店）。

### (4)　評価（APPRECIATE）

　行動を経て，裏原宿の評価できるものを認識する。では，裏原宿において中国人はどのようなものを評価しているのか。まず，オリジナリティーのあるもの，希少性のあるもの，オシャレなもの等が挙げられ，流行であると認識されている（図表8-7d，8-9a）。特にオリジナリティーという点では，デザインに特徴があるもので，例えばBAPEでは前出のパーカー（図表8-10）やブランドのアイコン「猿」の絵柄，SUPREMEではボックスロゴなどを中心に，それらブランドの象徴的な商品や，印象的なデザインのものとなる（int.No.4,5）（自）。

　そして，希少性のある商品，特に著名なブランドコラボ商品，例えば Onitsuka TigerとGivenchyのコラボなど手に入れた高揚感は格別高い。また，希少性のある商品を入手する点で，日本のストリート文化を楽しめるエリアである裏原宿，特にその象徴であり海外でも著名な「BAPE」の発祥地の店舗を訪れること（自）自体に高揚感があるかもしれない。入荷日に並んで希少なものを購買獲得できれば満足感即ち評価が高まり，次の「推奨」へと繋がっていくであろう（図表8-12）。ここがまさに「要」であり，裏原宿に来街しストリートファッションブランドを通じて評価できる要素があるからこそ，次の「推奨」へ繋がるのである。

### (5)　推奨（ADVOCATE）

　商品や店舗，それを取り巻くファッションストリートである裏原宿への「評価」を経て，推奨へと移行する。多くの人々は中国系のSNSを利用し発信する（図表8-9b）。例えば推奨対象の店舗（図表8-8）として最も多いBAPEに

関しては，図表8-11のように「小紅書」という中国のクチコミを中心とした
SNSに写真を投稿し，自身の高揚をコメントするとともに推奨を行っている。
そして，この「推奨」が次の循環の「認知」へと繋がっていく。

**図表8-11　BAPEの商品を購入した直後の投稿**

裏原宿はBAPE発祥の地であり，入荷日に並んで商品を購入獲得したと報告し，他者へ推奨の投稿を
している。
出所：小紅書Liese

　以上のように，改5Aモデルを用いて，前出のインタビュー及びアンケート
よりカスタマージャーニーを考察することができた。ここで明らかになったこ
ととして，まず，仮説通り裏原宿への中国人来街者はストリートファッション
ブランドが溢れるカルチャーを探訪に街を訪れていたことである。
　次に推奨する際は，裏原宿の象徴的ブランドである前章分析視角1-2で抽出
されたBAPEを最多とし，SUPREME，UNDERCOVER，NEIGHBORHOODを
含んだストリートファッションに関連したものを対象としていることである。
推奨を勝ち取る上で，裏原宿の店舗でブランドのアイコン的デザインや商品の
希少性，またそれが流行であるなど，「評価（APPRICIATE)」が顕著である
ことにより，Kotler et al.（2016）が唱えたカスタマージャーニーの最終目的
である「推奨」に到達し，これが受容性となっていた。こうして生成された受
容性への現象が在日中国人及び中国本国への中国人ネットワークへ伝播され，

さらなる循環を生成していると考えられる。

　以上，裏原宿を通して，中国人に対する裏原ブランドの受容性を考察した。中国で店舗数が多くないにもかかわらず，前章調査の純粋想起でBAPEは認知が高く，また他の裏原ブランドも想起されていたことには，裏原宿を訪れたインバウンド旅行者や在住中国人による伝播の循環の寄与が考えられる。

# 2

## BAPEに関するブランド事例研究

　前章調査の純粋想起と同じく，裏原宿の調査でも抽出されたように，BAPEは裏原系として突出して受容されていることが確認された。よって次節では具体的にBAPEのブランディングの形成過程を考察しながら，BAPEを通して検出した日本ファッションブランドの価値創造を考察する。

### 2.1 BAPE概要

　BAPE[13]は1993年，東京で長尾智明によって創設された株式会社NOWHEREにおけるメンズファッションの旗艦ブランドである。当該企業の展開するブランドとしては，本書で取り上げるストリートファッションのBAPE以外に，BAPEのファミリーブランドとして，スーツなどスタイリッシュなアイテムを取り扱うMR. BATHING APE，主に雑貨を取り扱うBABY MILO STORE，レディースアイテムのBAPYとAPEE，モードなメンズアイテムを扱うBAPE BLACK，BAPEのセカンドブランドとしてのAAPE，インテリアを扱うBAPE HOMEなどが展開されている。

　BAPEの店舗は現在国内に15店舗，海外に8か国（アメリカ・イギリス・フランス・中国・韓国・インドネシア・マレーシア・アラブ首長国連邦）2地域（香港・台湾）に24店舗あり，うち，中国には9店舗，香港2店舗，台湾1店舗を展開している[14]。1990年代から巻き起こった裏原ブームを牽引してきた

当該ブランドであったが，経営面では業績不振に陥り2010年の時点で約10億円の負債があったことから，香港・中国に広く販売網を持つ香港系アパレル企業I.T APPARELS LTD（以下，I.T）によって，2011年に約2億3,000万円で買収されている（FASHIONSNAP.COM, 2011）。

I.T傘下の下で長尾ことNIGO[15]は引き続きBAPEのクリエイティブディレクターとして在籍し2013年に退任したが，その後もBAPEの商品企画は東京で行われている。一方，I.Tは2012年にBAPEのセカンドブランドとしてAAPE[16]を創設し，商品企画は香港で行い，現在は日本に5店舗，海外16か国3地域に126店舗，内中国64店舗，香港9店舗，マカオ1店舗，台湾5店舗と中国を中心に拡大路線をとっている[17]。なお，このセカンドブランドの大規模な出店がBAPE本体の知名度の向上へ貢献していると考えられる側面もあるが，ブランドアイコンの絵柄が双方全く異なることもあり，愛好者からはBAPEとAAPEの区別はなされているようである[18]。

I.TはBAPE買収後も，売上を2015年度75億香港ドル，2016年80億香港ドル，2017年84億香港ドル，2018年88億香港ドルと堅調に伸ばした（WFN, 2020）。WWD（2018b）によるとBAPEの業績はI.T全社の中でも極めて好調で，日本だけを見ても，2018年の3月〜8月期は国内売上73億3,400万円であり，2016年以降，主にアジアからのインバウンド特需で毎年20%増を続けていた。

しかし，香港で長期化した民主化運動や新型コロナの感染拡大に伴う休業措置の影響，及びEC化が遅れていたI.Tは業績不振に陥り2020年に株式を非公開化した。株式はI.Tの創業者一族が50.65%保有するものの，イギリス投資会社CVCキャピタル・パートナーズ（以下，CVC）がI.Tの株の49.35%取得することとなった。さらに，2021年にはCVCがBAPEへの投資を発表し，これを期にBAPEはI.Tから独立している（WWD, 2021）。

以上のように，経営的には大きな変化があったとも言えるが，BAPEの人気が絶頂期よりは沈静化されたと言えども相変わらず商品の入荷日には店舗に長蛇の列ができる人気ぶりを保持し，SNSでの当該ブランドに関するユーザー投稿は日本・中華圏をはじめ世界から盛んに行われている。CVCのディレクターであるヤン・ジャンも「世界での熱心なコアファン」を有するブランドとBAPEを認めている（WWD, 2021）。

　また，BAPEの創設者であるNIGOが2010年には株式会社NOWHERE外でファッションブランドHUMAN MADE[19]を立ち上げ，2021年には世界的なファッションブランドであるKENZOのアーティスティックディレクターに就任するなど様々なクリエイティブ活動で世界を賑わすことは，たとえ彼が当該企業を辞任していても，現在も愛顧され続けている当該ブランドの一連のアイコン[20]を創り上げたカリスマとして，BAPEにポジティブなイメージが付加され続けると考えられる。

## 2.2　BAPEの創生[21]

　BAPEの創設者NIGOこと長尾智明は1970年群馬県に生まれる。HIP HOPミュージックが流行し始めた時代，NIGOはストリートファッションを伝道するHIP HOPに酔心し，その先駆として脚光を浴びていたHIP HOPグループ「タイニーパンクス」を率いる藤原ヒロシに憧れる高校生であった。高校卒業後，東京の文化服装学院の服作りとは異なる雑誌編集者コースに入学したNIGOは，同学生であったUNDERCOVERというファッションブランドを立ち上げる高橋盾と交友し，そういった仲間内の中で藤原との交友も始まった。NIGOは同学を卒業後，当時の人気タレント中山秀征や人気ミュージシャンの藤井フミヤのスタイリストをしながら，雑誌に寄稿する仕事，そしてクラブでDJを行うなど，ファッションのみならず雑誌や芸能界・音楽シーンとの交流が深かった。

　1993年，NIGOは既にUNDERCOVERを立ち上げている高橋とともに，裏原宿に販売店としてのアパレルセレクトショップNOWHERE立ち上げる。暫くして，買い付けで集めた出来合いのアパレル商品だけではなく，他店と差別化してNIGO自身のアイデアでモノ作りを行い立ち上げたのが「A BATHING APE」，略して今日のブランド名であるBAPEであった。BAPEを立ち上げるにあたって，藤原を通して知り合ったグラフィックデザイナー中村晋一朗との出会いがあり，映画「猿の惑星」からインスピレーションを得て，当該ブランドのアイコン的キャラクター「エイプヘッド」と言われる猿の顔を模したポッ

プで印象的なキャラクターが考案されている。

　NIGOは自身もDJをするなど音楽にも精通しており，クラブシーンでの交流からHIP HOPを中心とする音楽関係者との付き合いが深く，HIP HOPグループであるスチャダラパーやYURI，コーネリアスにBAPEのツアーTシャツなどを提供していた。これにより若者に人気のあるミュージシャンを通して当該ブランドの名が世間に広がっていき，限定的な生産で入手困難なBAPEの商品に若者が熱狂していった。

　NIGOのモノづくりは，専門的な服作りの勉強をしてこなかったからこそ，NIGO独自の方法を編み出し，随所に細かなこだわりのある商品が生み出されていった。所謂「辺境からのイノベーション」であり，固定観念のない辺境から来たことで自由な発想で物事を創造できるという現象である。具体的に言うと，専門的な服作りのみに注力するのではなく，一見して別の分野と言えるHIP HOP音楽のサンプリングの手法を取り入れたり，フィギュア等の玩具や家具をアイデアの源泉としたりしていた。また，服を着用する上では目につかないジーンズの縫いしろの耳部分にロゴを入れたり，ポケットの中にベイプカモの絵柄の生地を縫い込んだりするなど「つう」にしか分からないような造作をほどこしていった。従来のアパレルの手法とは異なるHIP HOPミュージシャンを通しての広報や様々なコラボレーションも，服作りを正式に学んだり既存のアパレル企業に勤務した経験がないからこそ生み出された手法であろう。

　こうしてBAPEは裏原系を牽引するブランドとなり，さらにその知名度を決定的にしたのが，当時のカリスマ的ファッション・アイコンであったタレントの木村拓哉によるドラマやCMでのBAPEの着用であった。1997年に木村が主演したドラマ「ラブジェネレーション」で着用したチェック柄のシャツは放送後瞬く間に売り切れ，翌年にはブランドの象徴的絵柄であるベイプカモという名称の迷彩柄のスノーボードジャケットが木村によりオロナミンCのCMで着用され，2001年に放送されたドラマ「HERO」ではレザー風合いのダウンジャケットの着用により，その商品は木村の表象を通して希少化されていった。

　さらに，HIP HOPはBAPEと世界的ミュージシャンとの引き合わせを実現させ，2003年にはHIP HOPユニット「The Neptunes」を率いる，音楽・デザイン・ファッションにおいて世界的影響力を持つファレル・ウイリアムス[22)]

と出会い意気投合し，共同でファッションブランドBILLIONAIRE BOYS
CLUBとセカンドブランドICECREAMを立ち上げた。そして，音楽ユニット
TERIYAKI BOYZが2004年に結成され，NIGOはDJ，ファレルはプロデュー
サーとして参画し，ファレルを通して世界のHIP HOPアーティストと更に繋
がっていった。2007年には同ユニットに世界的ファッション・アイコンである
ミュージシャン兼ファッションデザイナーのカニエ・ウェストがプロデュー
サーとして加わり，同年，台湾やニューヨークのミュージックフェスティバル
にも参加している。こうして彼らがBAPEを着用することにより，それを見た
HIP HOP好きの若者たちは真似て着用するという形で更に発展していった。

### 2.3 中華圏[23] におけるBAPE認知の高まり[24]

　HIP HOPを中心とする音楽シーンを巻き込んだファッションカルチャーを
形成したBAPEは，香港のミュージックシーンや芸能人たちからも認知が高ま
る。例えば1996年，歌手兼俳優の葛民輝（エリック・コット）が友人のDJ兼
俳優の林海峰（ジャン・ラム）に勧められ，裏原宿の長尾・藤原・高橋に会い
に行き，友人関係となり，BAPEの商品を着用した写真が広まっている。また，
香港出身のファッション・アイコンであり中華圏で影響力を持っていた歌手兼
俳優の陳冠希（エディソン・チャン）は，元より裏原系ブランドのファンで
あったことから，2002年東京で長尾，藤原，NEIGHBORHOODのデザイナー
である滝沢伸介と出会い交友が始まっている。
　2003年に陳がDJ兼ファッションデザイナーの潘世亨（ケビン・プーン）と
ともに立ち上げたストリートファッションブランドCLOTでは，BAPEの象徴
的絵柄「ベイプカモ」の衣服をまとった陳氏のフィギュアを筆頭とし，BAPE
と多数のコラボレーションを行っている。
　この他，数多くの香港をはじめとする中華圏の芸能人によるBAPEの着用が
マスコミにより発信され，その認知は一般層に向け更に高まっていった。この
ような中華圏での人気の高まりから，現地からの依頼でBAPEは1999年に初の
海外店舗として香港に出店，そして2010年には上海に中国1号店，北京に2号

店を出店している（I.T, 2010）。

## 2.4 コラボレーションによるグローバルな発展[25]

　現在は珍しくなくなった同業種・異業種のファッションコラボレーションは，そもそも裏原文化が育てたカルチャーであるとも言われる。ファッションコラボレーションは，外部から新たな刺激やアイデアを取り入れ，ブランドの成長を促進させる（ESMOD Fashion Work Media, 2021）と今日でこそ言われてはいるが，始まりは1995年の裏原宿における藤原と吉田カバンのPORTERとされ，その後BAPEをはじめ裏原系ブランドにおいて頻繁にコラボレーションを行うことが定着した。当初，コラボレーションは裏原宿の仲間同士のブランド間で行われ，次第に世界のストリートファッション界の大御所ブランドとのコラボレーションも，STUSSYをはじめとして成し得ていき，ニューヨークの伝説的なストリートアーティストであるFutura2000やSTASHとのコラボレーションにも繋がっていった。もともと入手困難な傾向にあったアイテムだったが，コラボレーションアイテムは更に生産量を絞っていたため，リリースと同時にプレミアム化していった。

　このようにストリートファッション同士，あるいはストリートファッションに親和性の高いアートとのコラボレーションもあれば，ブランドの成長に伴って他分野にわたるコラボレーションが実現されていった。中でも2001年の飲料メーカーPEPSIとのコラボレーションでは，BAPEの象徴的絵柄である迷彩柄のベイプカモを缶にデザインし，2009年には時計のG-SHOCKとコラボレートして人気を博した。また，中国ではレーシングカーとのコラボレーションもあり，2013年にはマクラーレン及びフェラーリとコラボレートしている。

　このコラボレーションでは両車両のボディがベイプカモに着彩され，北京におけるファッションの発信地である太古里三里屯で一般公開した後，珠海国際サーキットに移動してレースに参加し，BAPEの存在感を中国に焼き付けた（I.T, 2013a/b）。

## 2.5　1年間（2021年）のコラボレーション

　前項のコラボレーションの変遷を経て，コラボレーションがBAPEの重要な
マーケティング戦略であることから，BAPEの直近1年間のコラボレーション
の状況を見てみる。BAPEはブランドの発信ツールとしてSNS（Instagram,
Facebook，X（旧Twitter），LINE）を巧みに活用しており，その中で248.2万
人[26]と最もフォロワーを多く持つInstagramを分析してみる。

　まず，BAPE_japanにおけるInstagramの発信とフォロワーのコメントを見
てみると，BAPEの発信コメントはほぼ全て英語であり，コメントをするフォ
ロワーは英語を中心に中国語も含む世界各国の言語で書き込んでいる。

　2021年を例に挙げれば，1年間で合計376回投稿しており，1日1回以上の
投稿を行っていることが分かる。投稿内容はコラボレーションの商品を含む新
着の商品及びその予告である。コラボレーションに関しては，BAPEの象徴的
絵柄とコラボ先ブランドの象徴を掛け合わせた形であるが，その際のBAPEの
象徴とは主に5つとなり，①BAPEのロゴでもある猿の顔「エイプヘッド」，
②エイプヘッドが所々に潜む迷彩柄「ベイプカモ」，③戦闘機のノーズアート
を模した「シャークフーディ」，④ポップな猿のキャラクター「ベイビーマイ
ロ」，⑤主にスニーカーに用いられる星柄「ベイプスタ」となる。

　また，商品の写真掲載の際にブランドカルチャーのイメージを醸成するかの
如く，当該ブランドの商品を着用しながらストリートファッションと親和性の
高いスポーツを楽しむ写真や動画（スケートボード12件，バスケット2件，ス
トリートダンス1件，自転車乗り1件）も掲載している。

　次に，1年間376回のInstagram投稿の中から1つのコラボレーションに対
する同じ商品への重複を省いた上で換算したところ，コラボレーションの投稿
は78回であった。コラボレーションの対象を見てみると（図表8-12），ラッ
パーやDJを含むミュージシャンが6件，イラストレーターやグラフィックの
アーティストが3件，キャラクターが8件，アパレルブランドが13件，スポー
ツ・水着ブランドが4件，靴・サンダルブランドが6件，家具及びプロダクト
デザインブランドが3件，シェーブケア・メイクメーカーが2件，フィギュア

図表8-12　2021年　BAPEとコラボレーションを行ったブランド・人名・キャラクター名

| ミュージシャン | アパレルブランド | 靴・サンダルブランド | 玩具ブランド |
|---|---|---|---|
| BIG SEAN | Levi's | CLARKS | TAKARA TOMY |
| GUNNA | COMME des GARÇONS | DR. MARTENS | MEDICOM TOY |
| KID CUDI | READYMADE | HAVAIANAS | TOYQUBE |
| DJ KHALED | Carhartt WIP | SUICOKE | UNO |
| STEVEN HARRINGTON | mastermind | HAYN | |
| JESSIE REYEZ | Fred Perry | VANS | 時計ブランド |
| | COACH | | SEIKO |
| アーティスト | Barbour | 鞄ブランド | SWATCH |
| STASH | CANADA GOOSE | PORTER | |
| 空山基 | UNION | | 菓子ブランド |
| BRANDALISM | OVO | 家具・プロダクトデザインブランド | M&M'S |
| | ALPHA INDUSTRIES | KARIMOKU | FUJIYA (PEKO & POKO) |
| キャラクター | SOLEBOX | Umbra | |
| Pokemon | | TOWER BOX | ペット用ベビーカーブランド |
| SESAME STREET | スポーツ・水着ブランド | | AIRBUGGY PET |
| TOM and JERRY | adidas | シェーブケア・メイクブランド | |
| Batman and Superman | ASICS | Gillette | レーシングカー |
| movie SPACE JAM | NEW BALANCE | KNC Beauty | Aston Martin |
| PINK PANTHER | arena | | |
| GHOSTBUSTERS | | 薬品ブランド | |
| HELLO KITTY | 靴下ブランド | cleverin | |
| | DECKA | | |

出所：Instagram BAPE公式アカウントをもとに筆者作成

やカードなどの玩具ブランドが4件，時計ブランドが2件，菓子ブランドが2件，その他，靴下ブランド，鞄ブランド，薬品ブランド，ペット用ベビーカーブランド，レーシングカーと多岐にわたる。

## 2.6　中国SNS微博での発信

　前項ではBAPE JAPANから世界への発信として，Instagramへの投稿に触れたが，本項では中国または中華圏に特化した発信として中国版Twitterと言

われる「ウェイボー」を分析する。「ウェイボー」を取り上げる理由としては，BAPEの公式アカウントへのフォロワーが108,470人[27] カウントされているからであり，他の中国版SNSにはブランド全体としての公式アカウントが登録されていない，またはフォロワー数が「ウェイボー」より少ないからである。

　特徴としては，Instagramと比較し，レディースファッションや子供服が多くアップロードされ，アイドルのような芸能人が着用している写真が多く掲載されていることである。即ち，Instagramではブランド・イメージがメンズのストリートファッションを強く意識させる画像の構成がなされていたのに対し，「ウェイボー」では，メンズのストリートファッション的なイメージが少し和らげられ，より幅広い層へ一般化されたマーケティング戦略を実行していると考えられる。

### 2.7　日本への中国人インバウンド旅行者による裏原宿聖地巡礼

　コロナ禍前まで日本への中国人旅行者が2014年以降急増[28] していったことに伴い，BAPEの発祥地である裏原宿への来訪が増加していった。これは前述のWWDの記事「2016年以降，主にアジアからのインバウンド特需で毎年20％増を続けていた」へも関連しており，コロナ禍前まで裏原宿のBAPE店舗には中国人観光客がピークの時で全来店客の約７割を占めていた[29]。前節の裏原宿で得た調査の結果のようにBAPEの店舗を目指して訪問し，BAPEでの写真や購買した商品を推奨することへ繋がっていく。その際に，BAPEの象徴的絵柄の画像発信は，受信者に強いインパクトを与えることから印象に残りやすく受信者の誘引に繋がり，次の循環を醸成させやすいと考えられる。

### 2.8　BAPEにおける価値創造

　本項では，田村（2016）の物語分析の手法を用いてBAPEにおける価値創造

の伝播を考察する。物語分析とは，単独・理論事例を対象として，事例を物語として捉え，始点から終点に向かって結果発生過程のダイナミクスを焦点に分析する手法である。

　まずは前項までの主な活動を時系列に整理し要点について分析を行う。図表8-13の通り，主な活動の中で，HIP HOPやストリートアートへの関連，及び著名人・ファッション・アイコンによる着用に関する事象が多いことが分かる。そして同図の中でブランドの象徴的絵柄のデビューと中華圏に関連する事象が見てとれる。

　次にBAPEの創業における価値を始点として中国人消費者への波及を終点に因果関連様式を明らかにする。図表8-14はBAPEにおける価値の伝播過程を記したものとなる。図内の「創業期におけるBAPEの価値」①～④は，本章2-2で得た内容をオープンコーディングの手法を用いて抽出した項目であり，⑤は本章2-4，2-5の要素である。

　順に見ていくと，①は特にBAPE創業期少量生産や限定販売で希少性が創出されていた事象である。②は服作りの勉強を専門的に行ったり既存のアパレル企業への勤務経験がないからこそ，既成概念に捉われないモノ作りができたという事象である。③は発信する上で重要となるインパクトの強いブランドの象徴的図柄であり，④はHIP HOPへの造詣からファッションと音楽を融合させたカルチャーを形成した事象である。⑤は，価値が伝播されていく際に数々の他商品や他ブランドとのコラボレーションがなされていった事象を記している。

　図表8-14は，①～⑤を中心とする事象がHIP HOPに関連した著名人へ伝播したことにより，ファッション・アイコンと呼べるような著名人へ伝播し，その後強い因果関係をもって受容層が一般化されていった過程を表している。なお，香港系企業I.TによるBAPEの買収は，中国における認知を広めることに繋がり，受容層の一般化を促進させたと考察され，受容層の一般化が，前節で述べたBAPE発祥の地である裏原宿店舗への聖地巡礼と繋がっていると考えられる。

　最後に，BAPEにおける価値創造のメカニズムを図表8-15を用いてを考察する。ブランドはブランドの世界観を創出する。BAPEは，若者に支持されるHIP HOPやストリートアート，フィギュアなどのカルチャーと組み合わせ，

## 図表8-13　BAPEとNIGOの主な活動　沿革

- ● 1989 文化服装学院　雑誌編集科へ入学
- ● 　　　雑誌編集・スタイリスト・藤原ヒロシのアシスタント
- ● 　　　スチャダラパー　コーネリアス　YURIへのTシャツ提供
- ● 1993 NOWHEREオープン
- ● 1993 BAPE創設
- ● 1993 エイプヘッドのデビュー
- ● 1995 ニューヨークのストリートアーティストFutura2000とSTASHとの出会い
- ● 1996 ベイプカモのデビュー
- ● 1996 葛民輝（エリック・コット），長尾・藤原・高橋に会いに来る
- ● 1997,1998,2001　木村拓哉による着用
- ● 1999 ベイビーマイロのデビュー
- ● 1999 BAPE香港店オープン
- ● 2000 ベイプスタ　スタート（スニーカー）
- ● 2001 ペプシとコラボレーション
- ● 2002 陳冠希（エディソン・チャン），長尾・藤原・滝沢に会いに来る
- ● 2003 BAPEロンドン店オープン
- ● 2003 ファレル・ウイリアムスとの出会い
- ● 2004 BAPEニューヨーク店オープン
- ● 2004 シャークフーディーのデビュー
- ● 2005 ストリートアーティストKAWSとコラボレーション
- ● 2003 陳冠希（エディソン・チャン）のブランドCLOTとコラボレーション
- ● 2004 音楽ユニットTERIYAKI BOYZ結成　長尾はDJファレル・ウイリアムスがプロデューサー
- ● 2005 ファレル・ウイリアムスとBILLIONAIRE BOYS CLUB, ICECREAM　立ち上げる
- ● 2007 24時間テレビチャリティーTシャツ提供
- ● 2007 TERIYAKI BOYSにカニエ・ウェスト（プロデューサー）
- ● 2008 BAPE HEAD SHOWにファレル，カニエ，N.E.R.D, TERIYAKI BOYZ出演（東京・香港）
- ● 2009 G-SHOCKとコラボレーション
- ● 2009 サンリオ　ハローキティとコラボレーション
- ● 2010 NIGO　アパレルブランドHUMAN MADE創設（NOWHERE外）
- ● 2010 UNITED ARROWSとの協業でMr.BATHING APEスタート
- ● 2010 BAPE上海店　北京店　オープン
- ● 2011 I.T（香港）が買収
- ● 2012 AAPE（香港で企画したBAPEセカンドブランド）創設
- ● 2013 BAPE20周年記念でSNOOP LION, LINKIN PARK, ASAP FERGとコラボレーション
- ● 2013 長尾，クリエイティブディレクター辞任
- ● 2013 マクラーレン・フェラーリコラボレーション（中国）
- ● 2016 BABY MILO　STOREオープン
- ● 2016年以降　インバウンド特需
- ● 2020 IT上場廃止
- ● 2021 CVCからのBAPEへの投資

HIPHOP ストリートアート 関連

著名人・ファッションアイコンによる着用

□ ブランドの象徴的絵柄
── 中華圏に関連する事象

出所：筆者作成

## 図表8-14　BAPEにおける価値の伝播過程

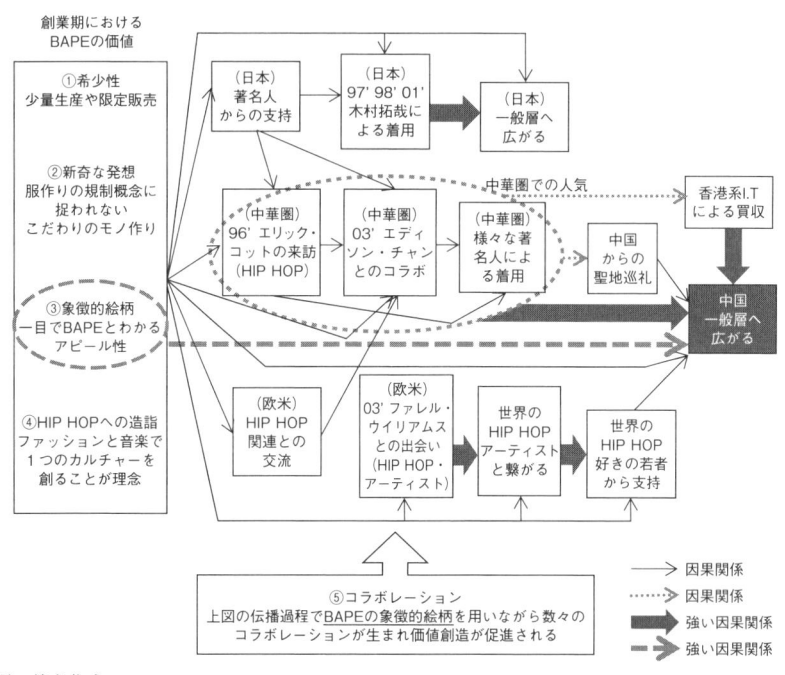

出所：筆者作成

若者が憧れるミュージシャンやアーティスト，キャラクター，他のファッションブランドなどと幅広くコラボレーションを行いブランドの世界観を創出する。それにより，ファッションデザインだけに捉われない，ブランドを取り巻くカルチャーによる包括的なイメージが魅力的に醸成されている。

　醸成されたブランドの世界観に対して，若者の準拠集団[30]になるような著名人である芸能人やアーティスト，アスリートなどがブランドに共鳴し，BAPEの服を着用し発信する。彼らはBAPEを支持することで，時代をリードしていると感じているとも映る。こうした著名人に憧れる一般消費者がBAPEの店舗を訪れ，商品を着用し発信することで，さらに，それを見た別の一般消費者がBAPEの商品を気に入り，次の発信へと繋がって循環していく。もちろん，ブランドの発信が直接一般消費者に響き，一般消費者からダイレクトにブランド観に共鳴するケースもあるであろう。

　これら一連の発信の際，BAPEには一目でBAPEと分かる象徴的デザインがあることから，それらが画像や動画に写されることで，より受信者に対し印象に残る効力の高いものとなっていると考えられる。

　即ち，分析視角1-3に対して，BAPEは既成概念に捉われない発想で，ファッションデザインだけに捉われない，ストリートカルチャーや音楽を包含したブランドの世界観を創出し，ブランドの世界観が効果的に発信されることにより，受信者が憧れ共鳴し，BAPEの価値が創造されていると考えられる。

**図表8-15　BAPEにおける価値創造のメカニズム**

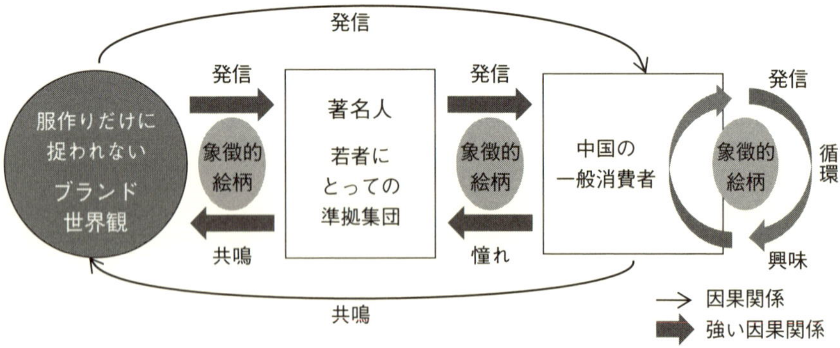

出所：筆者作成

# 3

## 小括

　本章では中国を対象とした調査で中国への出店店舗が少ないにもかかわらず，認知が高いと抽出されたBAPEを中心に裏原系ブランドを考察した。裏原系ブランドの震源地である裏原宿の調査に触れ，コロナ禍前まで多くの中国人が裏原宿に来街し，その多くがストリートファッションを体感しに訪れ，ファッション系ブランド店舗を訪れていることが分かった。そして彼・彼女らが発信し，より裏原系ブランドの認知が高まり，次の循環を創出していることが分かった。

　その中で，上述の通り中国での調査でも認知が高く，また，裏原宿の調査でも最も誘因性の高いブランドであるBAPEを事例として価値創造のメカニズムを考察した。BAPEの創設者であるNIGOは，そもそも服作りを専門的に学んだこともなければ，既存のアパレル企業での勤務経験もないことから，固定観念に捉われないモノづくり及びブランド創造を行っていた。NIGOは自身も音楽を演奏するなどミュージックシーンにも造詣が深いことから，関係のある音楽仲間へのBAPEブランドの商品の提供に始まり，若者の準拠集団となるようなHIP HOPを中心とする世界の著名人とのコラボを経て，洋服のデザインだけに留まらない，音楽やストリートカルチャーを包括したブランド観を形成した。

　このような世界観に共鳴した著名人は，中華圏を含めて広がり，著名人がBAPEとコラボレーションを行い，BAPEの商品を着用することで，彼・彼女らに憧れる一般消費者に受容されていった。伝播の際にBAPEのオリジナリティーである象徴的な図柄が印象的であることから，さらに伝播は高まったかと考えられる。この伝播の受信は一般消費者の中で循環され，認知は高まり，こうした一連の過程がBAPEの価値創造のメカニズムであると考えられる。

　敢えて言うならば，BAPEに反して中国の調査で認知の低い日本のレディースファッションブランドは，オリジナリティーが低く，ファッションデザインを超えた包括するようなブランド観というものも形成されていないのではないか。即ち，ただ形式的にシーズンごとに新しいデザインを更新しているだけでは，海外というハンディキャップのあるフィールドにおいて，現地消費者へ深く印象づけるのは困難である。

---

<注>　1）　純粋想起回数のできるだけ多いブランドの中から，ブランド事例研究の対象を抽出した方が意義があると考え，図表7-12でカイ二乗検定を行った出現回数30回以上のブランドに対して中国出店店舗数に対するブランド想起率を算出した。

　　　　2）　店舗数に関しては，IRを公表している企業は2022年度のIRで報告されたブランド数を記述。その他はHPを確認。ただし，Y-3のみ中国検索サイト百度地図を用いて検索し1件ずつ確認を行った（2022. 10.26 アクセス）。

　　　　3）　『anan』は1970年に創刊，『non-no』は1971年に創刊している。

4） 1972年には地下鉄千代田線の明治神宮前駅及び表参道駅，1978年には地下鉄半蔵門線の表参道駅が開業している。

5） 藤原ヒロシはセツ・モードセミナーを中退した後，裏原系の主導者的立場で，ファッションにもミュージックシーンにも長けたクリエイターとなった。高木完は時代を牽引したHIP HOPミュージシャンである。

6） 本書における「ファッション系店舗」とは，ファッション商品，即ち衣類を中心に鞄，靴類，アイウェア，アクセサリーを含む服飾雑貨を販売する店舗と定義する。

7） AISASモデルのShareはポジティブ・ネガティブ両方のクチコミ含まれるであろうが，「推奨advocate」はポジティブなクチコミであることから，本書では5Aモデルをもととしている。

8） Kotler et al.,（2016）によると，推奨者が必ずしも購入者だけではないという考えの下，購入していない者もモデルに含めている。筆者もこの考えに倣い店舗に訪れて今回はたまたま買わなくとも推奨するかも分からないという来店者をモデルに含めて考えていることから，「行動act」に「購買」以外に「店舗に行く」も含めている。

9） 本書の対象地域の店舗を調査する上で，許（2009）が引用するように，渋谷区による商業統計があったが，2009年以降廃止されている。これにより本書では一定の地域を定め，現地を歩き目視で確認を行っている。

10） 爆買いのような大量買いではなく，自身以外には土産程度の買い物と見受けられたとのこと。ただし一部転売用の大量購入はあったとのことである。

11） 裏原宿店舗への「インバウンド消費ピーク時の中国人来店者の特徴」の調査は追加調査（2021年7月20日）で行っている。なお，この際2019年の調査時対象とした150店舗は39店舗入れ替わりや閉店で無くなっており，その中から聴取を得られたのは62店舗であった。

12） 本来であれば，裏原宿訪問者だけを対象にアンケートをすべきであろうが，裏路地であることから，銀座や渋谷のように知名度が高くないことが予想されたため，サンプル数を確保するために，裏原宿への訪問経験はないが，今後訪問したいと考える者も加えた。

13） 正式ブランド名はA BATHING APEであるが，ショップやオリジナルデザインが略称BAPEと称されており，一般的な認知としてもBAPEであることから，本書でもBAPEと称している。

14） BAPE HPより2022年5月5日現在の店舗数

15） 裏原ブームの中心人物「藤原ヒロシ」に容姿が似ているということで，「2号」即ちNIGOと呼ばれるようになり，日本及び海外でも一般的には長尾ではなくNIGOという名で知られている。

16） 本調査で行ったアンケート調査の認知ブランドの自由回答で，多くがBAPEと記入する中，一部AAPEと記述されていること，また，店舗

スタッフからのヒアリングから愛好者は区別していると判断した。なおAAPEの商品価格帯はBAPEのおよそ7割である。

17) AAPE HPより2022年3月30日現在の店舗数。
https://aape.jp/storelist/（2022年3月30日アクセス）

18) 本調査の自由回答でBAPEと明確に多数の記述がある中，少数のAAPEという記述があったことからも，ブランドの区別ができていると考えられる。

19) 株式会社NOWHERE外で立ち上げられたヴィンテージテイストにインスパイアされたファッションブランド。

20) NIGO在籍時に考案されたブランドアイコンとなる一連の象徴的絵柄は，現在もBAPEの中核的デザインパターンである。

21) 本節は以下のWEBマガジンを参照している。
Qkakuファッション百科事典: BAPEは何故世界で通用したか　http://qkaku.com/a-bathing-ape/（2022年10月18日アクセス）
Qkakuファッション百科事典: 藤原ヒロシ裏原編
http://qkaku.com/fujiwarahiroshi3/（2022年10月18日アクセス）
knowbrandmagazine:すべては一匹の猿から始まった前編
https://www.2ndstreet.jp/knowbrand/feature/bape-01/（2022年10月18日アクセス）
knowbrandmagazine:すべては一匹の猿から始まった後編
https://www.2ndstreet.jp/knowbrand/feature/bape-02/（2022年10月18日アクセス）

22) 1973年生まれのアメリカの男性ラッパー，歌手，作曲家，音楽プロデューサー，ファッションデザイナーと多彩に活躍している。

23) 本書では，中国語を公用語とする国と地域（中華人民共和国，香港，マカオ，台湾，シンガポール）を中華圏と称す。

24) 本節は以下のWEBマガジン及びHPを参照している。
毎日頭條: 如今讓人唏噓的Bape，曾是昔日的潮流王者
https://kknews.cc/entertaiment/x43jyxq.html（2022年10月18日アクセス）
flightclub中分站: 林俊杰，潘玮柏上身！这牌子今年太火，怎么明星都在穿？！
https://baijiahao.baidu.com/s?id=1695363379730765608&wfr=spider&for=pc
（2022年10月18日アクセス）

25) 本節は以下のWEBマガジンを参照している。
Qkakuファッション百科事典: 藤原ヒロシ史裏方編　http://qkaku.com/fujiwarahiroshi3/（2022年10月18日アクセス）
Qkakuファッション百科事典: HEAD PORTERとは何だったのか？: 人気のシリーズを歴史から紐解く

http://qkaku.com/head-porter/（2022年10月18日アクセス）

Knowbrand magazine: すべては一匹の猿から始まった後編

https://www.2ndstreet.jp/knowbrand/feature/bape-02/（2022年10月18日アクセス）

コーラ白書: またも猿！PEPSI・BATHING Apeがコラボキャンペーン

https://www.colawp.com/topics/2001/0901_BAPE.html（2022年10月18日アクセス）

26) 2022.05.08現在のInstagram におけるbape_japanのフォロワー数

27) 微博BAPE OFFICIAL

https://weibo.com/bapebj?is_search=0&visible=0&is_all=1&is_tag=0&profile_ftype=1&page=6#feedtop（2022年10月18日アクセス）

28) 日本政府観光局（JINTO）国籍／月別訪日外客数（2004年～2022年）

chrome-extension://efaidnbmnnnibpcajpcglclefindmkaj/https://www.jnto.go.jp/statistics/data/tourists_2022df.pdf（2023年6月20日アクセス）

29) 2019年7月における店舗調査による

30) 準拠集団とは，個人が行動や態度を形成する上で参照する集団のことであり，Hyman（1942）の著書「地位の心理学」で提唱され，Bourne（1957）によって製品とブランドの購買意思決定における準拠集団の有用性が示された。さらにPark & Lessing（1977）によれば，準拠集団とは，個人の評価や熱望の対象，行動に関して重要な影響を与える，実際もしくは仮想集団と定義される。

第9章

# 調査分析Ⅱ-1：
# 新規業態D2Cブランド

　第4章で考察してきたように，慣行化されたアパレル業態にはブランドを越え同質化された商品の過剰生産という大きな問題があった。背景には百貨店の消化仕入れシステムや，アパレルによる過度なOEMやPOSデータへの依存などが挙げられた。アパレル商品は多くが売れ残るという前提のもと，価格設定がなされているという，消費者側からすれば理不尽な問題があった。

　しかし，これらを打ち破るような業態が近年ファッション業界で勃興している。その業態とはJin&Shin（2020）が取り上げたスタートアップのデジタル新興企業であるD2Cブランドのことであり，日本国内においても散見されるようになっている。

　本章では，RQ2「日本における新規業態D2Cブランドの特性はどのようなものか」を探求するために，分析視角2-1として「D2Cブランドが体系的にどのような特性を有するのか」について考察する。

## 1

## D2Cブランドの勃興

　2010年前後から，日本が今日まで大きく影響を受けてきたアメリカ市場のファッション産業において，D2Cブランドが勃興した。例えば2011年に立ち上がったオンラインSPAアパレルのEverlaneであり，2010年に起業したオン

ライン眼鏡ブランドのWarby Parkerであった。Everlaneの特徴は，コスト及び生産背景の透明性であり倫理的価値観を重視した取り組みを行っているアパレルである（Babicheva, 2019）。Warby Parkerの特徴はオンライン販売にすることで中間流通費や広告・宣伝費を抑制して低価格化し，眼鏡のサンプルを顧客の自宅で試着できるシステムを作るとともに，1つ販売する度に1つ非営利団体に寄付するという社会的貢献の取り組みも構築している（金澤他, 2021）。また，日本への影響という点では，日本市場へ越境ECで参入してくる韓国のD2Cブランドも同じ頃萌芽し，2015年に設立された中国のD2CブランドSHEINは世界市場を対象に越境ECで巨大化している[1]。

　このような中，日本のD2Cブランドはどのような状況であろうか。D2Cブランドとして AMERI VINTAGE（e.g., 繊研新聞, 2019; WWD, 2022a）や CLANE（e.g., WWD, 2019; 繊研新聞, 2022）は売上規模も比較的大きいことからファッション専門誌で取り上げられることも多いが，近年は経済誌やNHKでも取り上げられるブランドが出現している。具体的には2020年に東洋経済誌に「アパレル不況で200％伸びたブランドの正体」として取り上げられたfoufouは，高い原価率と広告宣伝費無し・セール無し・即完売などが特徴とされる（東洋経済, 2020）。2021年にNHKで取り上げられた「小柄服ブランド」としてのCOHINAは，創業者が低身長であり，自身のような小柄体系に合うオシャレな服が市場にないという悩みから，SNSで同じような体形のブランドコミュニティーを広め急成長したことが注目されている（NHK, 2022）。このようにファッション誌ではなく経済誌やNHKで特集されたブランドは，D2Cブランドとしてそれほど特別なものなのであろうか。そもそも，D2Cブランドは体系的にどのような特性を有するのであろうか。次節においてこれらを見ていく。

# 2

## D2Cブランドの概観

　本節では，日本のD2Cブランドを概観するために，特徴を類型化し，売上

額，商品単価，ブランド創設年ごとの分布を見ていく。

## 2.1　Ｄ２Ｃブランドの類型

　日本のＤ２Ｃブランドを概観するために，図表9-1の通り32のブランドを取り上げる。これらは，ファッション専門誌等で取り上げられているブランド及びファッション業界で一定の評価を受けているとフィールドワークで得られた情報をもとに抽出したものである[2]。

### 図表9-1　Ｄ２Ｃブランドの類型

| ブランド名 | 類型 | 特記事項 | 売上額 | 商品単価（万円） |
|---|---|---|---|---|
| foufou | デザイナー型 | | 2020年年商　約4億円 | BL:1.1 SK:1.5 OP:1.9 |
| LOHEN | 〃 | | | BL:2.5 PT:2.8 OP:3.1 |
| AMERI VINTAGE | ディレクターオーナー型 | | 2020年年商　35億円 | BL:1.3 PT:1.5 OP:2.0 |
| CLANE | 〃 | | 2020年年商　14億円 | BL2.4 SK:2.2 OP:3.2 |
| MACHATT | 〃 | | 2020年年商　8億円 | BL:1.5 SK:1.3 OP:1.6 |
| RANDEBOO | ディレクターサブオーナー型 | | | BL:0.9 SK:1.3 OP:1.6 |
| JENNE | 〃 | | 2021年　10億円 | BL:1.1 SK:1.2 OP:1.3 |
| TREFLE+1 | 〃 | | 2021年年商　約5億円 | BL:1.4 SK:1.4 OP:1.5 |
| OBLI | インフルエンサー型 | | | BL:2.6 SK:3.2 OP:3.9 |
| eimy istoire | 〃 | （DOT ONE） | 2021年9月先行受注会1日で1.6億円 | BL:1.2 SK:1.5 OP:1.6 |
| CREDONA | 〃 | 〃 | 2020年ブランド立ち上げ初日売上4,000万円 | BL:1.32 PT:1.2 OP:1.7 |
| anuans | 〃 | 〃 | 2020年ブランド立ち上げ初日売上9,200万円 | BL:1.2 SK:1.5 OP:1.8 |
| STELLA VIANA | 〃 | （GOOD VIBES ONLY） | 2018年先行受注会3日間で1,100万円超え | BL:1.1 SK:1.4 OP:1.5 |
| LIBJOIE | 〃 | 〃 | 2019年先行受注会3日間で1,500万円 | BL:0.9 PT:2.7 OP:2.2 |
| ELENORE | 〃 | 〃 | | knit top:1.2 SK:1.5 OP:2.3 |
| LEANN MONENT | 〃 | 〃 | | knit top: 0.9 PT:1.43 OP:1.9 |
| Jouetie | 〃 | 〃 | | BL:0.77 PT:0.77 OP:0.88 |
| ETRE TOKYO | 〃 | （3ミニッツ→TSI HDグループ） | | knit top:1.3 PT:2.4 OP:2.6 |

| Her lip to | 芸能人・YouTuber型 | 芸能人・小嶋陽菜のブランド | | BL:1.6 PT:1.8 OP:2.5 |
|---|---|---|---|---|
| ReZARD | 〃 | YouTuberヒカルのブランド | 2021年年商25億円 | Tshirt:2.2 PT:1.8 |
| uncrave | 既存アパレル型 | （オンワードHD） | | BL:1.3 SK:1.4 OP:1.8 |
| N.O.R.C | 〃 | （クロスプラス） | 2019年年商約4億円 | BL:1.3 SK:1.5 OP:1.9 |
| MECRE | 〃 | （TSI HDグループ） | | BL:2.9 SK:2.6 OP:3.3 |
| re:mine | 〃 | （イトキン） | | tops:1.8　OP:2.8 |
| NAGIE | 〃 | （三菱商事ファッション） | | shirts:1. PT:1.6 OP:1.3 |
| 17kg | プチプラ型 | | | Tshirts:0.25 knit tops:0.32 |
| apres jour | 〃 | （アダストリアグループ） | | BL:0.19 SK:0.19 |
| GRL | 〃 | | | BL:0.17 SK:0.16 OP:0.19 |
| CAWAII | 特化型 | ミセスブランド | 年商15億円 | BL:0.9　SK:1.0 OP:1.5 |
| COHINA | 〃 | 低身長 | 2021年月商1億円 | BL:0.8 SK:1.0 OP:1.4 |
| FABRIC TOKYO | 〃 | オーダースーツ | 2019年年商10億円 | オーダースーツ：3.9〜 |
| Youth Loser | 〃 | ストリートファッション | | Tshiets:0.6 PT:1.5 |

注：特記事項の（）は企業名，商品単価欄のBLはブラウス，SKはスカート，OPはワンピース，PTはパンツの略である。
出所：筆者作成

　ブランドの類型では8つのタイプが抽出された。具体的にはデザイン性にこだわりデザイナーが中心となって運営されている「デザイナー型」，ブランドオーナーがクリエイティブディレクター（以下，Cディレクター）かつブランドのファッション・アイコン及び表象となり発信している「ディレクターオーナー型」，オーナーが生産管理や事業戦略を主に鑑み，その配偶者がCディレクター及びブランドのファッション・アイコン・表象となっている「ディレクターサブオーナー型」，企業がインフルエンサーを起用してブランドを立ち上げた「インフルエンサー型」，芸能人・ユーチューバーによるブランド「芸能人・YouTuber」型，既存アパレルが新たに立ち上げたD2Cブランド「既存アパレル型」，低価格で低年齢層からの支持の厚い「プチプラ型」，特化した特徴を持つ「特化型」である。
　なお，この特化型を具体的に見ると，CAWAIIは，比較的デジタルに不慣れな年配層を敢えてターゲットとしており，COHINAは小柄な女性が素敵に見

える服の製造及び小柄服の分かりやすい提案に特化している。また，FABRIC TOKYOは一度店舗で採寸すれば，以降はスマホでオーダーできる仕組みをとっているオーダースーツのＤ２Ｃブランドであり，Youth Loserはユニセックスのストリートファッションに特化したブランドである。

## 2.2　売上規模と商品単価

　これらブランドの年商に関しては，多くが公表されていない中で，WEB専門誌等の記事から一時的な売上額も含め引用し示すことで，ブランド規模を推測できるように記述している。商品単価は，各ブランドのオンラインショップサイトから代表的なものを抽出し記載している（図表9-1）。

　このように見ていくと，経済誌やNHKで取り上げられたfoufouやCOHINAクラスの売上額のブランドが他にも散見させることが分かる。また，商品単価を見ていくと，プチプラ型以外においては，ブラウスで１万円台クラスのブランドが多く，百貨店に出店するアパレル単価というより，SC系アパレルと同程度の単価と言える。

## 2.3　Ｄ２Ｃブランドの創設年

　図表9-1で挙げたＤ２Ｃブランドの創設年を見てみると，図表9-2の通り，日本のＤ２Ｃブランドの立ち上げは，2015年以降に集中しており，近年になるほどインフルエンサー型と既存アパレルによるＤ２Ｃ型が増えている。インフルエンサー型は，多くがデジタルに精通した企業によりインフルエンサーを起用してブランドを立ち上げていることから，既存アパレルによるＤ２Ｃ型と同じく，企業がＤ２Ｃという業態に可能性や勝算を見出しているということが伺える。

**図表9-2　D2Cブランドの創設年**

| 2007 | 2008 | 2009 | 2010 | 2011 | 2012 | 2013 | 2014 | 2015 | 2016 | 2017 | 2018 | 2019 | 2020 | 2021年 |

- Ⓟ GRL （2007）
- Ⓞ MACHATT　Ⓢ TREFLE+1 （2011）
- Ⓞ AMERI VINTAGE （2014）
- Ⓞ CLANE （2015）
- Ⓓ foufou （2016）
- Ⓢ RANDEBOO （2016）
- Ⓘ OBLI （2016）
- Ⓘ eimy istoire （2016）
- Ⓘ ETRÉ TOKYO （2017）
- Ⓖ Her lip to （2017）
- Ⓟ 17kg （2017）
- Ⓣ CAWAII （2017）
- Ⓣ STELLA VIANA （2018）
- Ⓞ LOHEN （2020）
- Ⓢ JENNE （2019）
- Ⓘ CREDONA （2020）
- Ⓘ ánuans （2021）
- Ⓘ LIB JOIE （2019）
- Ⓘ ELENORE （2020）
- Ⓘ LEANN MOMENT （2020）
- Ⓘ Jouetie （2020）
- Ⓟ Re ZARD （2019）
- Ⓐ N.O.R.C （2019）
- Ⓐ MECRE （2020）
- Ⓣ COHINA （2019）
- Ⓐ uncrave （2020）
- Ⓐ re : mine （2020）
- Ⓐ NAGIE （2020）
- Ⓣ La Fabric （FABRIC TOKYOの前身） （2014）

凡例：
Ⓓ デザイナー型
Ⓞ ディレクターオーナー型
Ⓢ ディレクターサブオーナー型
Ⓘ インフルエンサー型
Ⓖ 芸能人・YOTUBER型
Ⓐ 既存アパレルによるD2C型
Ⓟ プチプラ型
Ⓣ 特化型

出所：筆者作成

# 3

## フレームワークを用いたD2Cブランドの分析

　D2Cブランドに関して特性を考察するため，前節で8種類に分類した類型の中で，ディレクターオーナー型とディレクターサブオーナー型を中心に分析を進める。両者の2類型は，D2Cブランドの中では比較的歴史があり，商品やブランド運営方法が類似する。ブランドの存立をインフルエンサーの知名度に依拠するわけでもなければ，既存アパレルによって設立されたわけでもない，自らの力でブランドを大きくしていったD2Cブランドのパイオニアであることから，これらブランドを分析対象とし，特性を分析する上で本節ではフレームワークを用いて考察を行う。

## 3.1　マーケティングミックスフレームワーク

　企業，ブランド，店舗が競争優位を確立するために，マーケティングに必要な商品作りから価格の設定，販売促進策など多様な要素を組み合わせて相乗効果を上げることをマーケティングミックスと言う（Borden, 1964）。McCarthy（1960）は，ターゲットマーケティングを提唱し，標的市場の設定とマーケティングにおけるプランの策定は同時に行うべきだと指摘し，マーケティングを構成する多様な手段を体系的に分析するフレームワークとして，Product（「製品」）・Price（価格）・Place（流通）・Promotion（販売促進）の４つのＰが提唱され今日まで広く定着するようになった。

　その後，有形財を対象にマーケティングが発展した時代から，「サービス商品（無形財）」を対象としたマーケティングへのニーズが着目される時代となったことにより，４Ｐフレームワークへの批判を受け，既存の４Ｐにサービスに関する３つのＰの要素，Physical Evidence（物理的証拠）・Processes（サービスプロセス）・People（人）を付加することで，サービス・マーケティングの時代へ対応した７Ｐのフレームワークが提唱された（Booms & Bitner, 1981）。そして，Booms & Bitnerの７ＰフレームワークにLovelock & Wright（1999）は，生産性と品質は同時に考慮すべきであるというProductivity & Quality（生産性とクオリティー）を加え８Ｐフレームワークの考え方が成立した。そこで，本項ではこの８Ｐフレームワークを用いて分析する（図表９-３）。

## 3.2　８Ｐフレームワークによる分析

　Ｄ２ＣブランドはEC経由の販売を主とすることにより，顧客との接点が限られることから，既存の実店舗を中心とするアパレルと比較し，サービスが希薄になりかねないとも考えられる。そこで，既存のマーケティングミックス４Ｐフレームワークにサービスに関する要素を加えた８Ｐフレームワークを用いて，Ｄ２Ｃブランドのサービスにも注視し分析を行う。

図表9-3　8Pフレームワーク

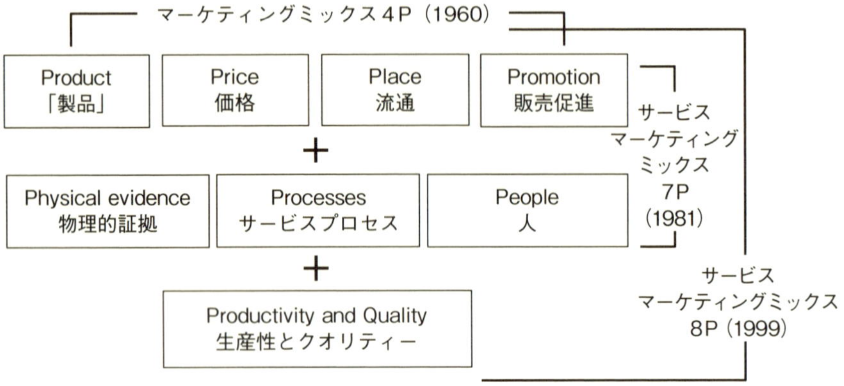

マーケティングミックス4P（1960）

| Product 「製品」 | Price 価格 | Place 流通 | Promotion 販売促進 |

＋

サービス マーケティング ミックス 7P （1981）

| Physical evidence 物理的証拠 | Processes サービスプロセス | People 人 |

＋

| Productivity and Quality 生産性とクオリティー |

サービス マーケティングミックス 8P（1999）

出所：Sinha（2018）をもとに筆者作成

**(1)　分析データと分析方法**

8Pフレームワークでの考察に使用する分析データは図表9-4のインタビューで，これらを用いて8Pフレームワークに配置しながら分析する。

図表9-4　ディレクターオーナー型・ディレクターサブオーナー型への
　　　　　インタビュー

| インタビューNo. | ブランド名 | データ内容 | データ取得日 |
|---|---|---|---|
| Int.No.1 | TREFLE+1 | オーナー長尾インタビュー | 2021. 1.26 |
| Int.No.2 | TREFLE+1 | オーナー長尾と西川（販売戦略担当） | 2021. 4.19 |
| Int.No.3 | MACHATT | オーナー兼Cディレクター正中インタビュー | 2021. 3.26 |
|  |  | 〃　　　　インタビュー記事（WWD） | 2020. 3.10 |
| Int.No.4 | JENNE | 電話インタビュー（Cディレクター代理） | 2021. 4.15 |
|  |  | オーナーとCディレクターインタビュー記事（WWD） | 2021. 8.18 |
| Int.No.5 | AMERI　VINTAGE | オーナー兼Cディレクター　黒石 | 2021.10.19 |
|  |  | インタビュー講演聴講 |  |

出所：筆者作成

### (2)　8Pフレームワークでの分析

#### ①———Product（「製品」）

　Ｃディレクターに他でのアパレル勤務の経験がない，または浅いことから，却って従来的なアパレルのスタイルに捉われないモノづくりを生み出している。具体的には，アイデア源はリアルな生活や自身の感性を尊重することをもとに，既存アパレルが重点を置いているコレクション情報やOEMからの売れ筋情報などに注力する習慣が希薄である。業界経験や専門知識があり過ぎると「あれができない」など，制約がかかることもあるが，知らないからこそタブーがなくできることもあると言われる。これらによってどこか他と異なるデザインを創出している。

　生産面では，企業規模が小さく資金的に在庫を持てないことから，過剰生産が抑制され，結果として売り切れ多数という商品に対する希少性から，顧客により賑わいが醸成されている

#### ②———Price（価格）

　店舗運営にかかるコスト及び広告費が抑制されていることから，高い原価率を有することが特徴である。具体的な原価率はTREFLE+1は5〜6割，AMERI VINTAGEは3.5〜4割である。その他MACHATTでは既存の実店舗アパレルより原価が高いというコメントがあり，本節の分析対象のブランド類型とは異なるがfoufouでは5割の原価率と言われる。一般的に百貨店系アパレルで2〜2.5割，SC系で3割強と言われる数値と比較すると，Ｄ２Ｃアパレルは非常にコストパフォーマンスが高いことが分かる。

#### ③———Place（流通）

　ECの利便性を中心とした販売であるが，顧客はオンラインのイメージや情報だけでなく実際に商品に触れられる機会を求めている。この要望をポップアップショップや限られたショールーム用店舗で対応しているが限定的であり，

結果として商品に触れる機会に対する希少性が醸成され，ポップアップショップの盛況に繋がっている。

#### ④————Promotion（販売促進）

Instagramと自社ECサイトを連動させ情報発信をする。特徴的なのは作り手であるCディレクターが自らブランドのファッション・アイコンとなり，プロモーションを行っていることである。Cディレクターは本人が自ら商品を作っているからこそ，誰よりも当該ブランドの商品が似合い，ブランドとの一体感が生成され，最適な着用モデルである「ブランドの表象」の存在に繋がっている。これに対し既存アパレルでは，モデルはシーズンごとに変わり，実際の消費者と異なる欧米人であることも多く，ブランドと一体化した表象の存在は希薄である。

#### ⑤————Physical Evidence（物理的証拠）[3]

Instagramの動画サービスである「インスタライブ」で商品の生地の感じや，身長差に対する着用感などを分かりやすくプレゼンしたり，商品の制作工程や企画ミーティングの風景をSNSで紹介する。また，当該ブランドのファッション・アイコンであるCディレクターが当該ブランドの商品を着用しながら自身のライフスタイルをSNSで紹介するなどしている。これらにより，当該ブランドへの深い理解や，Cディレクターへの敬愛の醸成に繋がっている。

#### ⑥————Processes（サービスプロセス）

ポップアップショップではCディレクター自らが販売に立ち玄関まで顧客を見送り，ECでの購入客への商品送付の際には丁寧なお礼の手紙を添えたり，ネット及び電話ではカスタマーサポートへ注力したり，リアルでの接点が限られているからこそ，得られた接点を貴重な機会として最大限に尽力している。

なお，既存アパレルでは，例えば百貨店系アパレルであると，顧客は百貨店

の管理下となることから，顧客とのやり取りに制約がかかると言われている。

### ⑦———People（人）

　ブランドは，スタッフ自身が当該ブランドのファンであることから，オフィスからポップアップショップまで幸福感の高いアットホームな空気を醸成しており，顧客との関係が高揚感溢れるものとなっている。既存の企業ではポップアップショップでは派遣会社にスタッフを要請するケースが散見されるようであるが，本インタビューにおいては派遣会社に頼らないという回答を複数のブランドより得ている。TREFLE＋1ではスタッフ募集をSNSで行うことから，結果的に当該ブランドのSNSをフォローしていたファンの採用になっているという。

### ⑧———Productivity and Quality（生産性とクオリティー）

　EC中心の販売による業務コストの低減や，オンライン上での顧客の行動を分析することでの生産量や在庫の最適化等により生産性が向上する。一方，顧客に対面する機会や顧客が購入前に商品に直接触れる機会がない面で，サービスが希薄に感じられる可能性も生じる。そこで，上述の通り頻繁に更新されるSNSや自社販売サイト，ポップアップショップでの交流でアットホームな空気を醸成し，限られた顧客接点であるからこそ，その接点を最大限に利用して，よりサービスに尽力することで，トレードオフを超越して顧客との良好な関係を構築する努力を図っている。

　以上により，Priceで既存の実店舗ブランドよりコストパフォーマンスの良さ，Promotionで最適な着用モデルの存在，Productではどこか他と異なるデザイン，PlaceではECの利便性が挙げられ，商品の完売多数と，限定された商品に直接触れる機会から，希少性が醸成され顧客でより賑わっていることが分かった。また，サービス・マーケティングミックス以降加わった4つのP（Physical Evidence, Processes, People, Productivity and Quality）では，EC中心の

販売で生産性は向上したが，顧客と対面する機会が少なくサービスが希薄になりかねないからこそ，オンライン上やポップアップショップ等で得られた貴重な顧客との接点を最大限に生かし，サービスに尽力していることが明らかになった。

　さらに，これらはサービスと品質に関して詳しく提唱した（Zeithaml et al., 1988）のSERVQUAL，即ち①施設・設備・従業員の外見などの「有形性」，②期待した結果が提供されることに対する「信頼性」，③迅速なサービスを提供することによる「対応性」，④サービスへの知識や技能を有することによる「確実性」，⑤顧客への「共感性」へも妥当性が見出された。

# 4

# D2Cブランドのデザインキーパーソンと創業者の来歴

　D2CブランドのデザイナーやCディレクター等の商品デザイン決定へ影響力の強いデザインキーパーソン（図表9-5）及び創業者の来歴を分析する。

図表9-5　D2Cブランド　デザインキーパーソンの来歴

| ブランド名 | 企業名 | デザインキーパーソン | デザインキーパーソンの来歴 |
|---|---|---|---|
| foufou | 不明 | マール・コウサカ | 文化服装学園出身（夜間） |
| LOHEN | 不明 | TOMO | 19年間化粧品会社に勤務　アパレル未経験 |
| AMERI VINTAGE | B STONE | 黒石奈央子 | 立命館大学経営学部出身<br>アパレル企業EMODA のVMD |
| CLANE | CLANE DESIGN | 松本恵奈 | VIVI読者モデル　RIENDA店長<br>EMODAプロデューサー |
| MACHATT | MACHATT | 正中雅子 | 読者モデル　アパレルショップ店長 |
| RANDEBOO | Ainer | SEIKA | モデル |
| JENNE | JANE INTERNATIONAL | 宇佐見章<br>宇佐見結花 | アパレル未経験 |
| TREFLE+1 | Capital 1 | 長尾崇仁<br>長尾良子 | アパレル未経験 |
| OBLI | 不明 | 希代美・メディロス | 読者モデル |

| eimy istoire | DOT ONE | MANAMI | RIENDAのカリスマ販売員 |
|---|---|---|---|
| CREDONA | DOT ONE | YURI | Ungrid販売員 |
| anuans | DOT ONE | 中村麻美 | 青山学院ミスコン　モデル |
| STELLA VIANA | GOOD VIBES ONLY | 又来綾 | 跡見学園女子大学出身　モデル<br>テラスハウス出演 |
| LIBJOIE | GOOD VIBES ONLY | YUKI | インスタグラマー |
| ELENORE | GOOD VIBES ONLY | 山本梓衣菜 | RIENDA店長 |
| LEANN MONENT | GOOD VIBES ONLY | 谷川菜奈 | アパレルショップ店員 |
| Jouetie | GOOD VIBES ONLY | AMIYA | モデル |
| ETRE TOKYO | 3ミニッツ　→　TSI HD | JUNNA | タレント　アパレルプレス |
| Her lip to | heart relation | 小嶋陽菜 | 芸能人　　　　　　　　アパレル未経験 |
| ReZARD | 不明 | ヒカル | YouTuber　　　　　　　アパレル未経験 |
| uncrave | オンワードHD | 東原妙子 | 銀行OL→エディター<br>※プロデューサー宮井雅史（オンワード出身） |
| N.O.R.C | クロスプラス | 福田亜矢子・<br>斉藤くみ | 両者スタイリスト出身<br>※プロデューサー宮井雅史（オンワード出身） |
| MECRE | TSI HD | MAI | インフルエンサー<br>（会社勤務→コスメ情報の発信など） |
| re:mine | イトキン | 不明 | 企業デザイナー |
| NAGIE | 三菱商事ファッション | 不明 | 不明（外部企画会社へ委託） |
| 17kg | イチナナキログラム | 代表者：塚原健司 | 法政大学出身　　　　　　アパレル未経験 |
| apres jour | アダストリア | 不明 | 不明 |
| GRL | アートデコ | 不明 | 不明 |
| CAWAII | ワンピース | 代表者：久本和明 | 明治大学中退　　　　　　アパレル未経験<br>デザイン担当の妻は元美容師 |
| COHINA | newn | 田中詢子<br>清水葵 | 前者：早稲田大学→Google アパレル未経験<br>後者：大学在学中に起業 |
| FABRIC TOKYO | FABRIC TOKYO | 不明 | 不明 |
| Youth Loser | 不明 | 不明 | 不明 |

出所：筆者作成

　図表9-5のデザインキーパーソンの来歴を，ファッション業界関係者か否か単純化してグラフ化したものが図表9-6となる。ここで分かることは，ファッション業界未経験者が多く，ファッション業界を広義に捉え，モデルやアパレルVMD，スタイリスト，ファッションエディター，アパレルプレス，インスタグラマー，インフルエンサーといった来歴であっても，専門的なモノ作りのキャリアはほとんどなかったということである。

図表9-6　デザインキーパーソンの来歴グラフ[4]

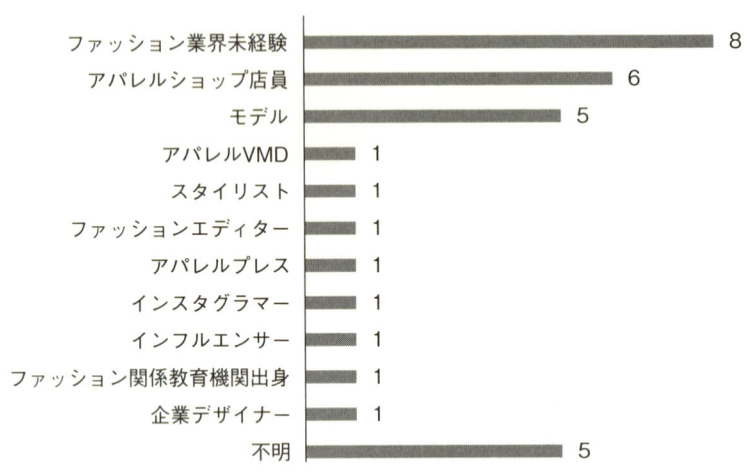

出所：筆者作成

　次に，32の主要なＤ２Ｃブランドの企業創業者はどのようなキャリア背景を持つのか分析する。デザインキーパーソンが創業者となっている企業は上記で見た通りである。それ以外は，従来的な服作りに傾倒してきたというより，DXに傾倒した起業家が多く確認される。例えば2017年に創業した株式会社DOT ONE の代表者 藤井亮輔は，WEB動画マーケティング企業に参画しその後に当該企業を起こしており，DOT ONEの立ち上げに参画した野田貴司は2018年に株式会社GOOD VIBES ONLYを創設し，両社ともデジタルマーケティングに秀でたインフルエンサーアパレルを運営している。また，株式会社FABRIC TOKYO代表である森雄一郎はファッションイベントプロデューサー，不動産ベンチャー，メルカリの立ち上げを経てオーダースーツのDX企業を起業し，株式会社newnの代表の中川綾太郎は女性向けキュレーションメディアMERYの創業を経て，ファッション・メイク・ケーキのＤ２Ｃブランドを運営する当該企業を立ち上げている。

　このように多くの場合Ｄ２Ｃブランドでは，アパレル企業経験の浅い，または異なる業界から，ファッション学校卒でない起業家・Ｃディレクターで構成されていることが分かった。

# 5

# 小括

　本章では，日本におけるファッション産業の新規業態Ｄ２Ｃブランドは体系的にどのような特性を有するのか考察した。リサーチにより32の主要なＤ２Ｃブランドを取り上げ，8種類に類型化を行い，各ブランドの創設期を分布図により示した。比較的初期より創設され，インフルエンサーや既存アパレルの財源に依拠するわけでなく，自らの力で受容を勝ち取っていったデザイナーオーナー型とデザイナーサブオーナー型を中心に，8Ｐフレームワークを用いて分析した。

　結果は，EC中心の販売で生産性は高まったが，顧客と対面する機会が少なくサービスが希薄になりかねないからこそ，得られた顧客とのタッチポイントを最大限に生かしサービスに尽力していることが明らかになった。

　また，Ｄ２Ｃブランドのデザインキーパーソン及び創設者の来歴を見てみると，多くの場合アパレル企業経験の極めて浅い，または違う業界から，ファッション系各種学校卒でない起業家・Ｃディレクターで構成されている。このことからファッション産業の慣行などへの知識がないことで辺境からのイノベーション（米倉, 2009）が起こることから，縛りのない自由な発想を生み，顧客価値を高めるモノ作りや提案が可能となっていることが判明した。

<注>　1）　ただし，Ｄ２Ｃブランドとして2015年に中国に誕生し（東洋経済, 2021），2021年には売上200億ドルと急激に巨大化したSHEINは（WWD, 2022d），自社は環境保護に積極的であると宣言しながらも，その業務の不透明性からサステナビリティに関して議論の対象となるとともに（e.g.,Uchańska-Bieniusiewicz & Obłój, 2023; 東洋経済, 2021），著作権侵害の訴訟も絶えず（WWD, 2022c），新しいビジネスモデルのファストファッションブランドと言われている（e.g., Liu, 2022; Uchańska-Bieniusiewicz & Obłój, 2023）。つまりＤ２Ｃブランドでも，近年はこうしたブランドの出現も見られるようになってきている。

　　　2）　2020年〜2022年にかけてのファッション専門誌，ファッション雑誌か

らの情報及び同期間におけるファッション業界従事者からのヒアリング情報による。

3） 自社の商品やサービスの特徴を顧客に目に見える形で表現している価値。

4） モデルとショップ店員両方の経験がある場合は，アパレルショップ店員にカウント。プロデューサーとアパレル店長両方の経験がある場合はアパレルショップ店員にカウント。アパレル店長はアパレルショップ店員にカウント。ファッション関係教育機関出身へのカウントは，卒業後企業へ就職せずブランドを創設した者。即ち，企業デザイナーは基本的にファッション関係教育機関を卒業しているであろうが，ファッション関係教育機関出身にはカウントしていない。

# 第10章

# 調査分析Ⅱ-2：D2Cブランド TREFLE+1

　前章でD2Cブランドの体系的な特性を示したが，本章ではRQ2「日本における新規業態D2Cブランドの特性はどのようなものか」に対する分析視角2-2「事例として取り上げるTREFLE+1はどのように価値を創造しているのか」を明らかにする。

## 1

### TREFLE+1への企業インタビュー調査

　D2Cブランドが勃興する中，近年百貨店のポップアップショップを賑わせ急成長しているブランドがあり，その1つがデザイナーサブオーナー型のTREFLE+1である。TREFLE+1は，インフルエンサーにも既存アパレルの資金力にも依存しない，自らのみの力で急成長しているブランドである。

　本節では，TREFLE+1へのインタビュー調査から聴取した沿革と経営方針を記す。なお，TREFLE+1へのインタビュー調査は非構造インタビューの形式をとり，TREFLE+1の沿革をはじめ，経営方針中心に図表10-1に示した実施日で聴取を行った。

図表10-1　TREFLE+1へのインタビュー

| インタビューNo. | インタビュー対象 | 実施日 |
|---|---|---|
| Int.No.1 | オーナー長尾 | 2021.01.26 |
| Int.No.2 | オーナー長尾と西川（販売戦略担当） | 2021.04.19 |
| Int.No.3 | オーナー長尾 | 2021.09.26 |
| Int.No.4 | オーナー夫人・良子（Cディレクター） | 2021.09.26 |
| Int.No.5 | オーナー夫人・良子（Cディレクター） | 2021.10.23 |
| Int.No.6 | オーナー夫人・良子（Cディレクター） | 2022.02.12 |
| Int.No.7 | オーナー長尾 | 2022.04.23 |

注：一度のインタビュー時間は30分〜1時間程度で，ポップアップショップまたはその付近の施設で
　　聴取している。この他に不明な点は随時電話またはメールで確認を行っている。
出所：筆者作成

## 1.1　TREFLE+1の沿革

### (1)　起業

　TREFLE+1は大阪を拠点とする株式会社キャピタルアイ（以下，キャピタルアイ）の旗艦ブランドである。キャピタルアイは1978年生まれの長尾崇仁により2010年に創設された。長尾及び後述するブランドのCディレクターである妻・良子は，両者ともに服飾関係の教育機関で学んだ経験もなければ，ファッション関係の企業に勤務したこともない。

　長尾は既に起業していた兄の影響を受け，資本金10万円を手にし，本人と妻，弟の3名でファッションコーディネイトを投稿するファッションポータルサイトを運営する企業を立ち上げた。収益モデルはオシャレに興味のある一般ユーザーやショップスタッフによるコーディネイトを投稿する場所をインターネット上に提供し，アパレル関係の企業にバナー広告を販売するというものである。

　しかし，マネタイズがなかなか上手くいかなかった。理由として，クライアントの確保ができず，また社内エンジニアがいないことから，目まぐるしく変化する時代にシステムの変更や追加の外注が重み経営状態が難しくなっていった。そこで，このバナー広告は本当にクライアントに価値があるのかと考えると同時に，クライアントがなかなか付かないのなら，自身がファッション企業

としてバナー広告を出して，成功事例を作ることを試みようとした。2012年2月，台湾に買い付けに行き，大阪の問屋街でも商品を仕入れ，まずは鞄の販売を始め，アメーバブログとポータルサイトの連携を行った。

### (2)　ブランド TREFLE＋1 の立ち上げ

2012年12月23日，アパレルのTREFLE＋1及びWEBのオフィシャルショップを立ち上げる。商品企画は妻の良子が行い，当初，商品は出来合いのものを仕入れて販売することから始めた。顧客が少しずつ増えていく中で，2014年に楽天市場から出店の勧誘が来る。これは楽天会員用の楽天市場に出店して欲しいショップに関するアンケートで，同ブランドの名前が挙がったことからの勧誘であった。楽天市場に出店したことは認知獲得の契機となり，楽天市場の同ショップに連携するアメーバブログでのフォロワー獲得に繋がると同時に，連携するオフィシャルショップへの誘客にも奏功した。

なお，この後ブランドの発信をアメーバブログからInstagram中心に移行するに伴い，アメーバブログ時代のフォロワーがInstagramアカウント立ち上げ当初の核となり，InstagramとWEBオフィシャルショップの連携が整うと，楽天市場からも撤退することになった。

### (3)　ポップアップショップ

2016年5月，大阪の南船場でポップアップショップを開催し，2日間で114万円を売り上げ，当時は年商1億円に満たない状況だったことから大きな売上額となり，2017年に小さな実店舗を大阪にオープンした。

2018年3月，当時京都伊勢丹の担当者であった西川美帆によりポップアップショップの勧誘を受け，7日間の期間店で500万円の売上を上げる。西川からの勧誘は，彼女が顧客のInstagramのフォロー先を検索した際，TREFLE＋1が多数ヒットしたからであった。京都伊勢丹出店を終えた後，西川の推薦で2018年9月に銀座三越で7日間ポップアップショップを開催し，590万円の売上を上げる。

ここから，ポップアップショップ出店への起動が始まる。2019年10月梅田阪急，2019年11月京都伊勢丹，2019年12月西宮阪急，2020年1月新宿伊勢丹，

192

2021年2月名古屋高島屋，2021年3月京都伊勢丹，2021年4月銀座三越，2021年5月西宮阪急，2021年6月・7月京都伊勢丹，2021年8月札幌三越，2021年9月代官山，2021年10月新宿伊勢丹，2021年11月名古屋高島屋，2021年12月銀座三越，2021年12月西宮阪急，2022年1月東京キンプトンホテル，2022年1月神戸大丸，2022年2月新宿伊勢丹，2022年3月梅田阪急，2022年3月名古屋高島屋，と出店し，オンライン販売を主としつつポップアップショップ出店も精力的に行った。

　ポップアップショップに力を入れる由縁は売上獲得もあるが，それ以上に顧客とのリアルな接点を持つ機会を創出すること，そして，百貨店に来た顧客がたまたま当該ブランドに立ち寄ったり，見聞きすることによっての知名度の向上を期待していることなどが挙げられる。

### (4)　売上

　2020年からの新型コロナウイルスの蔓延により，多くの既存アパレルが売上低迷や利益減に苦悶している中，TREFLE＋1は2017年の9,800万円の年商から5年後の2021年には年商5億100万円と約5倍も売上を伸ばしている（図表10-2）。背景としては，コロナ禍のオンライン購買のブームもあるが，一番の要因としてはポップアップショップの開催数の影響が考えられる。

　ポップアップショップの売上自体も大きく伸長している。ポップアップショップに関しては，会場の広さや開催期間が時によって異なることから，一概に時系列で比較はしにくいが，新宿伊勢丹での開催においては全て同じ7日間，20坪の会場の広さであることから，その伸長をグラフ化した（図表10-3）。2020年の1,430万円から2年後の2022年には3,300万円と2倍以上の伸びを見せている。一方，最も高いポップアップショップの売上は2022年3月の梅田阪急の開催で，新宿伊勢丹と同じく7日間及び20坪の広さで4,280万円の売上を獲得している。

　なお，一般的な常設のアパレル売り場の例を見てみると，首都圏の最も良く売れる百貨店で20坪1か月1,500万円前後の売上が多い[1]。ポップアップショップは期間が限定される店舗であることから集中的に売上が立ちやすいと言えるものの，TREFLE＋1の売上がずば抜けて大きいことは否めない。

図表10-2　TREFLE＋1の年商

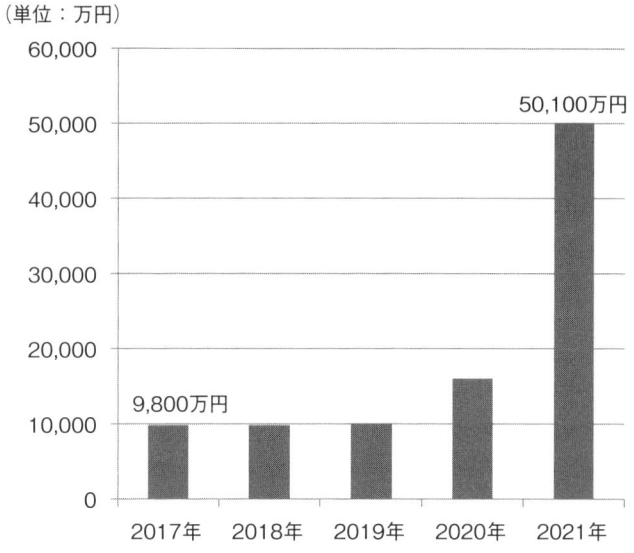

出所：筆者作成

図表10-3　新宿伊勢丹におけるTREFLE＋1のポップアップショップ売上

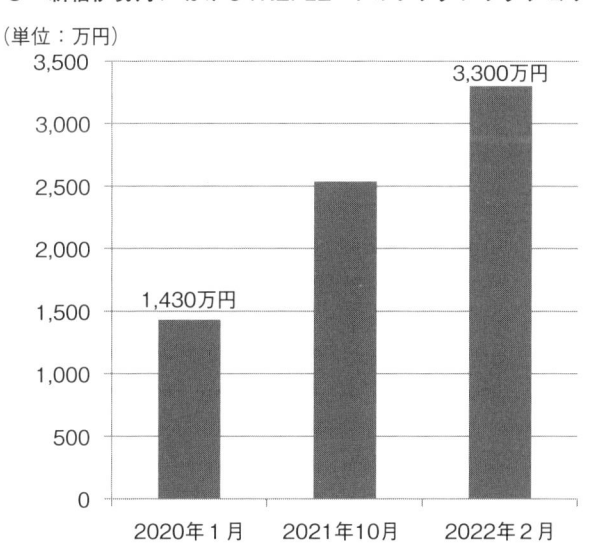

出所：筆者作成

## 1.2　TREFLE+1 の経営方針

**(1)　生産効率性と顧客価値**

　TREFLE+1 はバーゲンセールをしないことを方針としている。バーゲンセールや売れ残り商品の廃棄を前提とする価格設定をしないことで，原価率を5割前後と高く設定することを可能にし，顧客価値を高めている。既存アパレルにおける原価率は2〜3割であることを考えると，コストパフォーマンスがかなり良いことが分かる。では，バーゲンセールや売れ残りの廃棄を無くすためにはどのような方法をとっているのであろうか。常に在庫は最低限とし，人気商品はミニマムロットで追加生産を行う方法をとっている。そして，人気のある商品は次シーズン及び翌年にも定番として店頭に並べている。定番商品を作るということは，商品を生産する上で縫製ロットの効率性もあるが，縫製ロットの前に生地生産のロットもあることから，在庫生地を消化する上で，同じ生地で長く商品を生産することが効率性に繋がることにも関係する。

　TREFLE+1 にとって，3シーズン，例えば春・夏・秋と着用できる衣料を提供することを理想とする。一方，既存アパレルでは，3シーズン同じ商品を販売し続けるということは，同じ商品を長く店頭に並べることで顧客にネガティブな印象を与えるのではないかと懸念し，数週間ごとに店頭商品を刷新している。

　TREFLE+1 も常に新商品を導入し鮮度を演出するが，既存アパレル[2]のように全ての商品をシーズンごとに入れ替えるのではなく，売れ筋商品を定番と考え，半年や1年間，場合によっては更に長く，場合によっては定番商品の袖丈等のマイナーチェンジや新色を付加するなどして，同じ商品をポップアップショップに並べている。このことは，単にTREFLE+1の都合を重視することではなく，顧客価値を重視することにも繋がっている。たとえ提供者側が以前からポップアップショップに並べていた商品でも，顧客にとってその商品に初めて出会えば新商品であるし，前回のポップアップショップで購入に迷っていても，今回は買おうと決断に至るかも分からない。何よりも，3シーズン着用可能な服は，顧客にとっても便利である。こうした発想は，顧客心理からす

ると当たり前であるが，既存アパレルの常識とは異なる。

　オーナーである長尾は，シーズンを持ち越す商品を，既存アパレルのように忌み嫌うキャリー品とは考えず「定番商品」と考える。長尾によれば，顧客にとっては，その商品に出会った時が新商品であり，それが可愛ければ良いわけで，去年出したから「古い」という発想はないと言う。例えば図表10-4は2年間販売を続けたヒット商品「フワモコワンピース」で，無地のTシャツ等と違い，婦人服でこのようなデザイン性ある商品を数シーズン連続で販売するケースはアパレル業界では稀である。

図表10-4　2年間販売を続けた「フワモコワンピース」コットン100％

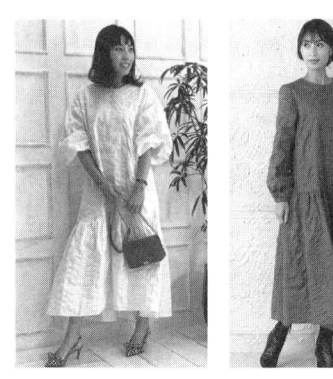

出所：TREFLE＋1　Instagram

### (2)　費用をかけない広告宣伝

　TREFLE＋1は広告宣伝に費用をかけていないことも，原価率の高さに貢献している。基本的に，週に一度の新商品入荷の通知はメールで行い，広告宣伝の役割はInstagramによる発信を主として，InstagramからTREFLE＋1公式通販サイトに連携され購買できるシステムとなっている。

　Instagramはブランドのアカウント，オーナー夫人であるCディレクターの長尾良子のアカウント，他数名のスタッフのアカウントからそれぞれ毎日1本以上の投稿がなされている。ブランドのアカウントからは良子中心にスタッフでTREFLE＋1の商品を着用し，画像や動画を駆使して発信している。また，

良子のアカウントはTREFLE＋1の商品を着用しつつも良子のライフスタイルを発信する傾向にある。Instagramで発信する画像及び動画では，TREFLE＋1の商品にCHANELやHELMES等のハイブランドの小物と組み合わせることで高級感を醸成し，ハイブランドの愛好者が多い顧客との価値共有がなされていると考えられる。なお，既存ブランドにおいては，自社ブランドと異なる著名ブランドと組み合わせた提案は稀である。

　SNSでの発信以外に広告宣伝の非常に大きな役割を担っているのが，百貨店のポップアップショップ出店である。ポップアップショップには熱量の高い既存の顧客が多く訪れるが，それ以外に百貨店に訪れた顧客がたまたまTREFLE＋1の商品に出会い，そこからファンになるというケースが多く，近年の当該ブランドの急進的な売上及び知名度の向上に大きく寄与している。

　TREFLE＋1の商品はクチコミで広がるケースが多いのも特徴である。例えば母親から娘へというケースもあれば，顧客が日常で着用している際に，TREFLE＋1の商品の特長として，図表10-5のように印象に残りやすい商品デザインであることから，「その服はどこのブランド？」と問われ，クチコミが拡がっていくケースも多いという。こうした努力の中で，Instagramのフォロワーは2019年には8,000人しかいなかったものが，2022年には4.5万人と急増している。

図表10-5　TREFLE＋1の象徴である大胆なフリル使い

出所：TREFLE＋1公式通販サイト

### (3)　組織

　TREFLE＋1を旗艦ブランドとして運営しているキャピタルアイは役員1名，社員7名，アルバイト3名に加え，ポップアップショップを開催する東京・大阪・名古屋における各10〜15名のアルバイトスタッフで構成されている。うち，オーナーである長尾は経営戦略，仕入れをはじめ全般的に会社の統括を行い，オーナーの妻の良子がデザイン企画を担うとともに，前述の通りInstagramでの発信，ポップアップショップ店頭での販売も行い，TREFLE＋1のファッション・アイコンであり表象となっている。また，元京都伊勢丹の企画スタッフであった西川をスカウトし，TREFLE＋1では営業本部長としてポップアップショップを中心に販売戦略及び指導が任されている。

　長尾の方針は，販売スタッフに対してノルマを作らず，販売スタッフとして店頭で着用する自社商品を買い取らせず支給という形にして，スタッフに負担をかけないよう計らっている。販売スタッフの募集はInstagramのブランドアカウントから行い，そもそもTREFLE＋1をフォローしていること自体，ブランドの表象である良子及び同ブランドのファンであり顧客であることから，スタッフ全員にTREFLE＋1への愛がある状態である。

　こうして，スタッフには過度な負担をかけず，TREFLE＋1へのロイヤルティのある販売員が集まることによって，皆仲良くまとまっている。スタッフによるブランド愛の醸成が，顧客を迎える際にアットホームな空気として親しみやすく伝わっていると考えられる。

　なお，既存ブランドでは，自社SNSアカウントからスタッフを募集するケースは稀であることから，特別当該ブランドのファンが集まるわけでもないことが多い。加えて既存の大手ブランドがポップアップショップを開催する際は，派遣会社からスタッフを獲得することが多いことを比較すると，TREFLE＋1のポップアップショップにはブランドへのロイヤルティの高いスタッフが集結していると言える。

### (4)　モノづくり

　TREFLE＋1のモノづくりはオーナーである長尾の妻である良子中心に行われている。ブランド立ち上げの頃は韓国等の出来上がり商品を仕入れてブラン

ドで売っていたことも一部あったが，京都伊勢丹への初のポップアップショップを出店して以降，商品は全てオリジナルなモノづくりに徹している。

　前述した通り，良子はファッション関係教育機関で学んだこともなければ，ファション関係の企業に勤務したこともない。であるからこそ，業界的な先入観に捉られない消費者目線でモノづくりを行っている。方法としては，既存アパレルが多く参考にするようなパリコレ等のコレクションからのアイデアには頼らず，街歩きや日常生活から得る様々なアイデアを縫製工場やOEMと相談しながら組み立てていくスタイルである。

　また，既存アパレルでは同ブランドのシーズンの打ち出しとなる目玉的なトレンド商品はデザイナーが関与し計画的にモノづくりを行うケースが多いが，期中企画と言われる市場動向に応じて対応する商品企画においては，OEMが製造機能以外に有する機能である売れ筋情報とそれによる商品企画に頼る傾向が大いにある。こういったアパレルが多いことにより市場におけるアパレルの同質化が起こっているという問題は，既に第4章で述べた。しかし，良子においては，業界の慣行的なモノづくりには目もくれず，自身が着たいもの，顧客が着たいであろうものを純粋に求めモノづくりを行っている。

　TREFLE+1の既存アパレルの慣行とは異なるモノづくりの視点と，当該ブランドの特徴とする印象的なフリル使いなどのデザインで，百貨店の中でひと際人目を惹くポップアップショップスペースとなっている。加えて，前述した当該ブランドのシーズンレスな商品を提供する発想は，例えば周囲の実店舗アパレルが真冬アイテムのディスプレイをしている中で，TREFLE+1だけがポップアップショップスペースでコットン素材のワンピースをメインに配置するなど，この点でも慣行とは異なり，傍から見て目につくものとなっている。

### (5)　顧客接点と良子

　常設の実店舗販売中心のアパレルと比較すると，EC販売中心のアパレルは顧客接点が希薄になりかねない。だからこそ，TREFLE+1ではより多くの接点が得られるよう注力し，得られた接点に対し最大限に顧客満足度を獲得できるよう尽力している。

　TREFLE+1の顧客接点はInstagramとポップアップショップが中心となる。

Instagramでは顧客からのダイレクトメッセージ（以下，DM）での質問への丁寧な回答のやり取りから顧客がファンになるケースも多いという。週1〜2回行われるInstagramのライブ動画であるインスタライブを通じての商品紹介では，実践的な心温まる着用感を伝えている。例えば，「お手洗いで手を洗う時，袖が上手く上に上がります」「年末にご主人のご実家に行っても服が皺にならずきちんとした服です」などである。説明の合間には，顧客側から「良子さん，寒くなったので身体に気を付けて」「今日はお疲れに見えるけど，大丈夫ですか？」など労いのコメントが多数入る。こうしたコミュニケーションからも，顧客との良好な関係及び距離の近さが伺える。

　ポップアップショップでは，来店した顧客が「トレフル（TREFLE＋1）の服を着ていたら，それどこの服？　と聞かれた」，「娘にトレフルの服を取られてしまったからもう1枚買いますね！」などと嬉しそうに良子に伝え，類似した報告も多数あるという。顧客らの試着も楽しいようで，他の顧客の可愛い服の試着姿や，その試着姿に対してスタッフ達と歓談する様子を見て，「自分もあんなに可愛らしい服を着ていいんだ」と元気が湧き，他の顧客もつられて試着を楽しんでいる。そして，「トレフルの服を着ると幸せな気分になる」と良子に伝えてくれるそうだ。

　オーナーの長尾は，「自社が顧客を惹きつける一因としての良子の魅力は大きい。昔は専業主婦がステータスでも昨今は異なり，子育てが大変とわかりつつも働くママに憧れる。そして，誰から買うのかと考えた時に良子から買いたいという構図が成り立っている」と言い，自社はモノを売りつつもコトを売っていると結論づけている。

　このように顧客接点を見ていくと，良子という表象を中心にブランド・ロイヤルティの高いブランドコミュニティーが形成されていることを読み説くことができる。

# 2

## ポップアップショップ参与観察及び
## 来店客へのインタビュー調査

　本節では樫山代官山ギャラリーにて2021年9月26日（日）～29日（水）に開催されたTREFLE＋1のポップアップショップに関する調査を分析する。調査は展示会に密着し，参与観察を行いながら，来店客にインタビュー調査を行った。

### 2.1　代官山ポップアップショップ
### 　　参与観察

　ポップアップショップ会場は渋谷区代官山町にある洒落たギャラリーで，250㎡の広さに中央に豪華な装花のディスプレイを用い，四方に商品の陳列，会場奥に6つのフィッティングスペース，玄関脇の壁面に「TREFLE＋1」とロゴが描かれている場所を設けて来場者を記念撮影するフォトスペースとしている。スタッフはオーナーである長尾，その妻の良子をはじめ社員5名，ポップアップショップスタッフとしてのアルバイト15名で交代制を敷きながら来店客の対応を行っている。

　ポップアップショップ初日は開店前から10組以上の来店客が並び，午前中は特に熱量の高い顧客の来店で大変な熱気となる。この展示会場は百貨店のように「たまたま立ち寄る」来店客はおらず，ほとんどが目的買いで訪れている。

　既にInstagram等を通して，または何度かのポップアップショップへの来店で，良子中心にTREFLE＋1のスタッフと知り合いである客は多く，顧客への丁寧な節度は十分に有しながらも非常にフレンドリーな関係が形成されている様子である。スタッフと親しい交友関係を持つとまではいかない客も含め，多くの来店客がTREFLE＋1のアイテムをどこかに身に着けており，ブランドへのロイヤルティが感じられる。

　会場はアットホームな空気が充満し，そこかしこでスタッフと顧客との楽し気な笑い声が聞こえる。スタッフはフォトスペースで顧客の記念撮影を行い，時にはTREFLE＋1の商品を着用している顧客を動画で撮影することもある。撮影された画像や動画がTREFLE＋1のInstagramに「来場への感謝の意」という形で投稿され，顧客もそれらに満足しているようである。また，撮影や投稿を通した顧客とのコミュニケーションが，顧客との距離を近くしていると見受けられる。

　Instagramを通じてブランドのファッション・アイコンであり表象となっている良子はできるだけ多くの来店客と接し，玄関まで丁寧で思いやり溢れる言葉をかけ見送りを行っている。こうしたポップアップショップでのスタッフと顧客のコミュニケーション及びInstagramのやり取りを観察すると，そこにはロイヤルティの高いブランドコミュニティーが形成されていることが分かる。

　商品に関して，一時に在庫を多く持たないことから，ポップアップショップでは商品が売り切れる場合が少なくない。試着のできる貴重なチャンスであることや，目当ての商品が完売するケースもあることから，余計に「今買おう」「早く買おう」という意識が顧客に働いているように見受けられた。即ち希少性の醸成による購買意欲の喚起と見られる。

## 2.2　代官山ポップアップショップ来店客へのインタビュー調査

### (1)　調査目的とサンプル数

　本調査の目的は，ポップアップショップ来店客からのTREFLE＋1に対する魅力に関する考察を行うことで価値創造の経緯を検出することである。調査人数は，来店客263名のうち協力を得られた44名である。年齢の内訳は図表10-6となり平均は38.5歳となる。

図表10-6　TREFLE+1アンケート回答者年代別人数

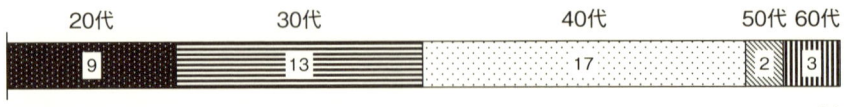

単位：人　　　　　　　　　　　　　　　　　　　　　　　n=44

出所：筆者作成

### (2)　調査方法

　調査方法は，年齢とTREFLE+1というブランドを初めに何で知ったかという認知経路だけを聞き取り，基本的には「お客様にとってTREFLE+1の魅力を教えて下さい」と問いかけ，口頭で自由な回答を促す非構造インタビューを行った。なお，1人当たりのインタビュー時間は1分〜5分程度である。

### (3)　調査結果

　TREFLE+1の認知経路に関しては図表10-7となる。最も多いのは「Instagram」経由である。「通りがかり」の3人のうち2人は具体的に「伊勢丹ポップアップショップ」との回答があった。注目点として，デジタルなEC中心のブランドであっても，アナログな周囲からの紹介から知ったケースが多いことが挙げられる。

図表10-7　TREFLE+1のブランド認知経路

| TREFLE+1または良子のInstagram | 通りがかり | 周囲からの紹介 | その他 |
|---|---|---|---|
| 25 | 3 | 14 | 2 |

単位：人　　　　　　　　　　　　　　　　　　　　　　　n=44

出所：筆者作成

　次に，「お客様にとってTREFLE+1の魅力を教えて下さい」という質問に対し，得た発話からオープンコーディングを行ったものが図表10-8となる。具体的には来客者の発話を単純化し，それらをカテゴリー化して集計を行っている[3]。

図表10-8 TREFLE＋1の魅力に対する発話一覧

| 発話内容 | 発話回数 | カテゴリー | カテゴリー回数 |
|---|---|---|---|
| 手頃 | 2 | コストパフォーマンス | 18 |
| 購入しやすい | 1 | | |
| 値段が良い | 1 | | |
| コスパが良い | 12 | | |
| 高過ぎない値段 | 2 | | |
| デザインが良い | 3 | 好みのデザイン | 7 |
| デザインが好み | 3 | | |
| 手持ちのものと合う | 1 | | |
| 可愛い | 7 | 可愛さ・フェミニン | 10 |
| フリル レース パール | 2 | | |
| 華やか・フェミニン・エレガント | 1 | | |
| シンプルで上品 | 1 | その他デザイン | 2 |
| 今っぽいデザイン | 1 | | |
| 他にない | 6 | デザインの特殊性 | 10 |
| 個性がある | 1 | | |
| 特殊な感じ | 1 | | |
| ありそうでない | 2 | | |
| 年代に捉われない | 2 | 着用年代の広いデザイン | 4 |
| 親子で着られる | 2 | | |
| 体形をカバー | 2 | 商品の機能的デザイン | 9 |
| 着やすさ | 2 | | |
| ぱっと羽織ってママスタイル | 1 | | |
| 幼稚園のお迎えから普段着 | 1 | | |
| 肌触りが良い | 1 | | |
| 素材・縫製が良い | 1 | | |
| 丁寧な接客 | 1 | 接客・サービス | 10 |
| 温かいサービス | 3 | | |
| ネット購入の際の手書きメッセージに感動 | 1 | | |
| ダイレクトメッセージに真摯に対応 | 1 | | |
| Instagramでの質問に全て応じてくれる | 1 | | |
| リクエストを叶えてくれて嬉しい | 1 | | |
| 返品対応が素晴らしく好きになった | 1 | | |
| ネットで見てポップアップショップで購入 | 1 | | |
| 貴重なポップアップショップ | 7 | ポップアップショップの便益 | 9 |
| ネットだけでの購買は不安 | 1 | | |
| ポップアップショップで試着してネットで購入 | 1 | | |
| 低身長に分かりやすいプレゼン | 4 | 身長対応のプレゼンテーション | 6 |
| 高身長に分かりやすいプレゼン | 2 | | |

| | | | |
|---|---|---|---|
| 商品を見ていつもワクワク | 1 | 場の高揚感 | 4 |
| 欲しいものがいっぱいでワクワク | 1 | | |
| アットホームなムード | 2 | | |
| 良子さんの着こなし | 1 | 長尾良子 | 9 |
| 良子さんがロールモデル | 1 | | |
| 良子さんのSNS参考 | 2 | | |
| 良子さんのSNSで次に何を買うか検討 | 1 | | |
| 良子さんを応援 | 2 | | |
| 良子さんに共感 | 1 | | |
| 良子さんの人柄 | 1 | | |
| Instagramでチェック | 1 | Instagram | 12 |
| Instagramが分かりやすい | 1 | | |
| Instagramが素敵 | 2 | | |
| Instagramが頻繁に更新される | 1 | | |
| Instagramの着こなしが可愛い | 1 | | |
| Instagramを見て購入 | 1 | | |
| Instagram Liveが頻繁で参考になる | 2 | | |
| Instagramを見て欲しくなる | 2 | | |
| Instagramでブランドとの距離が近くなった | 1 | | |

出所：筆者作成

　図表10-8から分かるように，コストパフォーマンスに対する傾注が最も高い。次に「Instagram」であるが，ブランドとの接点を喚起するものとしての重要性が察せられる。デザインに関連するものとして，可愛さ・フェミニン性に，デザインの特殊性に関する発話が多いことは，当該ブランドの特徴として注目されるべきところであろう。オンラインでの販売を中心とする当ブランドでありながら，接客・サービスが高いことは，Instagram LiveやDMのやり取りというオンライン上，または発送された商品の受け取り時，ポップアップショップでの対応という，いずれも限られた顧客との接点の中で最大限に温かい対応を行い，顧客に受け入れられていると受け取ることができる。顧客への対応という点では，身長対応（低身長用・高身長用）へのプレゼンが分かりやすいという発話からも，それぞれの顧客への細かな心配りが効果を得ていることが分かる。また，これらのポジティブな発話に対して，良子の存在が大きいことも示されている。

　図表10-8をグラフ化しつつ発話からまとめられたカテゴリーをグルーピングしたものが図表10-9となる。このグルーピングで，コストパフォーマンス，

デザイン性に類するもの，ブランドコミュニティーの形成に関連していくものの３つに分類された。

**図表10-9　TREFLE+1の魅力に対する発話カテゴリー回数**

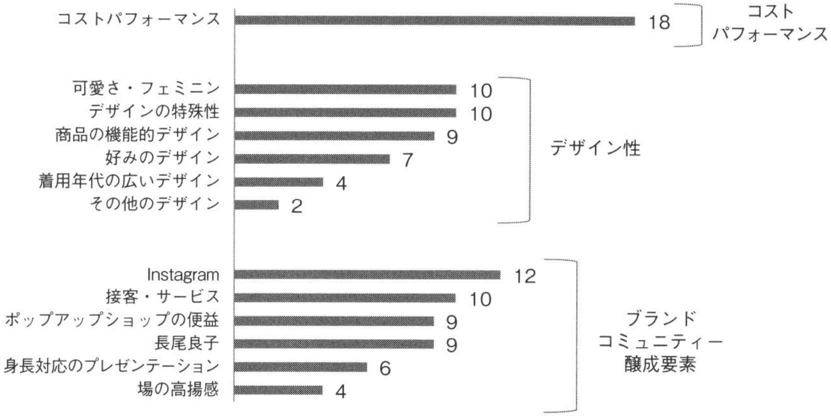

出所：筆者作成

# 3

## TREFLE+1における価値創造

　前節までにおいて，企業インタビュー，ポップアップショップでの参与観察及び来客者インタビューを通じてTREFLE+1の特性を考察してきた。本節ではTREFLE+1の価値創造を考察する。前節で顧客インタビューから「コストパフォーマンス」「デザイン性」「ブランドコミュニティー」の3つのグループが抽出された。このグループとは，即ちTREFLE+1における価値の分類であり，その背景をTREFLE+1からの起業インタビューと照らし合わせると図表10-10となる。

　1つ目の価値としてコストパフォーマンスであるが，背景には，バーゲンセールをしないという前提の高効率なモノづくりがあった。広告費はゼロでInstagramとポップアップショップ，そこから生まれる口コミが広報の効果を創出していた。販売がECを中心とし，店舗固定費が低いこともコストパフォーマンスに影響した。

　2つ目として，商品デザインであるが，どこか特殊性があるのは，既存アパレルが参考とするパリコレ等のコレクショントレンド情報やOEMの売れ筋情報に関心がないことが前提としてある。加えて，良子の日常から得るデザインアイデアがあり，長尾のモノづくりへの哲学が背景にある。

　3つ目としてブランドコミュニティーであるが，これを形成する背景として，仲が良くブランドロイヤリティの高いスタッフの構成の上に，ブランドの表象的な良子の存在があり，Instagramやポップアップショップを通じての温かい顧客へのサービスが背景にある。

　これら3つの価値に関する背景には，TREFLE+1におけるキーパーソンである長尾と良子にはファッション関係教育機関での学びもなければ，アパレル企業への勤務経験がないからこそ，アパレル企業運営への固定観念がなく，自由で純粋な顧客価値への追求がなされ，即ち辺境からのイノベーションが起こっていることが分かる。

**図表10-10　TREFLE＋1における価値創造の構成要素**

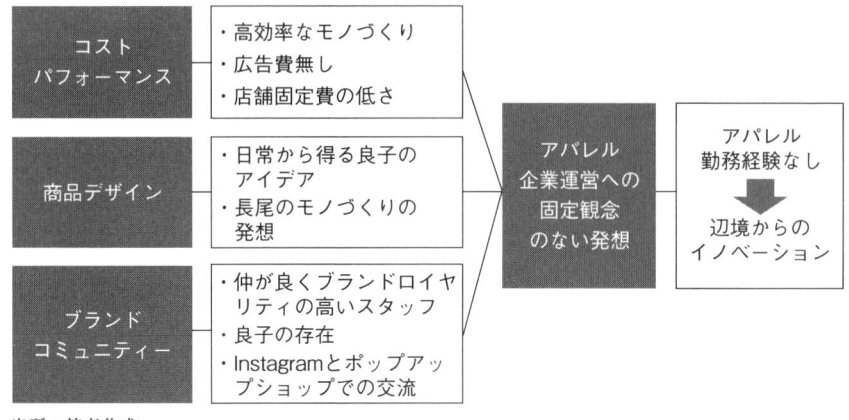

出所：筆者作成

# 4

## 小括

　本章では，TREFLE＋1を事例として，企業インタビュー，ポップアップショップ参与観察，ポップアップショップ来店客インタビューを通して，D2Cブランドの価値創造について考察した。企業インタビューでは，ポップアップショップによる知名度と売上の向上，生産効率性の高さと顧客価値の形成，費用をかけない広告宣伝費と口コミの広がり，ブランド・ロイヤルティの高い組織，既存アパレルとは異なるモノづくりの視点，良子を中心とするブランドコミュニティーの構築を順に示した。

　ポップアップショップ参与観察では，スタッフと顧客の高揚感溢れる「場」が醸成されていることを考察した。そして，ポップアップショップ来店客インタビューより，コストパフォーマンス，商品デザイン，ブランドコミュニティーの3つの価値が抽出され，その背景としてオーナー及びCディレクターにアパレル企業運営の固定観念のない発想があることが分析により示された。

<注>　1）　百貨店へ納入する複数のアパレルのマーチャンダイザーより聴取した。

　　　2）　本章で言う既存アパレルとはTREFLE+1と競合する実店舗中心にアパ
　　　　　レル商品を販売してきたブランドを指す。即ち百貨店やSCを主な販売
　　　　　チャネルとする国内婦人服アパレルである。また，既存アパレルの情
　　　　　報として記述した内容は，既存アパレルに勤務するマーチャンダイ
　　　　　ザーまたは既存アパレルを対象とするコンサルティング会社から聴
　　　　　取したものである。

　　　3）　カテゴリーの票に関して，一人のコメントからは1票しか入れていな
　　　　　い。具体的には，コストパフォーマンスのカテゴリーで「手頃で購入
　　　　　しやすく値段が良い」とコメントした人がいた場合，「手頃」に1票，
　　　　　「購入しやすい」に1票，「値段が良い」に1票と，同じカテゴリーで
　　　　　複数の票が入るのではと考えられるが，そのように同じカテゴリー内
　　　　　で複数に票が入るような発話はなかった。ただし，カテゴリーが異な
　　　　　る「年代に捉われない可愛いデザイン」の場合，同じデザイン性に関
　　　　　するWordでもそれぞれのカテゴリー，即ち着用年代の広いデザインに
　　　　　1票，可愛いに1票と換算している。

# ファッションブランドの事例による
# 価値次元研究の進展

　本書は，日本のファッションマーケットが縮小化傾向をたどり，業態としても再活性化されるべき背景を受け，2つの分野から考察した。1つ目は「グローバルマーケットの対象として世界最大規模のファッション消費国である中国を事例とし，同国における日本ファッションブランドの受容性を探求する」ことであり，2つ目は，「近年勃興する国内における新規業態としてのD2Cブランドの特性を明らかにする」ことであった。これら2つのフィールドの事例研究を通して，日本ファッションブランドの価値創造の一端を明らかにし，価値次元の議論を進展させることであった。

## 1

## 中国における日本ファッションブランドの
## 受容性に関する考察

　縮小化傾向にある日本のファッションマーケットに対し，たとえ国内ブランドが国内マーケットに留まっていたとしても，日本に実店舗で進出する海外ブランドに加え，近年では中国や韓国からのオンラインでの越境ECの加勢によりグローバルな競争は増幅している。一方，世界を見れば，ファッションマーケットは拡大傾向にあると言われ，経済産業省もクールジャパン機構を立ち上げ，中国をはじめ各国に攻勢をかけてきた。

　では，グローバルな視点を有すべき状況の下，日本ファッションブランドにはどのような受容性があるのか，前提として現状認識をすることは有益なことと考えられる。そこで，本書において，世界最大クラスのファッション消費地である中国を事例に日本ファッションブランドの受容性を考察することとした。その際，日本の特徴をより浮き彫りにするため，他者と比較して自己をより明確化するFestinger（1954）の理論をもとに，日本と競合する韓国と比較した。

## 1.1　中国における日本ファッションブランドのイメージと認知

　研究方法は，ファッションブランドが中国で最も出店する北京と上海居住者を対象に，アンケート調査を行い回答者のFL性を考慮した上で，日韓ファッションのイメージの差異を抽出するとともに，何のイメージの要素が日韓ファッションの選好に有意に影響するのか定量分析を行った。加えて純粋想起で日韓ファッションブランドの認知の特徴も調査した。

　調査結果を端的に表したものが，図表11-1となる。図の中に示されたイメージの単語は特に数値の高かったものである。図表11-1より確認できることとして，日本のファッションは，イメージとして品質や着心地，ナチュラルなど，純粋想起ブランドで抽出されたUNIQLOや無印良品の想起を関連させるものが特に示され，同時に「偉大なデザイナーの印象」などへのイメージから世界的デザイナーやストリートファッションへの想起に関連するものが検出された。興味深い点としては，イメージとして高かった「可愛い」や「少女風」が選好へ繋がっていないことが考察された。

　反して韓国はタレントへ関連したイメージが強く，日本と異なり，選好に対して「韓国のファッションは可愛い」が影響し，それらは多くのレディースブランドへの想起に繋がっていた。

図表11-1　中国における日韓ファッションへのイメージ・選好・想起ブランド

| | 日本 | | 韓国 | |
|---|---|---|---|---|
| | FL性低群 | FL性高群 | FL性低群 | FL性高群 |
| 日韓ファッションへのイメージ | | 可愛い少女風　品質　着心地　ナチュラル | | タレントはオシャレ　流行　若者に人気　勢い有り　クール |
| 日韓ファッションに対する選好への影響 | 信用　ナチュラル　飽きない | 信用　品質　シンプル　女性からの支持　偉大なデザイナー　勢い有り　若者に人気 | タレントはオシャレ　可愛い　品質　信用 | タレントはオシャレ　流行　可愛い |
| 純粋想起ブランドへの関連 | UNIQLO　無印良品への想起 | 世界的デザイナー　ストリートファッションへの想起 | 多くのレディースブランドへの想起　韓流タレントに関連するブランドへの想起 | |

出所：筆者作成

　この結果から，何故日本に対してレディースファッションへの想起が少なく，反して韓国は多いのかということが問題視される。そこで，韓国に関しては，韓国タレント即ち韓国ドラマやK-POPの人気を介した韓国タレントへの影響が考えられる。江上（2015）及び江上（2020）のインタビューでも，少なくとも韓国によるTHAADの配備までは，中国に韓国コンテンツは果敢に発信され受容されていた[1]。2015年の中国ファッション産業従事者への調査では，「韓国タレントはオシャレ」だから「韓国ファッションもオシャレ」という声は多数聞かれた（図表11-2）。それに対して，日本にはレディースファッションブランドを想起させる韓国ほど強力なコンテンツはない。

出所：筆者作成

## 1.2 裏原系ブランドBAPE

日本ファッションのイメージ結果及び純粋想起ブランドからは，実用衣料であるUNIQLOや無印良品，ISSEY MIYAKE等の世界的なデザイナーが抽出されているが，これらは先行研究で取り扱われると同時に，中国への出店も数多く見られる。しかし，裏原系ブランドと称されるBAPEはどうであろうか。今日まで学術的な研究は乏しく，中国への出店数も一桁である。加えて，BAPE以外の裏原系ブランドもブランド想起出現回数は多くはないものの複数のブランドが確認されている。そこで，BAPEを中心に裏原系ブランドの特徴的な現象を価値創造という観点から精査すべく考察を行った。

裏原系ブランドの聖地である裏原宿を調査すると，コロナ禍前まで中国人を主として多くの外国人が訪れ，BAPEを筆頭に裏原系ブランドを含んだストリートファッションブランドを楽しんでいたことが分かった。来街者へのヒアリング調査によれば，欧米のハイブランドは既に中国各地で店舗展開がされていても，裏原宿に軒を連ねるストリートファッションブランドは，中国ではまだ十分な店舗展開がないので，裏原宿を訪れるという。裏原宿来街中国人はBAPE訪問に関する内容を筆頭にSNSで発信し，さらにBAPEの認知を高めていると考察された（図表11-3）。

図表11-3　改５Ａ　裏原宿への中国人来街者消費行動モデル

| 認知<br>(AWARE) | 訴求／調査<br>(APPEAL /<br>ASK) | 行動<br>(ACT) | 評価<br>(APPRECI<br>ATE) | 推奨<br>(ADVO<br>CATE) | 次の<br>循環へ |
|---|---|---|---|---|---|
| ・日本に居住する中国人からの発信<br><br>・著名人による発信<br><br>・印象的なブランドアイコン（例えばBAPEのシャークフーディ） | ・ストリートカルチャーのメッカと知る<br><br>・中国で充実していないストリートファッションの店舗が連なるエリア<br><br>・それほどメジャーではない地区であることから，旅慣れた客にとって興味深い | ・裏原宿らしさ，ストリートファッションの店舗を覗きに行く<br><br>・スニーカー専門店や著名なBAPEを訪問<br><br>・中国で入手しにくい商品を購入 | ・オリジナル性<br><br>・希少性<br><br>・ブランドアイコン<br><br>・BAPEの店舗 | ・SNSで発信<br><br>・自身の高揚をコメント<br><br>・印象的なブランドアイコンを写真で捉えて発信 | |

出所：Kotler et al.（2016）５Ａモデルをもとに筆者作成

　次に，具体的にブランド事例研究としてBAPEの価値創造を考察する。BAPEは1993年に長尾智明，通称NIGOによって創設された。NIGOは自身もDJをするなど音楽に精通しており，クラブシーンでの交友から，若者に人気のあるミュージシャンへのＴシャツの提供を通じてBAPEの名が世間に広がり，限定的な生産で入手困難なBAPEの商品に若者が熱狂していった。NIGOのモノづくりは専門的な服作りを学んだ経験がないからこそ，固定観念に捉われない自由な発想で，HIP HOP音楽のサンプリングという手法を服作りに取り入れたり，フィギュアや玩具のアイデアを源泉とするなど独創的であり，従来のアパレルの手法とは異なるHIP HOPミュージシャンを通しての広報や様々なコラボレーションを生み出していった。コラボレーションでは頻繁に使用されるBAPEの一目で分かる象徴的な絵柄があることから，発信の際により他者に印象的に伝わりやすい効果を生んでいることが分かった。

　BAPEにおける価値創造はHIP HOPやストリートアートとのコラボレーション，著名人やファッション・アイコンによる着用，ブランドの象徴的絵柄が鍵となる。こうした発想は「服を作ること」を主体として注力する従来のファッションブランドとは異なる。BAPEの創業時の価値としては，少量生産や限定販売の「希少性」，既成概念に捉われないこだわりのモノづくりをする「新奇な発想」，一目でBAPEと分かるアピール性の高い「象徴的絵柄」，ファッションと音楽で１つのカルチャーを創ることを理念とする「HIP HOPへの造

詣」を主軸に，そのカルチャーに共鳴した中華圏を含んだ世界の著名人が
BAPEを着用して，中華圏を含む世界へ広がり支持されていった。BAPEにお
ける価値創造のメカニズムを図示すると図表11-4のようになる。

図表11-4　BAPEにおける価値創造のメカニズム（図表8-15を再掲載）

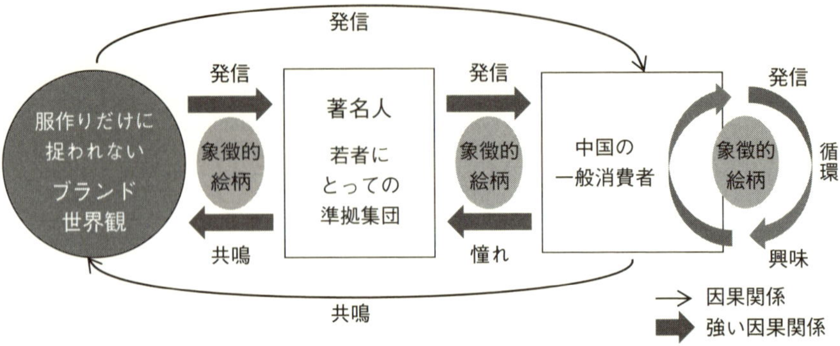

出所：筆者作成

　まず，BAPEが若者に支持されるHIP HOPやストリートアート，フィギュ
アなどのカルチャーと組み合わせ，若者が憧れるミュージシャンやアーティス
ト，キャラクター，他のファッションブランドなどと幅広くコラボレーション
を行い，ファッションデザインだけに捉らわれない，包括的なブランドの世界
観を創出する。ブランド世界観に対して，若者の準拠集団になるような著名人
である芸能人やアーティスト，アスリートなどがブランドに共鳴し，BAPEの
服を着用し，またはコラボレーションをして発信する。彼らはこのブランドを
支持することで，時代をリードしていると感じているとも映る。
　そして，BAPEのブランド世界観を纏った著名人に憧れる一般消費者が
BAPEの店舗を訪れ，商品を着用し発信することで，それを見た別の一般消費
者がBAPE商品を気に入り着用し，新たなる発信へと繋がって循環していく。
もちろん，ブランドの発信が直接一般消費者に響き，一般消費者からダイレク
トにブランド観に共鳴するケースもある。
　これらの発信の際，BAPEには一目でBAPEと分かる象徴的デザインがある
ことから，それらが画像や動画に映されることで，より受信者に対し印象に残

る効力の高いものになっていると考えられる。即ち，BAPEはこうしたファッションデザインだけに捉われない包括的なブランド観を創出し発信することにより，受信者が憧れ共鳴し，BAPEの価値が創造されていると考察される。

# 2

## 新規業態Ｄ２Ｃブランドに関する考察

　国内におけるアパレル業態には，長くファッションを牽引してきた百貨店業態の低迷，過度なOEMやPOSデータへの依存などから商品の同質化や過剰生産など問題が散見された。慣行化された業態を刷新すべく，スタートアップのデジタル新興企業としてＤ２Ｃブランドが2010年頃より勃興し，国内では2015年頃より活発化していった。Ｄ２Ｃブランドは歴史が浅く研究蓄積も少ないことから，本書でその特性を探求し，さらにブランド事例研究を行い価値創造に関して考察する。

### 2.1　Ｄ２Ｃブランドの特性

　本書では国内のＤ２Ｃアパレルを32ブランド取り上げ，まずは，８つのタイプに類型化を行った（図表11-5）。次に，その中で起業と商品企画を同一人物が行うディレクターオーナー型及びディレクターサブオーナー型に着目し，Lovelock & Wright（1999）により提唱されSinha（2018）が図示するサービス・マーケティングミックス８Ｐフレームワークをもとに考察を行った。

　Ｄ２Ｃブランドの特性として，伝統的な４Ｐでは，Price面で，実店舗へのコストの低さと，簡素化された仕入れ体制から高い原価率が挙げられる。Product面では，Ｃディレクターがアパレルでのモノ作り経験がないことから，独自のスタイルでモノづくりを行い，どこか他と異なるデザインがなされている。Place面ではEC販売の利便性と直接商品に触れる機会のあるポップアップショップがあるが，Productでの少量生産での売り切れ多数と同じくポップ

図表11-5　D2Cブランドの類型

| 類型 | 特徴 |
|---|---|
| デザイナー型 | デザイン性にこだわりデザイナーが中心となって運営されているブランド |
| ディレクターオーナー型 | ブランドオーナーがCディレクターかつブランドのファッション・アイコンとなり発信を行うブランド |
| ディレクターサブオーナー型 | オーナーが生産管理や事業戦略を主に鑑み，その配偶者がCディレクター及びファッション・アイコンとなり発信を行うブランド |
| インフルエンサー型 | 企業がインフルエンサーを起用してブランドを立ち上げたブランド |
| 芸能人・YouTuber型 | 芸能人及びYouTuberが立ち上げたブランド |
| 既存アパレル型 | 既存アパレルが新たに立ち上げたD2Cブランド |
| プチプラ型 | 低価格で低年齢層からの支持の厚いブランド |
| 特化型 | 顧客の特徴にフォーカスしたブランド |

出所：筆者作成

アップショップは期間限定であることから，希少性が醸成されている。Promotion面では既存の広告には頼らず，専らInstagramを利用し，既存のアパレルが使用してきた消費者とかけ離れたファッションモデルではなく，顧客と近いCディレクターがファッション・アイコンになることで，顧客がよりイメージしやすいモデルの存在が形成されている。

　次に，サービス・マーケティングミックス以降加わった4つのP（Physical Evidence, Processes, People, Productivity and Quality）では，EC中心の販売で生産性の向上は図られるものの，直接顧客と接する機会が限られることでサービスが希薄になりかねない。そこで，SNSの交流やポップアップショップ等で顧客と接することのできるタッチポイントを最大限活用し，尽力されたサービスがなされていることが分かった。

## 2.2　TREFLEl+1

　前節のD2Cブランドへの考察をもとに，さらにブランド事例研究を行い考

察を深めた。対象は2010年に創業され，2017年頃よりＤ２Ｃブランドとしての業態が活発化したレディースブランドのTREFLE+1を事例とした。当該ブランドは2018年に百貨店の京都伊勢丹でポップアップショップに出店してから，2年後である2021年の売上は約5倍の5.1億円を計上している。また，2022年3月の梅田阪急における7日間20坪のスペースでのポップアップショップの売上は4,280万円を計上し，首都圏の最もよく売る百貨店の20坪スペースで1か月1,500万円前後の売上が多いと言われる中，TREFLE+1は非常に高い売上を記録している。

　TREFLE+1の価値創造を，複数回にわたるブランドへのインタビュー，ポップアップショップへの参与観察及び来店客インタビュー調査により考察すると，図表11-6となる。当該ブランドのオーナーである長尾崇仁とＣディレクターを務める妻の良子は，両者とも服飾関係の教育機関で勉強をしたこともなければ，アパレル勤務経験があるわけでもないからこそ，従来のアパレル企業の固定観念に捉われない発想で，商品デザインや，商品の構成を行っていることから，他企業のブランドとは少し異なった個性を放っている。そして，高効率なモノづくりや広告費ゼロ，店舗固定費の低さから高い商品原価率，即ち高いコストパフォーマンスの商品を提供している。

　そうした商品を良子中心にブランドのスタッフが着こなし，Instagramを介して消費者に発信すると同時にポップアップショップで提案を行っている。発信の際に，良子の企画する服のディテールは大胆なフリルやリボン使いにより，受信者に印象として強く残るという効果がある。

　良子を中心にスタッフ間の仲が非常に良く，組織のブランド・ロイヤルティの高さから，Instagramやポップアップショップでは，フレンドリーで心温まる空気が醸成されており，背景には長尾によるスタッフに負担をかけないシステムや，ブランドのファンをスタッフとして採用するなどの工夫が見られる。アットホームな空気のInstagramやポップアップショップは顧客の吸引力となっており，Instagramのライブ配信やチャットでスタッフと親しく交流し，ポップアップショップで試着をしながらスタッフと歓談している様子からは高揚感が感じられ，ブランドコミュニティーが形成されていると考察される。

　ブランドコミュニティーを経由して，顧客は自発的に他者にTREFLE+1を

発信することもあれば，当該ブランドの商品が印象的なデザインであることか
ら，着用時にどこのブランドの商品かと他者から問われ，口コミ発信へ繋がる
ことも多い。こうした循環が新たな顧客を生み，Instagramやポップアップ
ショップへの更なる訪問に繋がることにより，価値創造がなされている。

図表11-6　TREFLE+1の価値創造メカニズム

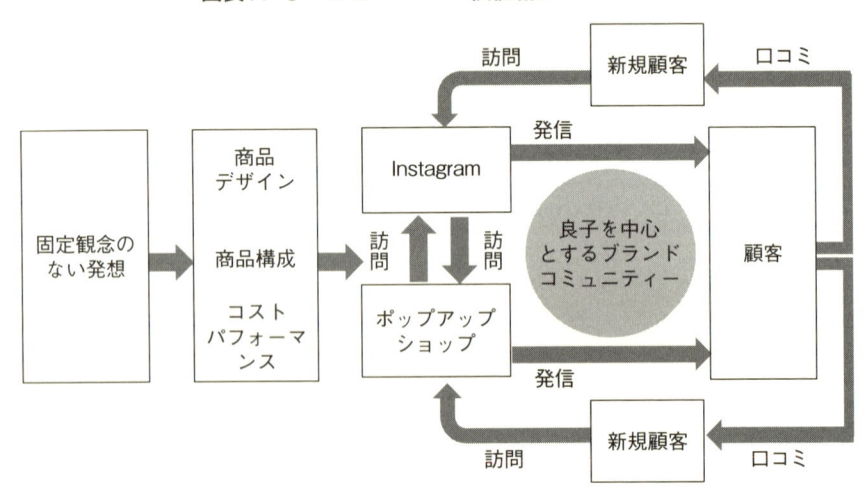

出所：筆者作成

# 3

## 価値次元研究の進展

　前節まででグローバルマーケットを対象としたBAPEの価値創造と，新規業
態のD2CブランドとしてTREFLE+1の事例研究により，両者の価値創造を
考察してきた。BAPEはメンズブランドのストリートファッションであり，
TREFLE+1はレディースブランドのフェミニンなデザインを得意とするブラ
ンドである。双方ファッションジャンルとしては差異を有するが，両ブランド
とも，その分野で成功しているという点で，価値創造においては共通する要素

がある。本節では原田・三浦（2012）によるコンテクストデザイン論を取り入れ考察する。

## 3.1 コンテクストデザインの視点

コンテクストとは，一般には「文脈」や「脈略」といった意味で使用され，原田・三浦（2012）によれば，コンテクストデザインとは「情報の送り手と受け手との間のコミュニケーション効果を高めるための認知プロセスにおいて，コンテンツの保有する潜在価値の発現や新たな価値の創造や既存の価値の増大に対して多大な貢献をする機能である」としている。

この視点を取り入れ，BAPE及びTREFLE+1において共通する要素を図示したものが図表11-7となる。基礎となる点で，両ブランドとも服作りを専門的に学んだこともなければ，アパレル勤務経験があるわけでもないことにより，既存アパレルの発想，即ち既成概念に捉われないモノづくりや販売手法を構築していた。いわゆる「辺境からのイノベーション」であり，固定観念のない辺境から来たことで自由な発想で物事を創造できるという現象である。

図表11-7 BAPE及びTREFLE+1におけるコンテクストデザイン

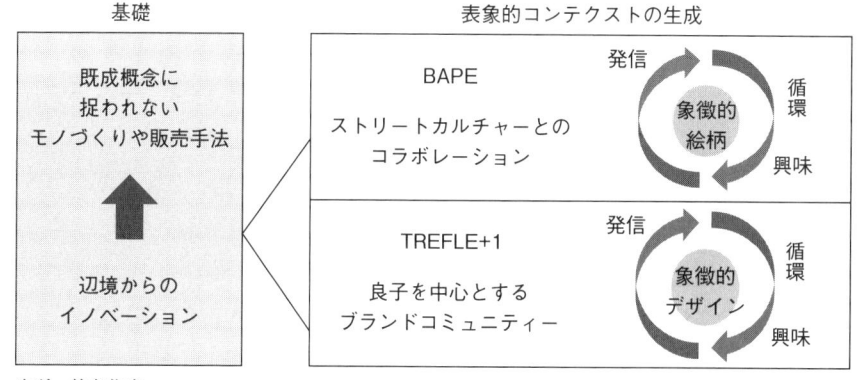

出所：筆者作成

　そして，両者とも「服を作る」ことだけで価値を創造するのではなく，「服」という商品を包含した表象的なコンテクストを生成しブランドとしての価値が創造されていることが明らかになった。具体的には，BAPEはストリートカルチャーを中心に様々なコラボレーションを行うことにより，新たなカルチャーを生み出していき，それに共鳴するブランドのファン層が形成されていった。ブランドに象徴的絵柄があることで，シンボルとして顧客が興味を示し発信を行っていた。TREFLE+１も服という商品のみならず，良子を中心とするブランドコミュニティーから発信される親しみやすさや高揚感のあるカルチャーに共鳴することでブランドのファン層が形成され，ブランドに象徴される特徴的なデザインがあることによって，顧客が特に興味を示し口コミへ繋がっていた。

　第7章の中国での日本ブランドに対する純粋想起で，レディースファッションにおいて日本ファッションブランドは想起率が低く，反して韓国ファッションブランドは想起率が高かったことを振り返ると，こうしたコンテクストの有無が一要因として関係するのではないかと考えられる。具体的には，日本ファッションブランドにおいては，BAPEのみならず，想起率の高かった，例えばUNIQLOにおいては，ヒートテックやエアリズム等の高機能性とコストパフォーマンス，ISSEY MIYAKEにおいては，世界的に認知の高いプリーツ商品のPLEATS PLEASE[2]やバッグのBAOBAO[3]がブランドの表象的コンテクストとして想起される。韓国のレディースファッションブランドに関しては，韓国ドラマやK-POPアーティストのファッションという表象的コンテクストがある。

　それらに対して，日本のレディースブランドには表象的コンテクストが希薄なのではないか。レディースブランドの表象的コンテクストと考えられそうな日本のKAWAIIは，第3章の先行研究で述べた通り，ロリータファッションなど非日常的ファッションの延長と考えられやすく，中国へ進出を行ってきた，日常で着用する服としてのアパレル産業とは異なるのである。即ち，表象的コンテクストの有無が想起率に繋がり，延いてはブランドの受容に繋がると考えられる。

## 3.2　意味的価値への議論

　本書における最終的な目的は前述の価値創造の事例研究を通して，価値次元の議論を進展させることである。モノづくりの世界ではコモディティ化を回避するための価値次元の議論が今日までなされてきた。それは機能やスペックなど客観的に測れる価値と，特定の顧客が主観的に判断する感性に類する価値に対してである。前者は主に機能的価値と言われ，後者は延岡（2008）では意味的価値と称され，主観的判断とされるその類似概念としては，経験価値（Schmitt, 1999），情緒的価値（遠藤, 2007），感性的価値（青木, 2011）などがあり，また，対比する価値として機能的価値ではなく実用的な価値との区別において，精神的価値（Khalifa, 2004），快楽的価値（Holbrook & Hirschman, 1982a/b），ブランディング面においてコンテクストブランディング（原田他, 2012）などが挙げられる。

　これらの議論の主たる発想は機能的価値には客観的なデータがあり模倣されやすく，顧客の感性に基づいた価値に関しては模倣されづらくコモディティ化が起こりにくいという発想である。経済産業省（2007）では感性に基づいた価値を感性価値と称し，モノづくりにおいてデザイン政策の強化を図ってきた経緯の中で，本書でも第3章で述べたようにクリエイティブ産業の推進が唱えられている[4]。では，感性に基づいた価値に傾倒すれば，単純にコモディティ化は避けられるのであろうか。

　延岡（2008）は商品の価値とは機能的価値と意味的価値の合計とし，他の感覚的価値の概念は分類的なものとすることから，本書では延岡（2008）の議論を基本とした。延岡（2008）の提示した機能的価値と意味的価値の議論の中で意味的価値としてファッションにも触れているが，馬場（2017）はファッションに関する論文の中で，更に明確に延岡（2008）を引用し，ファッション商品に関する多くを占める事象が意味的価値と結論づけている。しかし，これには更なる議論が必要である。延岡（2008）は商品のコモディティ化を回避するために意味的価値の重要性を説いているが，ファッションの大部分の要素が意味的価値なのであれば，その多くのファッション商品がコモディティ化を避けら

れるものということになる。現在のファッション商品は大量の売れ残りが問題になっているように，上記の理論では合理的説明がつかない。

換言すれば，ファッションを含んだ感覚的な価値を主体とする産業に対して，コモディティ化を回避するための価値次元の議論が未発達なのであった。では，意味的価値と機能的価値をどのように解釈すればファッションを主とする感覚的商品に対して，基本概念が成り立つのであろうか。

本書では図表11-8の概念を提起した。延岡（2008）の機能的価値と意味的価値の価値次元に関して，機能やスペック等客観的価値によって決まる機能的価値はそのまま使用し，意味的価値を「定型的意味的価値」と「進化的意味的価値」に分けて考える。これは，意味的価値の中にも定型化されたものと，進化的なものがあると考えられるからである。進化的意味的価値の中に，新奇性と伝統性があると考える。進化的意味的価値の新奇性とは定型化されたものではない新奇な価値のことである。進化的意味的価値の伝統性とは定型化された後，次第に飽きられるのではなく，伝統として敬愛される価値へ昇華したもの

**図表11-8　延岡（2008）から進展させた価値次元**

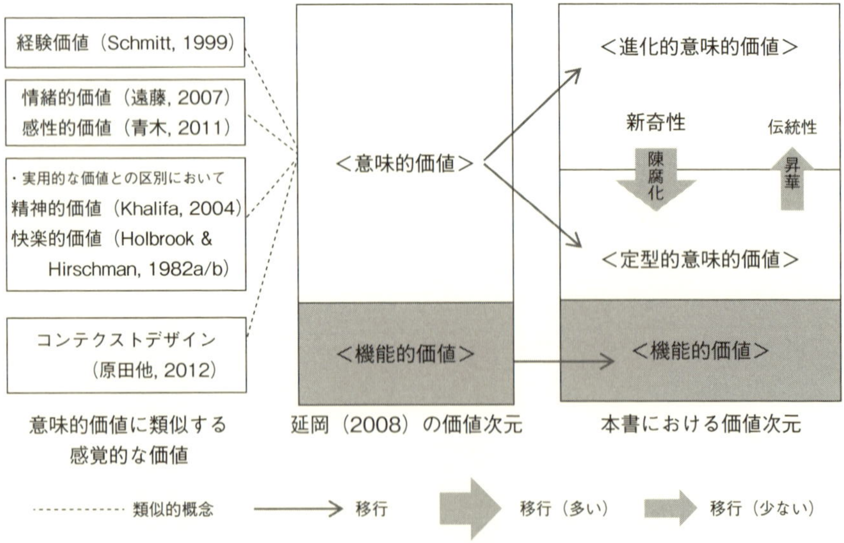

出所：筆者作成

を指す。

### (1)　定型的意味的価値

　アパレルにおける，1週間から1か月で新しいデザインの商品を店頭に投入し，逐次刷新していくモノづくりを，今日まで意味的価値の創出と一括りに考えられてきた。しかし，実はアパレルのモノづくりは多くが特にクリエイティブなわけではなく，「一定期間ごとに新商品を投入する」というルーティンの中での刷新であり，場合によっては売れ筋を踏襲して更新したデザインに過ぎない。つまり，既に定型化した顧客への提供から生れる商品は，確かに意味的価値ではあるものの，実質的には意味的価値の一部にしか過ぎず，「定型的意味的価値」と考える。定型的意味的価値の状態が長く続くと消費者から次第に飽きられることになる。

### (2)　進化的意味的価値における新奇性

　定型化された枠組みから脱した商品やサービスを指す。例えばUNIQLOはそれまで着用していると恥ずかしいとされていた「ばばシャツ[5]」と呼ばれる冬用肌着を，ヒートテックという呼び名で，アウターでも着用可能とする合理的なスタイルとして消費者に対して概念を変えた。

　本書での例を挙げれば，BAPEはそれまでになかった音楽やアートと自身のファッションとコラボレーションし，象徴的デザインを積極的に活用することにより，定型化されたアパレルビジネスを脱して進化的意味的価値を形成した。TREFLE+1においては，生産・在庫に対する概念が既存のアパレルと全く異なり，デザインにおけるアイデアの発想も既存アパレルと異なることから，独特の商品構成を形成している。そして，既存アパレルではなかなか構築できていないブランドコミュニティーを醸成することにより，強固な顧客との関係を形成しているのである。ただし，進化的意味的価値の新奇性も長く踏襲されると陳腐化され定型的意味的価値へとなっていく。

### (3)　進化的意味的価値における伝統性

　定型化された商品やサービスは一定期間経過すると消費者に次第に飽きられ

ていく傾向にあるが，一部はそれが信用や敬愛となり，進化的意味的価値の伝統性へ昇華する。例えば鎌倉シャツは，ほぼシャツしか作っておらずシーズンごとに大きな変化があるわけではないが，安定した品質とサービスから顧客からの信頼を得ている。ファッションとは異なるが，歌舞伎などの伝統芸能は典型的にこの価値に当てはまる。歌舞伎も始まりの頃は極めて前衛的な芝居であったが，定型化された後に，今日では進化的意味的価値における伝統性へ昇華している。とは言え，全く同じスタイルを長年踏襲すると衰退が生じるであろう。歌舞伎が基本的には伝統的であっても，マンガや海外の作品を演目に取り入れたり，歌舞伎役者が現代ドラマに出演するなど，常に一定の刷新を図っているのは一例である。

### (4)　意味的価値への批判

　意味的価値はコモディティ化を回避すると延岡（2008）は指摘してきたが，意味的価値でも定型化された意味的価値ではコモディティ化へ向かう。それはアパレルでのルーティンに売れ筋を追うモノづくり，即ち売れ筋情報を有するOEMへの丸投げ仕入れや（杉原・染原, 2017），POSデータに基づく需要予測による見込み生産の繰り返しにより（馬場, 2021），同質化された商品群が大量に売れ残るという現象から察することができる。

　また，何故日本のマジョリティートレンド型のレディースブランドがグローバルマーケットで認知が低いのかという一因も関連づけることができる。定型価値の中で送り出される新しいデザインは，新しいものを作っているようでもルーティンワークのデザイン踏襲に過ぎず，それだけでは競争の激しいマーケットで埋もれてしまい，効果のある価値創造がなされているとは言えないのである。

　定型化は商品のみならず，商品を提供する業態に関連して同じことを指摘することができる。ファッションブランドによるファッションデザインの提供は，昨今ではバーチャルなアバターに対して提供するビジネスが欧州のハイファッションブランドを中心に始まり，韓国のソーシャルアプリとコラボレーションをして，進化的意味的価値を形成している。また，ファッションではないが，日本の十八番とされるマンガ産業では，スマートフォンでマンガを読む時代，

画面を縦にスクロールして読むスマートフォン用に作成されたマンガ用アプリは，ピッコマを中心に韓国企業が主流となり進化的意味的価値が形成されている。ピッコマに投稿される韓国から排出されたスマートフォン用マンガは，現在人気が高いという（日本経済新聞電子版, 2022; 現代ビジネス, 2021）。

　つまり，従来の発想の延長戦でただコンテンツの表層を新しくしていくだけでは，究極的にはクリエイティブな価値創造には繋がらず，進化的意味的価値をいかに形成してくかが価値創造の要諦と考えられる。

# 4

## 小括

　本章では，第7章から第10章において抽出した結果に対して考察を行った。アンケート調査で抽出された中国における日本ファッションブランドの受容性に関する考察では，日韓ファッションのイメージと認知において，日本ファッションブランドに機能性や技術力に傾倒したイメージやブランドへの認知は高かったものの，レディースブランドへの認知は低いという特徴があった。反して日本と競合する韓国はレディースファッションの想起が高く，韓流コンテンツとの関連があると考察された。

　中国店舗数に対するブランド想起率の高かった裏原系ブランドのBAPEは，インバウンドブームであった時期において発祥地である裏原宿に多くの中国人が訪れ中国人コミュニティーに発信を行っていた。BAPEの価値創造は固定観念のない発想から服づくりだけに捉われない発想でブランドの世界観を醸成し，その世界観に共鳴する準拠集団に対して憧れる中国の一般消費者が象徴的な絵柄を介して発信し，それを見た消費者が興味を抱くという循環が起こっていると考察された。

　D2Cブランドに関しては，国内の32ブランドを取り上げ類型化を行うとともに，サービス・マーケティングミックス8Pフレームワークで分析を行い，価値創造の詳細を探求するためにTREFLE+1の価値創造の考察を行った。当該ブランドも固定観念のない発想をもとに創造し，Cディレクターの長尾良子

を中心とするブランドコミュニティーが誘客に貢献していた。

これら2つのブランド事例研究より共通する要素をコンテクストブランディングの視点で考察した。両ブランドとも基礎となる点で固定観念のない辺境から来たことで自由な発想で物事を創造できるという現象があり，両者とも「服を作る」ことだけで価値を創造するのではなく，「服」という商品を包含した表象的なコンテクストを生成しブランドとしての価値が創造されていると考察された。

次に，延岡（2008）の機能的価値と意味的価値の価値次元から，前述の2例のブランド事例研究をもとに意味的価値の更新に対する考察を行った。これまではファッションは単純に感性をもととする意味的価値と一括りに結論づけられていたが，意味的価値には進化的意味的価値と定型的意味的価値があり，進化的意味的価値を創造しないと究極的には価値創造には繋がっていかないと結論づけた。

---

<注> 　1）　2017年から，韓国にアメリカ軍の地上配備型ミサイル迎撃システム（THAAD）が配備され，中国では韓流コンテンツへの一部制限がなされている。

　　　2）　一本の糸から素材を開発し，服の形に縫製した後にプリーツをかける独自の「製品プリーツ」手法による衣服。ISSEY MIYAKEで1988年に発表した「プリーツ」を発展させ，1994年春夏コレクションから単独ブランドとしてスタートしている（PLEATS PLEASE HP）https://www.isseymiyake.com/pages/pleatsplease?utm_source=google&utm_medium=cpc&utm_campaign=Brand_pleatsplease&gclid=CjwKCAjw2K6lBhBXEiwA5RjtCUjvBy3slP62f1ULAxPtg4DUaXeyRtawNZ0CJUZSPY9m5TU2rHXZ4hoCAHkQAvD_BwE#section0（2023年3月5日アクセス）

　　　3）　ピースを組み合わせ構成することで，自由自在な形を無限に作り出す革新的なコンセプトと製法によるバックブランド。2000年にPLEATS PLEASE で発表され，2010年秋冬コレクションからブランドとしてスタートしている（BAOBAO HP）。
https://www.isseymiyake.com/pages/baobao?utm_source=google&utm_medium=cpc&utm_campaign=Brand_baobao&gclid=CjwKCAjw2K6lBhBXEiwA5RjtCXu8z_DtflFaOpG2BB1PceU3aEf3te7qDALM9nKBd5rO1h3_FbsbphoCtp0QAvD_BwE#section0（2023年3月5日アクセス）

4）　デザイン政策の変遷（経済産業省）https://www.meti.go.jp/policy/
mono_info_service/mono/human-design/policy1.html
（2023年3月5日アクセス）
5）　中高年の女性中心に着用されていた防寒用肌着。

第**12**章

# 感性重視型産業における
# 価値創造の要諦とは

　本書は，日本のファッションマーケットが縮小化傾向をたどり，日本の
ファッション業界を牽引してきた百貨店や大手アパレルが低迷する中，販路や
業態の活性化が必要と考えられることから，2つの方向性に焦点を当て考察を
した。1つ目は日本ファッションブランドのグローバル展開からの視点であり，
2つ目は業態の刷新という視点から近年勃興するD2Cアパレルに対してであ
る。それぞれの分野での事例研究を通して価値創造を分析し，コンテクストデ
ザインの理論を用いて2つの共通点を見出した。最後に最終的な目的である価
値次元の議論を意味的価値に焦点を当て理論を進展させた。

　本章ではリサーチクエスチョン及び分析視角の解を示し，日本ファッション
ブランドの価値創造に対する結論を述べた上で，学術及び実務的貢献，政策提
言，本書の限界と課題を示す。

# 1

## リサーチクエスチョンへの解

### RQ 1：グローバルマーケットにおける受容性

RQ 1「日本ファッションブランドのグローバルマーケットにおける受容性はどのようなものか」に対し，分析視角1-1「中国における日本ファッションのイメージはどのような特徴を有するのか」，分析視角1-2「中国において日本ファッションブランドの認知はどのような特徴を有するのか」，分析視角1-3，分析視角1-2で抽出されたブランドBAPEは，どのように価値を創造しているのか」を問い，以下のような解を得た。なお，分析視角1-1と1-2では，日本と競合する韓国とを比較することで，より日本ファッションの受容性の特徴を浮き彫りにした。

**(1)　分析視角1-1：中国における日本ファッションのイメージはどのような特徴を有するのか**

分析視角1の解として，中国における日本のファッションに対するイメージは，特に「品質」や「着心地」「ナチュラル」などの要素の数値が高く，日本のファッションに対する選好に対しては，「品質」や「信用」が有意に影響を与えていた。また，日本のファッションへの選好に対して「偉大なデザイナー」や「若者に人気」という要素が有意であったが，イメージとして数値の高かった「可愛い」は，日本のファッションに対する選好に有意ではなかった。

一方，韓国に対するイメージは，「タレントはオシャレ」や「流行」などへの要素の数値が高く，韓国のファッションに対する選好にも同じ要素が有意となっていた。また，選好に対して「可愛い」が有意となっていた。

即ち，日本のファッションはUNIQLOや無印良品を連想させるようなイメージが強く，そのイメージは選好にも影響しているが，「可愛い」に関しては選好に対して有意でなく，韓国のファッションの方が「可愛い」に関して中国人の嗜好に合っていると考察された。

分析視角 1 - 2 : 中国において日本ファッションブランドの認知はどのような特徴を有するのか

分析視角 1-2 の解として，純粋想起で日本ファッションブランドは，UNIQLOや無印良品等の実用衣料への想起回数が非常に多いという結果以外の特徴としては，コレクションデザイナー型及びメンズを中心とするBAPE等のストリートファッションブランドやスポーツブランドが多く，レディースブランドへの想起回数が少なかった。反して韓国はレディースブランドへの想起回数が非常に多く，韓流ドラマやK-POPなどのタレントの影響があると考察された。また，想起された日本ファッションブランドは，韓国と比較して新しいブランドが少ないことが分かった。

世界のファッション商品の商品性別売上はレディース商品が多くを占めることから，ファッションと言えばレディースブランドを主体に語られることが多く，中国においてクールジャパンで推進していたブランドも，レディースブランドが中心であった。よって，日本のファッションにおいてメンズ色の強いブランドの活躍は，先行研究ではほぼ述べられてこなかったことは重要な発見であった。

(3) 分析視角 1 - 3 : 分析視角 1 - 2 で抽出されたブランドBAPEは，どのように価値を創造しているのか

分析視角 1-3 の解として，分析視角 1 で抽出された中国の店舗数に対してブランド想起率の高いBAPEの価値創造に関しては，第11章図表11-4 で図示するメカニズムが考察された。まず，ブランドにおいて服づくりだけに捉われない，ストリートカルチャーに類するブランドの世界観が醸成され，醸成された世界観に対して，若者の準拠集団となる著名人が共鳴しBAPEの商品を着用する。次に，著名人を介して一般消費者がBAPEに興味を抱き着用して発信し，

それを見た別の消費者が着用し発信をすることで循環が生まれていると考察された。そして，一連の発信の際，商品に印象的な象徴的絵柄があることから，より受信者に印象が強く残ると考えられた。

即ち，服づくりだけに捉われないブランドの包括的な世界観が準拠集団を捉えたこと及び印象に残る象徴的な絵柄の存在がブランドとしての価値を創造し，広く一般消費者まで循環していることが明らかになった。

## 1.2 RQ 2 ：D 2 Cブランドの特性

RQ 2 「日本における新規業態D 2 Cブランドの特性はどのようなものか」に対し，分析視角 2 - 1 「日本におけるD 2 Cブランドは体系的にどのような特性を有するのか」，分析視角 2 - 2 「事例として取り上げるTREFLE＋ 1 はどのように価値を創造しているのか」を問い，以下のような解を得た。

**(1)　分析視角 2 - 1 ：日本におけるD 2 Cブランドは　　　体系的にどのような特性を有するのか**

分析視角 2 - 1 の解として，ブランドの創設は2015年以降から盛んになったことを示し，D 2 Cブランドの特徴を 8 つに類型化されると指摘した。さらに，類型化された中で，企業と商品企画を同一人物が行うディレクターオーナー型とディレクターサブオーナー型に着目し，サービス・マーケティングミックス 8 Pフレームワークを用いて分析した。

結果は，伝統的な 4 Pにおける利点だけでなく，サービス・マーケティングミックス以降加わった 4 つのP（Physical Evidence, Processes, People, Productivity and Quality）では，EC中心の販売で生産性は向上したが，顧客と対面する機会が限られサービスが希薄になりかねないからこそ，オンライン上やポップアップショップなどで得られた顧客との接点を貴重な機会として，最大限にサービスに尽力していることが明らかになった。

加えて，ブランドのデザインキーパーソンと創業者の来歴が，多くの場合アパレル企業未経験及び経験の浅い，またはファッション関係の教育機関卒でな

い起業家・ディレクターで構成されており，アパレル事業に対する固定観念の
ない発想が新しい取り組みに生かされていると考察された。

　即ち，D2Cブランドにおいて，伝統的な4Pの利点以外に，サービスの利
点も大きいことが特性であり，その背景にはアパレル事業に対して固定観念の
ない発想が生かされていることが明らかになった。

**(2)**　分析視角2-2：事例として取り上げるTREFLE+1は
　　　　どのように価値を創造しているのか

　分析視角2-2の解は以下である。TREFLE+1のオーナー長尾及び妻であ
るCディレクターの良子はアパレル勤務経験もなければ服飾関係の教育機関で
勉強をしたこともないことから，既存のアパレルの慣習に捉らわれない発想で，
大胆なフリルをあしらう等の特徴的な商品デザイン，消費者目線の商品の構成，
コストパフォーマンスの良い商品を提供して顧客価値を生んでいた。こうした
商品を良子中心にスタッフが着こなし，Instagramやポップアップショップを
通じて発信し，良子を中心とする温かいブランドコミュニティーを介して顧客
が受信することで，更なる口コミが喚起され新規顧客を創出するという現象が
示された。

　即ち，業界慣習に捉らわれない発想で商品を構成し，Instagramやポップ
アップショップによる発信を介して，顧客が温かいブランドコミュニティーを
通じて顧客価値を得ることにより，顧客からの次なる発信が醸成され新規顧客
が獲得される循環を醸成していたことが明らかになった。

## 1.3　価値次元の理論的進展

　本節では，事例研究を行った2つのブランドに対して，研究目的の解明とし
て，コンテクストデザイン（原田・三浦，2012）の視点で共通点を示し，延岡
（2008）の価値次元の理論的進展を示す。

**(1)　表象的コンテクストデザイン**

　コンテクストデザイン（原田・三浦, 2012）の視点を用いて，2つの事例研究の特徴を見出すと，両者とも既成概念に捉われないモノづくりや手法を構築し，「服作り」だけで価値を創造するのではなく，「服」という商品を包含した表象的なコンテクストを生成することで価値を創造していると考察された。BAPEにはストリートカルチャーとのコラボレーションによるブランドカルチャーの生成があり，TREFLE+1には長尾良子を中心としたブランドコミュニティーによる価値生成がなされ，それらに共鳴することによりファンが形成されていた。また，ブランドが発信する際には両者とも象徴的な絵柄やデザインアイテムがあることにより，情報発信がより受信者に効果的になされるという現象が見出された。つまり，表象的コンテクストデザインの生成が消費者に受け入れられたと，2つの事例を通して説明できる。

　そして，第7章の中国での日本ブランドに対する純粋想起を振り返り，日本ファッションブランドで純粋想起数の多かったブランドとは，イメージと認知に深い関係があることから，表象的コンテクストデザインが形成されているが，想起数の少なかった日本のレディースファッションには希薄であると考えられた。

　即ち，表象的コンテクストの有無は，今日のファッションブランドにとって非常に重要であり，それはブランドの想起率に繋がるとともに，ブランドの受容に繋がると考察された。

**(2)　意味的価値の進展：定型的意味的価値と進化的意味的価値**

　価値次元の議論では，モノづくりの世界において，コモディティ化を回避するための価値次元の議論が今日まで盛んになされてきた中で，客観的判断が可能な機能的価値を基準としつつも，消費者の主観的基準で判断する感性に重きをおく価値をいかに創出するかが重視されてきた（e.g., 延岡, 2008; 楠木, 2006）。

　本書では，商品の価値とは，機能的価値と感性に関係する意味的価値の合計と考える延岡（2008）の議論に依拠し，意味的価値に焦点を当て議論を進めた。延岡（2008）は意味的価値としてファッションを挙げ，馬場（2017）は更に明確にファッション商品に関する多くを占める事象が意味的価値と結論づけてい

るが，現在のファッション商品の大量の売れ残りは，意味的価値がコモディティ化を回避するという議論に対して合理的説明がつかない。換言すれば，ファッションを含んだ感覚的な価値を主体とする産業に対して，コモディティ化を回避するための価値次元の議論が未発達と考えられた。

　そこで，本書では意味的価値には，定型的意味的価値と進化的意味的価値があると提起した。アパレルにおける1週間から1か月で店頭を刷新するモノづくりの多くは，一定期間ごとに新商品を投入するというルーティンの中での刷新であり，場合によっては売れ筋を踏襲して更新したデザインに過ぎない。定型化した顧客への提供から生れる商品は，確かに意味的価値ではあるものの，実質的には意味的価値の一部に過ぎず，これを「定型的意味的価値」とし，この状態が長く続くと消費者から次第に飽きられることを示した。

　一方，定型価値を脱した商品やサービスを進化的意味的価値とした。進化的意味的価値の中には，新奇性と伝統性があると提示し，前者は本書の研究対象であるBAPE及びTREFLE+1における，アパレルの慣習を脱した発想による商品及びブランドカルチャーの生成である。後者は例えば，ほぼシャツしか作らず，シーズンごとでの大きな変化はないものの，安定した品質とサービスから支持を得ている「鎌倉シャツ」であり，ファッションではないが，始まりの頃は前衛的でも定型化された後に今日では進化的価値の伝統性に昇華している歌舞伎などが挙げられる。ただし，進化的意味的価値の新奇性は長く踏襲されると陳腐化され定型的意味的価値へ移行し，伝統性でも全く同じスタイルを長年踏襲し続けると衰退が生じることを示した。

# 2

## 日本ファッションブランドにおける価値創造

　前節のリサーチクエスチョン，分析視角の解，研究目的の解明を受け，本節では日本ファッションの価値創造について示す。中国を事例としたグローバルマーケットでの日本ファッションは，「品質」や「着心地」という要素のイメージが強く，「品質」や「信用」は日本ファッションへの選好にも影響を与

え，UNIQLOや無印良品への想起と関連があると考えられた。また，「偉大な
デザイナー」という要素も選好に影響があり，ISSEY MIYAKEなどの世界的
なデザイナーやBAPEなどへの想起に関連があると考えられた。しかし，日本
のファッションへ「可愛い」という要素がイメージとしては強いものの，選好
に対しては有意でないことは，レディースブランドへの想起の少なさに関連が
あると考えられた。

　一方，韓国ファッションへの選好には「可愛い」が有意であり，レディース
ブランドへの想起が圧倒的に多いことに関連があると考えられた。この結果か
ら，何故日本に対してレディースファッションへの想起が少なく，韓国は多い
のかという問題提起が起こる。理由としては，韓国には韓国ドラマやK-POP
という強力なコンテンツの影響があり，「韓国タレントはオシャレ」だから
「韓国ファッションもオシャレ」という関係により価値創造がなされていると
考えられた。反して日本にはレディースブランドを想起させる韓国ほど強力な
コンテンツは無いと考えられた。

　グローバルマーケットにおける日本ファッションブランドの価値創造をより
具体的に探るべく，中国調査で想起率の高かった裏原系ブランドであるBAPE
に関して調査を行うと，ブランド創設者により既成概念に捉われないモノづく
りや販売手法を行うことを基礎とし，「服を作る」ことだけで価値を創造する
のではなく「服」という商品を包含した表象的なコンテクストを生成し，ブラ
ンドとしての価値創造がなされていることが明らかになった。具体的には，ス
トリートカルチャーを中心にコラボレーションを行うことにより生まれた
BAPEのカルチャーに共鳴することでブランドのファンが形成されるとともに，
ブランドに象徴的絵柄があることで，シンボルとして顧客が興味を示し発信を
行うというメカニズムが形成されていた。

　新規業態のD2Cブランドにおいては，8Pフレームワークを用いた分析に
より，Priceとしてコストパフォーマンスの良さ，Productとして他と異なるデ
ザインと完売多数の希少性，PlaceとしてECの利便性とポップアップショップ
の希少性，PromotionとしてInstagramと最適な着用モデルの存在，加えてサー
ビス・マーケティングミックス以降加わった4つのP（Physical Evidence,
Processes, People, Productivity and Quality）として，多様なタッチポイン

トで尽力されたサービスにより価値創造がなされていた。

　さらに，D2Cブランドの価値創造をより具体的に探るべく，急進的に成長を遂げているTREFLE+1に関して調査すると，BAPEと同じく，既成概念に捉われないモノ作りや販売手法を行うことを基礎とし，「服を作る」ことだけで価値を創造するのではなく「服」という商品を包含した表象的なコンテクストを生成し，ブランドとしての価値創造がなされていた。具体的には，Cディレクターの長尾良子を中心とするブランドコミュニティーから発信される親しみやすさや高揚感のあるカルチャーに共鳴することでブランドのファンが形成され，ブランドに象徴される特徴的なデザインがあることによって，顧客が興味を示し口コミへと繋がるという価値創造のメカニズムが形成されていた。

　中国における韓国のレディースファッションもBAPEやTREFLE+1と同じく，ブランドの背景に「韓流」という表象的なコンテクストが存在するが，日本のレディースファッションには表象的コンテクストが希薄であり，この表象的なコンテクストの有無が日韓のレディースファッションへの想起の差を表出させたのではなかろうか。つまり，ファッションブランドにおける表象的なコンテクストの有無が想起率に繋がり，延いてはブランドの受容に繋がると考えられた。

　以上の事例研究により，本書の最終的な目的である意味的価値の議論を進展させることができた。意味的価値とは客観的な数値等で判断できる機能的価値と異なり，感覚的かつ主観的な価値であり，商品のコモディティ化を回避する要の価値であるとされてきた。ファッションの構成要素は多くが意味的価値によって占められると言われてきたのであるが，それでは近年問題となるファッション商品に多くの売れ残りが発生することに対して合理的説明がつかない。そこで，意味的価値を，定型化された中での感覚的価値として定型的意味的価値，定型化された価値を打破した価値として進化的意味的価値の2つに分け，進化的意味的価値には新奇性と伝統性があると提起した。

　BAPEやTREFLE+1には既成概念に捉われないモノづくりや考え方があることによって，定型化された定型的意味的価値ではなく，進化的意味的価値の新奇性を創出することによって，顧客からの人気を獲得できていたのである。反して，多くの同質化されたアパレルは，一見定期的に新しい商品を創造して

いるように見えるものの，それは定型化された中でのモノづくりであり，長く定型化が続くと飽きられる定型的意味的価値の商品である。これにより，同質化され売れ残り商品を多く有するアパレル群への説明が成立する。

即ち，日本ファッションブランドの価値創造として，表象的コンテクストを有し定型的意味的価値を打破して進化的意味的価値を形成できたブランドが，グローバルマーケットで広く認知され，新規業態のブランドとして大きく成長することを成し得ていた。一方，定型的意味的価値を長く踏襲しているブランドは，コモディティ化が起こっていると結論づけることができた。

# 3

## 学術的貢献と実務的貢献

### 3.1　学術的貢献

本書では，日本ファッションブランドの，グローバルマーケットにおける受容性と，新規業態D２Cブランドの２つのフィールドに焦点を当て，価値創造を考察し，価値次元の議論の進展をさせた（第11章図表11-8）。

日本のファッションビジネスにおいて，よりグローバルな視点が必要とされる昨今，日本ファッションブランドの受容性を最大の海外販売先である中国を対象にして明らかにすることは，研究の蓄積が少ないという点からも意義のあることであった。また，近年勃興するD２Cブランドにおいても，市場に出現してからの歴史が浅く，ほぼこれまで研究がなされてこなかったことから，その特性がつかめたことでD２Cブランド研究の研究蓄積へ貢献ができた。

そして，何よりも，本書における最大の学術的貢献は，上記２つの分野から価値創造を考察し，その内容を用いて価値次元への議論を進展させることができたことである。本書において，今日まで商品のコモディティ化を回避する概念としての意味的価値（延岡, 2008），それに類似する感性に関する価値次元への議論が未発達であったと指摘した。何故なら意味的価値がコモディティ化を

回避できるのであれば，意味的価値で多くを占めるファッション商品において大量の売れ残りが生じているのか，合理的説明がつかないのである。

そこで本書において，意味的価値を批判的に捉え，一括りにするのではなく，意味的価値には定型化されたものと進化したものとの2つに分けることができることを提起した。アパレルの一定期間ごとに投入される商品とは，場合によっては売れ筋を踏襲して更新したデザインに過ぎず，意味的価値ではあるものの，実質的にはその一部に過ぎない定型化された意味的価値，即ち定型的意味的価値とし，この状態が長く続くと陳腐化されると指摘した。そしてもう1つの意味的価値を進化的意味的価値とし，その中にはBAPEとTREFLE+1の価値創造を事例とする定型化された枠組みから脱した商品やサービスを，進化的意味的価値の新奇性，定型的意味的価値から昇華した価値として進化的意味的価値に伝統性があるとし，新奇性は長く続くと定型的意味的価値となると示した。

定型的意味的価値と進化的意味的価値の発想により，アパレルのみならず，感性に重きを置く産業に対しての価値次元の考察がより的確となる。例えば，日本のアイドルは2000年頃まではアジアでも注目が高かったが，2000年頃以降，日本に代わって韓国アイドルへの注目の方が高くなったのは，国家政策と当時新しかったインターネット発信を有効活用した新奇的なプロモーションに起因する部分が大きいであろう（菅野, 2022; 山本, 2023）。韓国のアイドルとは逆に，日本のアイドルはファッションもプロモーションも一見新しく更新しているように見せながら，実は昭和のスタイルを踏襲したアナログ発信を主とする定型化されたアイドルのファッション及びプロモーションの上に，世代交代が適時なされない現状であった。

今日，機能的価値を主体とするような工業商品であっても，感性的な価値を強化しようとする動きが見られて久しい（経済産業省, 2007）。そうした中で，定型的意味的価値として従来の発想の延長線でただコンテンツの表層を新しくしていくだけでは，究極的にはクリエイティブな価値創造には繋がらず，進化的意味的価値をいかに形成していくかが価値創造の要諦であると提唱し，意味的価値を細分化できたことは，本書における学術的貢献であると考える。

## 3.2 実務的貢献

　中国を対象に日本ファッションブランドの受容性を考察する上で，日本
ファッションのイメージ及び選好と認知への関係を明らかにしたことは，日本
ファッションブランドがグローバルな視座を有すべき中で有用な知見の獲得で
あると考える。日本ファッションに対するイメージと認知の関係は，
UNIQLO・無印良品といった実用衣料型のブランドや，1970年代〜80年代に
デビューした世界的デザイナー，ストリートファッションブランド，スポーツ
ブランドは検出できても，少なくないブランドが中国へ進出し，日本で多くを
占めるマジョリティートレンド型のレディースブランドに対しては認知が低く，
選好の要素に関係するものも検出されなかったことは重要な知見の獲得である。
　次に，近年勃興する新規業態であるD2Cブランドに関して，今日まで体系
的に調査されていなかった中で，本書においてその特性を明らかにできたこと
は，既存のファッション企業にとっても，コストパフォーマンスだけでなく
サービスの在り方など学ぶべき要素が多いという点で意義の高いものである。
　そして，グローバルマーケットで想起率の高かったBAPE，新規業態D2C
ブランドから急成長を果たしているTRFLE+1の価値創造への考察を通して，
コンテクストブランディング（原田・三浦, 2012）の理論で分析し，ブランド
には服のデザインだけでなく，それを包含したシンボル的な価値があるという
「表象的コンテクストデザイン」の概念を検出できた。この概念により，
BAPEにはストリートカルチャーと発信する際に有効とされる表象的絵柄があ
り，TREFLE+1にはCディレクターの長尾良子を中心とするブランドコミュ
ニティーと，発信する際に有効とされる表象的デザインがあることで，ブラン
ドのファンが形成され口コミへと繋がっていることを示した。
　さらには，中国での日本のレディースブランドの想起数が少なく，同時に調
査を行った日本と競合する韓国のファッションブランドでは，レディースブラ
ンドの想起数が多いことを考察し，日本のレディースファッションには表象的
コンテクストが希薄であり，韓国はK-POPや韓流ドラマを背景とする韓流タ
レントという表象的コンテクストの強固な存在があると示した。また，想起数

の多かったUNIQLOやISSEY MIYAKEにもブランドのシンボルとなる表象的コンテクストが存在することを考慮すると，表象的コンテクストの有無が想起数に繋がり，延いてはブランドの受容に繋がるという概念を本書で導き出せた。これらのことは，日本のファッション産業に対して，効果的なブランディング推進の一助になるであろう。

　また，定型的意味的価値と進化的意味的価値の概念の検出により，定型価値の中で送り出される新しいデザインは，新しいものを作っているようでもルーティンワークのデザイン踏襲に過ぎず，それだけでは競争の激しいマーケットでは埋もれてしまい，効果のある価値創造がなされているとは言えないことを提唱できた。即ち，「新しくデザインを更新している」という作業であることから，「新しい価値を創造している」という認知バイアスを醸成し，それによって「死角」が生じていたということを示唆できたことで，商品の同質化傾向の強い日本のファッションマーケットに対し，警鐘を鳴らすことができたと考える。

# 4

## 政策提言

　本書において，BAPEとTREFLE+1に関する事例研究を取り上げ，進化的意味的価値，中でも新奇性を生成することの重要性を示した。そこで，両ブランドに関する創業者及びCディレクターの背景を確認すると，彼・彼女らはアパレル企業への就職経験もなければ，ファッション関係教育機関で服作りを学んだ経験がなかった。これにより，ファッション産業の慣行等への知識がないことで，辺境からのイノベーション（米倉，2009）が起こり，縛りのない自由な発想が生まれ，顧客価値を高めるモノ作りや提案が可能となっていると考察した。

　さらに，辺境からのイノベーションは，上記の2ブランドだけに留まらず，BAPEのブランドカテゴリーである他の裏原系のブランド群，TREFLE+1と同じくするD2Cブランド群において同様の現象が起こっていた。ここから得

られるインプリケーションは，「縛りのない自由な発想」，即ち既成概念の枠を超える発想をどうやって創出するかである点を注視し，以下の政策提言を行う。

## 4.1　教育機関への提言

本書で取り上げた多くのブランドで，ファッション関係教育機関で学んだ経験のない創業者やCディレクターによって，アパレルの既成概念に捉われないモノづくりや販売手法が構築されていた。だからと言って，短絡的にファッション関係教育機関が進化的価値を創出するのに意味をなさないと言及するわけではない。現在行われているファッション業界の実務に関連するカリキュラムも行いつつ，ブランディングの学びを強化し，一方で業界慣習に捉らわれ過ぎない学びをより取り入れるべきであろう。

具体的には，BAPEやTREFLE+1のように進化的意味的価値の新奇性の創造に成功したより多くの事例，あるいは進化的意味的価値の伝統性に関して学び，学生たちにもどのような事例が国内及びグローバルに存在するのか積極的に自身で調べさせ，学習させることが必要であろう。

また，学生の発想をより拡げさせるために，異業種の起業やモノづくりの事例に対する学びを取り入れていく必要がある。何故なら新しいジャンルのファッションを創造することも進化的意味的価値の創出だからである。

例えば，D-VECのような異業種から参入したアパレルを紹介することも効果的である。D-VECとは釣り具メーカーであるDAIWAが，特有の機能素材を活用することを得意とし，ファッションブランドとして立ち上げたブランドである。こうした考えをより発想できるよう，例えば介護支援用のロボットスーツの企業を紹介しファッションとのコラボレーションを考えたり，医療治療を受ける人が楽しめるファッションを考えたりするような学びを増やしていくことも考えられる。また，ゲームやSNSのアバター，マンガやアニメなどでファッションを活用する事例を取り上げたりして，今後発展してゆくバーチャルな世界でのファッションを創造する学びを増やすことも重要である。

そのためには，異業種の起業事例やイノベーションを多く紹介し，学生に既

存のファッション産業に捉われない，新しい価値を備えたファッションの発想を養っていくことが必要である。同時に，越境EC等の発展でファッション産業のグローバル化が加速される今日，国際的視座を獲得するため，外国語や外国のカルチャーを学ぶ機会を設けることも重要である。加えて，学生ならどのような進化的意味的価値を創造できるかという発想のトレーニングを学びに取り入れるべきであろう。

## 4.2　日本のファッション産業に対する提言

　日本のファッション産業が業界慣習に捉らわれ過ぎず，進化的価値を創出するためには，既成概念を脱する発想をしていく必要がある。そのためには企業が多様性を取り入れていくことが重要であろう。本書では2つの視点を中心に提言を行う。

　1つ目は，異業種からの視点の獲得である。人材を採用する際，新卒ばかりでは，他の企業勤務経験がないことから，初めて就職した企業の文化に染まらざるを得ず，結局当該企業の慣習に埋もれてしまうことも少なくないであろう。そこで，中途採用を行う際，当該企業にとっての同業種の経験者ばかりでなく，異業種から来た人材も積極的に採用していき，新しい発想を得るべきであると考える。同時に，企業としても異業種からの学びや交流を積極的に行うとともに，従来のように欧米からだけでなく，アジアからも企業戦略やブランディング事例を学び，既存の商品やサービスの在り方だけに捉われない多角的な視点を獲得していくことが望まれる。

　こうした業界の学びのために，政府機関がセミナーを推進する，またはセミナーに助成金を支出するなどし，参加の呼びかけを行うことも考えられる。特に，異業種からの学びやセミナーとなると管理職の参加になりがちであるが，それまであまり参加が考えられなかった若手スタッフやデザイナーに多様な発想の重要性を訴え学びの機会を与えることが，より新しい発想の創出へ繋がっていくとも考えられる。

　2つ目に，感性へ訴える商品を市場に提供するファッション産業なのである

から，感性が鋭い職種であるデザイナーや企画スタッフがより大きな戦略に関われるよう制度化していくことも重要であると考える。現状，大手アパレルでは最終意思決定を行う幹部にデザイナー等の感性的な部分を得意とする職種を登用することが非常に少ない。これでは日々変化していく消費者の感性へ，よりタイムリーで効果的に訴えかける商品やサービスの提供がなされ難いのではなかろうか。デザイナーや企画スタッフが戦略立案者の一員として，より登用されるためには，デザイナー自身も商品のデザインだけを考案するのでなく，大局的にブランドの在り方を創造する視点を養い，他者へ説得力の高い提案スキルが身に付く学習を積極的に行うべきであろう。

　このように発想されるアイデアは，年功や肩書にかかわらず生かせる組織や意思決定の仕組み作りが重要である。良いアイデアが生まれる場合，直ぐに行動を起こすことのできる柔軟な組織の形成が必要であると考える。

# 5

## 本書の限界と今後の研究課題

　本書では，グローバルマーケットとD2Cブランドに着目し，両分野における日本ファッションブランドの価値創造を事例研究によって明らかにすることによって，意味的価値の議論を進展させることができたのであるが，以下のような限界と今後の研究課題がある。

### 5.1　本書の限界

　本書において，グローバルマーケットの事例としてBAPE，D2Cブランドの事例としてTREFLE+1の事例研究を用いて価値創造を明らかにした。しかし，グローバルマーケットに対する調査においては，BAPE以外にも想起数の多かったUNIQLOや無印良品，ISSEY MIYAKEに対してはなされていない。また，スポーツ関係のブランドに関しても，より詳しくどのように価値創造が

なされているのか，本書では探求しきれていない。比較対象として調査した韓国ブランドについても同様である。加えてグローバルマーケットとしての調査対象が中国に限られていることから，今後は対象を広げる必要がある。

　Ｄ２Ｃブランドに関しては，勃興して長くない業態であり，先行研究の蓄積も乏しいにもかかわらず，体系的な特性は明らかにすることができた。ただし，詳細な個別の調査はディレクターオーナー型とディレクターサブオーナー型に重点を置いた調査となっており，他の類型への綿密な考察ができていない。

　さらに，ファッションを含んだ感覚的な価値を主体とする産業に対して，コモディティ化を回避するための価値議論が未発達であったことから，本書において意味的価値は定型的意味的価値と進化的意味的価値で構成されることを提起した。しかし，この概念を用いた実証研究は，まだ始まったばかりであり，事例研究のサンプルも少ないのが現状である。

## 5.2　今後の研究課題

　意味的価値を発展させた概念を柱とし，今後は多くの事例研究を用いて実証研究を深めていく必要がある。まずは，ファッションブランドに関して，グローバルマーケットやＤ２Ｃブランドを対象とした調査で十分に探求しきれていなかったブランド群を考察し，どのような進化的意味的価値の新奇性が形成されたのか，または歴史のあるブランドにおいて進化的意味的価値の伝統性が果たして形成されているのか，詳しく分析していかなければならない。

　次に，同じファッションに関する分野であっても，アパレルではなく，ハイブランドを中心に海外アパレルからの評価が高いとされる日本の生地において衰退産業であったにもかかわらず，どのようにして世界のトップクラスのブランドから認められる生地メーカーと成り得たのか，定型的意味的価値と進化的意味的価値の概念を用いて，メカニズムを明らかにする。そして，不調とされる他の生地メーカーとの違い，さらに不調と言われる既存の大手アパレルとどのような違いがあるのか，深く考察をしなければならない。

　以上のことから，本書で提示した機能的価値と意味的価値から２つに分類さ

れた定型的意味的と進化的意味的価値，更に進化的意味的価値から2つに分類された新奇性と伝統的性というフレームワークをより的確なものへと発展させていく。

そして，ファッションだけに留まらず，例えば近年は機能性を基盤とする電気製品などでも意味的価値へ注力する傾向も高まったことから（経済産業省，2007），将来はより幅広い商品及びブランドを対象に，消費者への受容性を価値の概念をもって解明していきたい。

また，本書ではBAPEとTREFLE+1のブランド事例研究を通して，ブランドコミュニティーの醸成に触れた。特にBAPEの分析では，ストリートファッションの準拠集団によりコミュニティーが自然に醸成され，一般層へ広がっていった伝播過程を明らかにした。しかし，企業のマーケティング施策を考えると，戦略的にこうした伝播のフロー，即ちインフルエンサーマーケティングを構築することを，今後研究していく必要性があると考える。

最後に，本書で扱った分野のデータを定量分析するには，本書で行った手法以外に，様々な分析手法があるであろう。今後はより高度な多変量解析も分析に取り入れ，より深層を究明できるよう，研究に尽力したいと考える。

# あとがき

　本書は，2024年3月に法政大学より学位を授与された博士学位論文に加筆修正を行った上で出版いたしました。執筆においては，多くの方々にご指導とご支援を承りました。この場を借りて深く感謝申し上げます。

　2025年の現在，約35年をかけて筆者が出張や旅行で訪れた国が70か国に到達しようとする中，日本の産業のプレゼンスの変化を世界で観察してきました。海外からの日本旅行・日本食・日本アニメブームが周知となるずっと以前から，日本の産業の強い実力を感じつつも，世界での日本メーカーのプレゼンスが後退したり，一部の産業ではプレゼンスがなかなか獲得できない様子を見て，自身でも何か日本の産業に貢献できないかと感じるようになりました。そして自身でレポートを作成し，幸運にも機会を得て経済産業省の官僚に提案に行ったこともありました，

　しかし，当時の筆者は，美術短大卒，職種は一貫してデザイン企画職で，他者に何かを訴えるに際し調査や研究方法は全く素人で説得力が足りないと感じました。そこで，一念発起し大学院へ進学して，日本の産業や経営・マーケティングを述べる上での体系的な学問及び調査・研究方法を学ぼうと思いました。

　法政大学大学院・修士課程では岡本義行教授より世界の産業，及び教授が研究してこられたファッション産業を学びました。同大学院博士課程では，真壁昭夫教授より行動経済学をもとにマーケティングに対して多くの示唆を頂くとともに，小方信幸教授からは，いつも温かく励ましの言葉を頂戴し研究を前に進めることができました。また，中央大学大学院の生稲史彦教授からは，研究とは何を目指すべきか根幹的な考え方をご教示頂くと同時に，研究のアイデアを沢山討議させて頂き，深い学びを頂くことができました。

　そして何よりも，博士課程研究主査をお務め頂きました井上善海教授には，研究のご指導とともに，研究者としてどうあるべきかという心得を幅広くご指導頂き，筆者が現在大学教員として教育と研究の環境を享受できたことは，一

重に井上教授のお陰であり，感謝の言葉もございません。

　さらに，筆者が所属する文化経済学会では，摂南大学の後藤和子教授，RHODES UNIVERSITY の Jen Snowball 教授をはじめ多くの先生方から，国際学会の発表や査読審査において新たな知見や重要なご示唆を頂くことができました。また，ファッションビジネス学会，マーケティング学会，日本経営学会，日本マネジメント学会でも，二松学舎大学の小具龍史先生をはじめ，多くの先生方からご教示を頂き，改めて感謝申し上げたいと存じます。

　ご多忙の中，TREFLE＋１長尾オーナーご夫妻及びスタッフ・顧客の皆様はじめ，Ｄ２Ｃブランドのオーナー様方，裏原宿の店舗の皆様方，裏原宿への来街者の皆様方などインタビューにご協力下さった皆々様，またファッション業界に関して常にタイムリーな知見を下さった同業界の常ひとみ様，今西洋様，片岡敦史様，田中さえ様をはじめ多くの皆さま方に深く感謝申し上げます。

　最後に，出版事情が厳しい中，初の単著出版の機会をお与え頂き，校正に丁寧で適格なアドバイスを下さった中央経済社納見伸之編集長及び編集スタッフの皆様に厚くお礼申し上げます。そして，どんなに悩み苦しんだ時も，常に温かく強く「自分を信じなさい」と励まし寄り添ってくれた夫・竜男，応援してくれた義母・義弟，京都の兄の家族，天国から見守ってくれた両親に，心から感謝したいと思います。

　本書を通じて，研究領域，そして日本の繊維・ファッション業界を筆頭に諸産業に対して，何か少しでも発展に貢献できる一端を担えれば幸いです。

2025年1月

江上美幸

本刊行物は，2024年度法政大学大学院優秀博士論文出版助成金の助成を受けたものです。

# 参考文献

## （外国語文献）

Aaker, D. A. (1991) *Managing brand equity,* New York: The Free Press.
（陶山計介・中田善啓・尾崎久仁博・小林哲訳『ブランド・エクイティ戦略: 競争優位をつくりだす名前, シンボル, スローガン』ダイヤモンド社, 1994年)

Aaker, D. A. (1996) *Building strong brands,* New York:The Free Press.
（陶山計介・小林哲・梅本春夫・石垣智徳訳『ブランド優位の戦略: 顧客を創造するBIの開発と実践』ダイヤモンド社, 1997年)

Acharya, C., & Elliott, G. (2001) An examination of the effects of 'country-of-design'and 'country-of assembly'on quality perceptions and purchase intentions, *Australasian Marketing Journal (AMJ),* 9(1), 61-75.

Au, J. S. C., Taylor, G., Newton, E. W. (2000) East and West Think Differently? The European and Japanese Fashion Designers, *Journal of Fashion Marketing and Management,* 4(3), 223-242.

Babicheva, E. (2019) *Building the fashion business of the future: Everlane and its radical transparency,* London: SAGE Publications: SAGE Business Cases Originals.

Baudrillard, J. (1970) *La Société de consommation: Ses mythes, ses structures,* Paris: ÉditionsDenoël.
（今村仁司・塚原史訳『消費社会の神話と構造』紀伊国屋書店, 2015年)

Booms, B. & Bitner, M.J. (1981) Marketing strategies and organizational structures for service firms, *Marketing of services,* 47-51.

Borden, N. H. (1964) The concept of the marketing mix, *Journal of advertising research,* 4(2), 2-7.

Bourdieu, P. (1979). *La distinction: Critique sociale du jugement,* Paris: Éditions de Minuit.
（石井洋二郎訳『ディスタンクシオンⅠ社会的判断力批判』藤原書店, 1990年)

Bourne, F. S. (1957) Group Influence in Marketing and Public Relations. *Some Applications of Behavioral Research,* 207-205.

Chae, H., & Ko, E. (2016) Customer social participation in the social networking services and its impact upon the customer equity of global fashion brands, *Journal of Business Research,* 69(9), 3804-3812.

Chao, P. (1993) Partitioning country of origin effects: consumer evaluations of a hybrid product, *Journal of international business studies,* 24, 291-306.

Cheema, A., & Kaikati, A. M. (2010) The effect of need for uniqueness on word of mouth, *Journal of Marketing research,* 47(3), 553-563.

Choi, M. Y. (2013) A study on formation of brand attitude and brand loyalty by the activities in consumer-driven online fashion brand community, *Journal of the Korean Society of Costume,* 63(2), 110-124.

Christensen, C. M. (1997) *The innovator's dilemma: when new technologies cause great firms to fail.* Boston: Harvard Business School Press.

Christensen, C. M. (2006) The ongoing process of building a theory of disruption, *Journal of Product Innovation Management,* 23(1), 39-55.

Christensen, C. M. Raynar. M.E & McDonald. R (2015) What is disruptive innovation?, *Harvard Business Review,* 93(12), 44-53.

Delbaere, M., Michael, B., & Phillips, B. J. (2021) Social media influencers: A route to brand engagement for their followers, *Psychology & Marketing,* 38(1), 101-112.

De Veirman, M., Cauberghe, V., & Hudders, L. (2017) Marketing through Instagram influencers: the impact of number of followers and product divergence on brand attitude, *International journal of advertising*, 36(5), 798-828.

Diaz Soloaga, P., & Garcia Guerrero, L. (2016) Fashion films as a new communication format to build fashion brands, *Communication & Society*, 29(2), 45-61.

Dichter, E. (1966) How word-of-mouth advertising works, *Harvard business review*, 44, 147-166.

Dobni, D., & Zinkhan, G. M. (1990) In search of brand image: A foundation analysis, *Advances in Consumer Research*, 17, 110-119.

Dolich, I. J. (1969). Congruence relationships between self images and product brands. *Journal of marketing research*, 6(1), 80-84.

Duman, E. (2020) Kawaii Culture's Influence as Part of Japanese Popular Culture Trends in Turkey, *GPJ Global Perspectives on Japan*, 88-106.

Egami, M. Value Creation of D2C Fashion Brands in Japan. *Fashion Theory*,

English, B. (2011) Sartorial deconstruction: The nature of conceptualism in postmodernist Japanese fashion design. *The International Journal of the Humanities*, 9(2), 81-85.

Festinger, L. (1954) A theory of social comparison processes, *Human relations*, 7(2), 117-140.

Fletcher, K. (2010) Slow fashion: An invitation for systems change, *Fashion practice*, 2(2), 259-265.

Fukai, A. (1996) Japonism in fashion, *Japonism in Fashion*, 16-27.

Gardner, B. B., & Levy, S. J. (1955) The product and the brand, *Harvard business review*, 33(2), 33-39.

Gobe, M. (2001) *Emotional Branding: The New Paradigm for Connecting Brands to People*, New York: Allworth Press.

Goldsmith, R. E., Freiden, J. B., & Kilsheimer, J. C. (1993) Social values and female fashion leadership: A cross - cultural study. *Psychology & Marketing*, 10(5), 399-412.

Grosz, E. (2010) *Feminism, materialism, and freedom. New materialisms: Ontology, agency, and politics*, North Carolina: Duke University Press, 139-157.

Gutman, J., & Mills, M. K. (1982) Fashion life-style, self-concept, shopping orientation, and store patronage: An integrative analysis, *Journal of retailing*, 58(2), 64-86.

Hall, S. R. (1921) *The advertising handbook: A reference work covering the principles and practice of advertising*, Montana: Kessinger Publishing.

Hamilton, R., Ferraro, R., Haws, K. L., & Mukhopadhyay, A. (2021) Traveling with companions: The social customer journey, *Journal of Marketing*, 85(1), 68-92.

Han, C. M., & Terpstra, V. (1988) Country-of-origin effects for uni-national and bi-national products, *Journal of international business studies*, 19, 235-255.

Holbrook, M. B., & Hirschman, E. C. (1982a) Hedonic consumption: Emerging concepts, methods and propositions, *Journal of marketing*, 46(3), 92-101.

Holbrook, M. B., & Hirschman, E. C. (1982b) The experiential aspects of consumption: Consumer fantasies, feelings, and fun, *Journal of consumer research*, 9(2), 132-140.

Holbrook, M. B. (2006) Consumption experience, customer value, and subjective personal introspection: An illustrative photographic essay, *Journal of business research*, 59 (6), 714-725.

Hong, K. H., & Liu, J. (2009) Korean fashion brand purchasing behavior by fashion leadership and Korean wave of college women students in China, *Journal of the Korean Society of Clothing and Textiles*, 33(4), 655-665.

Hotelling, H. (1929) Stability in competition, *The economic journal*, 39(153), 41-57.

Huang, P. Y., Kobayashi, S., & Isomura, K. (2014) How UNIQLO evolves its value proposition and brand image: imitation, trial and error and innovation, *Strategic Direction*, 30(7), 42-45.

Hyman, Herbert H. (1942) The Psychology of Status, *Archives of Psychology*, 269, 94-102.

Iglesias, O., Markovic, S., Singh, J. J., & Sierra, V. (2019) Do customer perceptions of corporate services brand ethicality improve brand equity? Considering the roles of brand heritage, brand image, and recognition benefits, *Journal of business ethics*, 154, 441-459.

Ind, N., & Horlings, S. (Eds.). (2016) *Brands with a conscience: How to build a successful and responsible brand*, London: Kogan Page Publishers.

Isomura, K., & Huang, P. Y. (2016) MUJI's way to build a global brand: integrating value communication into product and store development, *Strategic Direction*, 32(4), 8-11.

Jin,B.E., & Shin, D. C. (2020) Changing the game to compete: innovations in the fashion retail industry from the disruptive business model, *Kelly School of Business, INDIANA UNIVERSITY*, 1-11

Jun, D. G., & Rhee, E. Y. (2009) The effects of fashion innovativeness and style-innovation attributes of fashion adoption, *Journal of the Korean Society of Clothing and Textiles*, 33(10), 1564-1574.

Kang, J. Y. M. (2019) What drives omnichannel shopping behaviors? Fashion lifestyle of social-local-mobile consumers, *Journal of Fashion Marketing and Management: An International Journal*, 23(2), 224-238.

Kawamura, Y. (2004) The Japanese revolution in Paris fashion, *Fashion theory*, 8(2), 195-223.

Keller, K. L. (1993) Conceptualizing, measuring, and managing customer-based brand equity, *Journal of marketing*, 57(1), 1-22.

Keller, K. L. (2013) *Strategic Brand Management Forth Edition*. London: Person Education, Inc.
（恩藏直人監訳『エッセンシャル戦略的ブランド・マネジメント［第4版］』東急エージェンシー, 2015年）

Khalifa, A.S. (2004) Customer value: a review of recent literature and an integrative configuration, *Management decision*, 42(5), 645-666.

Kim, A. J., & Ko, E. (2012) Do social media marketing activities enhance customer equity?, An empirical study of luxury fashion brand. *Journal of Business research*, 65(10), 1480-1486.

Kim, W. B., & Choo, H. J. (2019) The effects of SNS fashion influencer authenticity on follower behavior intention-focused on the mediation effect of fanship, *Journal of the Korean Society of Clothing and Textiles*, 43(1), 17-32.

Koma, K. (2013) Kawaii as represented by wearers in France using the example of Lolita fashion, *Regioninės studijos*,(7), 67-82.

Kotler, P., Bloom, P,N., & Hayes, T. (2002) *Marketing Professional Services, Revised*, Hoboken, NJ: Prentice Hall Press.

Kotler, P., & Gertner, D. (2002) Country as brand, product, and beyond: A place marketing and brand management perspective, *Journal of brand management* , 9 (4), 249-261.

Kotler, P., Hessekiel, D., & Lee, N. (2012) *Good Works!: Marketing and Corporate Initiatives that Build a Better World...and the Bottom Line*. Hoboken, NJ: Wiley.

Kotler, P., Kartajaya, H., & Setiawan, I. (2016) *Marketing 4.0: moving from Traditional*

*to Digital*, New Jersey: John Wiley & Sons.
（恩藏直人監訳, 藤井清美訳『コトラーのマーケティング4.0: スマートフォン時代の究極法則』朝日新聞出版, 2017年）

Kotler, P., & Keller, K. L. (2006) *Marketing management 12e*, London: Pearson Education, Inc.
（恩藏直人監修, 月谷真紀訳『コトラー＆ケラーのマーケティング・マネジメント第12版』丸善出版, 2014年）

Lemon, K. N., & Verhoef, P. C. (2016) Understanding customer experience throughout the customer journey, *Journal of marketing*, 80(6), 69-96.

Lienhard, S., Schögel, M., & Boppart, A. (2021) The Prerequisites for D2C Strategies A Close View at Established Consumer Goods Manufacturers, *Marketing Review St. Gallen*, 38(6), 10-17.

Lipovetsky, G., Porter, C., & Sennett, R. (1994) *The empire of fashion: Dressing modern democracy* . Princeton, NJ: Princeton University Press.

Liu, J. (2022) Research on the Business Strategy and Deficiency of the Fast Fashion Industry to Enhance Development-a Case Study of Shein, *2nd International Conference on Economic Development and Business Culture (ICEDBC 2022)*,1794-1801.

Lorenzo-Romero, C., Andrés-Martínez, M. E., & Mondéjar-Jiménez, J. A. (2020) Omnichannel in the fashion industry: A qualitative analysis from a supply-side perspective, *Heliyon*, 6(6), e04198.

Lovelock, C. & Wright, L. (1999) *Principles of Services Marketing and Management*, Hoboken, NJ: Prentice Hall.
（小宮路雅博監訳・高畑康・藤井大拙訳『サービス・マーケティング原理』白桃書房, 2002年）

Lovett, M. J., Peres, R., & Shachar, R. (2013) On brands and word of mouth. *Journal of marketing research*, 50(4), 427-444.

Lusch, R. F., & Vargo, S. L. (2014) *Service-dominant logic: Premises, perspectives, possibilities*, Cambridge University Press.

Lynch, S., & Barnes, L. (2020) Omnichannel fashion retailing: examining the customer decision-making journey, *Journal of Fashion Marketing and Management: An International Journal*, 24(3), 471-493.

MacLean. J. (1980) Reviewed Work: *Fashion: Consumer Behavior Toward Dress* George B. Sproles. *The Journal of Consumer Affairs,* 14(2), 503-505.

Malik, M. E., Ghafoor, M. M., Iqbal, H. K., Ali, Q., Hunbal, H., Noman, M., & Ahmad, B. (2013) Impact of brand image and advertisement on consumer buying behavior, *World Applied Sciences Journal*, 23(1), 117-122.

Marra-Alvarez, M. (2010) When the West Wore East: Rei Kawakubo, Yohji Yamamoto and The Rise of the Japanese Avant-Garde in Fashion, *Dress Study*, 57.

McCarthy, E. J. (1960) Basic marketing: a managerial approach, Homewood: Richard D. Irwin. Inc.

Mears, P. (2008) Exhibiting Asia: the global impact of Japanese fashion in museums and galleries. *Fashion Theory*, 12(1), 95-119.

Muniz, A. M., & O'guinn, T. C. (2001) Brand community. *Journal of consumer research*, 27(4), 412-432.

Park, C. W., Jaworski, B. J., & MacInnis, D. J. (1986) Strategic brand concept-image management. *Journal of marketing*, 50(4), 135-145.

Park, C. W., & Lessig, V. P. (1977). Students and housewives: Differences in susceptibility to reference group influence. *Journal of consumer Research*, 4(2), 102-110.

Pine, B. J., Pine, J., & Gilmore, J. H. (1999) *The experience economy: work is theatre & every business a stage*, Boston: Harvard Business Press.

Polhemus, T. (1994). *Streetstyle: From Sidewalke to Catwalk.* Thames & Hudson.

Prahalad, C. K., & Ramaswamy, V. (2004a) Co-creation experiences: The next practice in value creation, *Journal of interactive marketing*, 18(3), 5-14.

Prahalad, C. K., & Ramaswamy, V. (2004b) Co‐creating unique value with customers, *Strategy & leadership*, 32(3), 4-9.

Puccinelli, N. M., Goodstein, R. C., Grewal, D., Price, R., Raghubir, P., & Stewart, D. (2009) Customer experience management in retailing: understanding the buying process, *Journal of retailing*, 85(1), 15-30.

Riesman, D. (1964) *Abundance for what?*, Garden City: Doubleday & Company.
（加藤秀俊訳『何のための豊かさ: 現代論集第二巻』みすず書房、1968年）

Rigby, D. (2011) The future of shopping, *Harvard business review*, 89(12), 65-76.

Rogers, E. M. (2003) [1962] *Diffusion of Innovations fifth edition,* New York: Free Press.

Rose, M.C., Kuribayashi, H., & Saionji, R. (2022) Kawaii Affective Assemblages: Cute New Materialism in Decora Fashion, Harajuku, *M/C Journal*, 25(4).

Ryu, J. S. (2019) Consumer characteristics and shopping for fashion in the omni-channel retail environment, *Journal of business, economics and environmental studies*, 9 (4), 15-22.

Salem Khalifa, A. (2004) Customer value: a review of recent literature and an integrative configuration, *Management decision*, 42(5), 645-666.

Sato, N. (1999) Muji: A Japanese Brand Meets the UK, *Design Management Journal (Former Series)*, 10(4), 42-46.

Schmitt, B. (1999) Experiential marketing, *Journal of marketing management*, 15(1-3), 53-67.

Sheth, J. N., Newman, B. I., & Gross, B. L. (1991) Why we buy what we buy: A theory of consumption values, *Journal of business research*, 22(2), 159-170.

Shocker, A. D., & Srinivasan, V. (1979) Multiattribute approaches for product concept evaluation and generation: A critical review, *Journal of Marketing Research*, 16(2), 159-180.

Schooler, R. D. (1965) Product bias in the Central American common market. *Journal of marketing research*, 2(4), 394-397.

Simmel, G. (1904). Fashion. *International Quarterly*, 10(1), 136.

Sinha, R. (2018). A comparative analysis of traditional marketing vs digital marketing, *Journal of Management Research and Analysis*, 5(4), 234-243.

Soloaga, P. D., & Guerrero, L. G. (2016) Fashion films as a new communication format to build fashion brands, *Communication & Society*, 29(2), 45-61.

Sproles, G. B. (1979) *Fashion: Consumer behavior toward dress,* South Yorkshire: Burgess Pub. Co.

Stobart, P. (1994) *brand power,* New York: New York Univ Pr.

Sweeney, J. C., & Soutar, G. N. (2001) Consumer perceived value: The development of a multiple item scale, *Journal of retailing*, 77(2), 203-220.

Tedlow, R. S. (1990) *New and improved: The story of mass marketing in America*, Boston: Harvard Business Review Press.

Thomas, L. J., Brooks, S., & McGouran, C. (2020) Antecedents of value co-creation activities for online fashion brands. *Journal of Strategic Marketing*, 28(5), 384-398.

Todeschini, B. V., Cortimiglia, M. N., Callegaro-de-Menezes, D., & Ghezzi, A. (2017)

Innovative and sustainable business models in the fashion industry: Entrepreneurial drivers, opportunities, and challenges, *Business horizons*, 60(6), 759-770.

Toyoshima, N. (2015) Kawaii fashion in Thailand: The consumption of cuteness from Japan, *Journal of Asia-Pacific Studies* (*Waseda University*), (24).

Tse, D. K., & Lee, W. N. (1993) Removing negative country images: Effects of decomposition, branding, and product experience, *Journal of International Marketing*, 1(4), 25-48.

Tynan, C., McKechnie, S., & Chhuon, C. (2010) Co-creating value for luxury brands, *Journal of business research*, 63(11), 1156-1163.

Uchańska-Bieniusiewicz, A., & Obłój, K. (2023) Disrupting fast fashion: A case study of Shein's innovative business model, *International Entrepreneurship Review*, 9(3), 47-59.

Usunier, Jean-Claude. (2011) The shift from manufacturing to brand origin: suggestions for improving COO relevance, *International Marketing Review*, 28(5), 86-496.

Vargo, S. L., & Lusch, R. F. (2004) Evolving to a new dominant logic for marketing, *Journal of marketing*, 68(1), 1-17.

Vargo, S. L., & Lusch, R. F. (2008) Service-dominant logic: continuing the evolution, *Journal of the Academy of marketing Science*, 36, 1-10.

Vargo, S. L., & Lusch, R. F. (2014) *Service-dominant logic: Premises, perspectives, possibilities*, Cambridge: Cambridge University Press.
（井上崇通監訳, 庄司真人・田口尚史訳『サービス・ドミナント・ロジックの発想と応用』同文館出版, 2016年）

Vargo, S. L., & Lusch, R. F. (2016) Institutions and axioms: an extension and update of service-dominant logic. *Journal of the Academy of marketing Science*, 44, 5-23.

Veblen, T., & Galbraith, J. K. (1973) *The theory of the leisure class* (*Vol. 1899*), Boston: Houghton Mifflin.

Verlegh, P. W., & Steenkamp, J. B. E. (1999) A review and meta-analysis of country-of-origin research, *Journal of economic psychology*, 20(5), 521-546.

Wind, Y. (1973) A new procedure for concept evaluation, *Journal of marketing*, 37(4), 2-11.

Woo, H., & Jin, B. (2014) Asian apparel brands' Internationalization: the application of theories to the cases of Giordano and Uniqlo, *Fashion and Textiles*, 1, 1-14.

Yang, W. D., Kim, S. A., & Rhee, Y. S. (2012) Preference for Korean popular culture on purchase intention of Korean fashion products-Focus on the Dalian areas of China, *Journal of the Korean Society of Clothing and Textiles*, 36(2), 206-217.

Zeithaml, V. A., Parasuraman, A., & Berry, L. L., (1988) SERVQUAL: A multiple-item scale for measuring consumer perceptions of service quality, *Jouanal of Retailing*, 64(1), 12-40.


**（日本語文献）**

會澤まりえ・大野実・ダレン ジラード・美佳子ジラード（2010）「アメリカにおけるクールジャパン現象」『尚絅学院大学紀要』第60号, pp.65-78

青木幸弘（2011）『価値共創時代のブランド戦略: 脱コモディティ化への戦略』ミネルヴァ書房

東弘子（2019）「海外における日本ポップカルチャー受容のかたち: インドネシアの学生を調査対象として」『愛知県立大学大学院国際文化研究科論集』第20号, pp.1-16

網倉久永・新宅純二郎（2011）『経営戦略入門』日本経済新聞出版社

安蔵裕子・小泉真貴子（2008）「「モダン・ガール」にみる服飾文化」『学苑・近代文化研究所紀要』

第815号, pp.98-115

石田かおり（2012）「日本のカワイイ文化の特質・来歴とその国際発信について」『駒澤大学紀要』第19号, pp.57-68

和泉志穂・赤岡仁之（2015）「消費者行動における感性価値の研究: 複数の感覚項目の関係性および性差・世代差からの検討」『繊維製品消費科学』第56巻第7号, pp.613-619

市川智美（2019）「ファッション業界のサスティナブル化に向けたマーケティング戦略研究: 消費者の環境意識と行動の不一致への対策」『文化ファッション大学院大学紀要論文集ファッションビジネス研究』第6号, pp.42-48

伊藤和子（2019）「ファストファッション 安さの理由: その裏側の人権侵害にいどむ」『Posse＝ ポッセ』第42号, pp. 84-91

井上雅人（2019）『ファッションの哲学』ミネルヴァ書房

岩本愛子（2013）「TOKYO GIRLS SENSATION「カワイイ」に潜在する2.5次元化した身体の考察」『東京芸術大学大学院美術研究科先端芸術表現研究領域』平成25（2013）年度博士後期学位論文

上田雅夫（2009）「被験者連想ネットワーク法による消費者イメージの把握」『行動計量学』第36巻第2号, pp.81-88

江上美幸（2015）「中国における日本ファッションの受容性に関する考察: ブランディング戦略に着目して」法政大学大学院政策創造研究科修士学位論文

江上美幸（2020）「中国における日本ファッションの人気の系譜と受容性に関する考察」『ファッションビジネス学会』第25号, pp.1-14

江上美幸（2022a）「カスタマージャーニーを用いた「裏原宿」におけるインバウンド旅行者への誘因性に関する考察: 中国人来街者を事例として」『マーケティングジャーナル』第41巻第4号, pp.80-92

江上美幸（2022b）「中国における日本ファッションブランドの受容性: 日韓ファッションブランドへのイメージと認知に対する比較」『文化経済学会』第19巻第1号, pp.20-33

江上美幸（2022c）「D2Cアパレルブランドの類型及び特性に関する考察」『ファッションビジネス学会GAKKAI PRESS』第1号研究報告3

江上美幸（2024）「日本ファッションブランドにおける価値創造に関する研究」法政大学博士学位論文

江戸克栄（2012）『コンテクストデザイン戦略: 伊勢丹メンズ館の成功を「組み合わせのコンテクストデザイン」で読み説く: ユーザーの理解に基づく新しいマーチャンダイジング発想』芙蓉書房

遠藤功（2007）『プレミアム戦略』東洋経済新報社

大川知子（2015）「仏国クチュール・メゾンの産業貢献: 日本と Christian Dior 社との関係を事例として」『日仏経営学会誌』第32号, pp.18-30

大谷毅・高橋正人・乾滋・森川英明・高寺政行（2014）「日本のファッション事業と国際プレゼンス」『日本感性工学会論文誌』第13巻第5号, pp.629-668

大村邦年（2017）『ファッションビジネスの進化: 多様化する顧客ニーズに適応する，生き抜くビジネスとは何か』阪南大学叢書

岡崎早由里・西尾珠里・和田林総一郎（2015）「クールコリア政策にみる日本のコンテンツ輸出政策」『早稲田社会科学総合研究 別冊』2014年度学生論文集, pp.83-97

小川孔輔（2009）『マーケティング入門』日経BP

尾原蓉子（2016）『グローバリゼーションとデジタル革命から読み説く: Fashion Business創造する未来』繊研新聞社

片岡進（2023）「サステナブル・ファッション: 日本の進むべき方向」『繊維製品消費科学』第64号, pp.428-433

金澤敦史・菊池一夫，・大下剛・ 町田一兵（2021）「D2C ビジネスモデルの解明: Warby Parker の事例を中心にして」『愛知学院大学論叢. 経営学研究』第31巻第1号, pp.1-9

金澤敦史・菊池一夫・齋藤典晃・井上崇通（2022）「D2C ブランドのオムニチャネル戦略の展開: ARTIDA OUDの事例を中心にして」『明大商學論叢第』第104巻第4号, pp.43-57

鎌田純一・中野かおり（2013）「クールジャパンの海外展開支援: 株式会社海外需要開拓支援機構法案」『立法と調査』第340号, pp.42-54

川崎健太郎・川勝敏郎（1976）「ファッションダイナミックス 第3報: レディスカジュアルファッションの基調分析」『繊維製品消費科学』第17巻第4号, pp. 135-141

川嶋幸太郎（2008）『なぜユニクロだけが売れるのか: 世界を制するプロモーション戦略と店舗オペレーション』ぱる出版

河島伸子（2017）「日本食のグローバル化と模倣食品問題」『文化経済学』第14巻第2号, pp.1-19

菅野朋子（2022）『韓国エンタメはなぜ世界で成功したのか』文春新書

北方晴子・古賀令子（2011）「中国ファッション誌の現在」『文化女子大学紀要: 服装学・造形学研究』第42号 pp.21-30

木下明浩（1990）「1980年代日本におけるアパレル産業のマーケティング(1):「ブランド開発」の分析」『經濟論叢』第146巻第2号, pp.67-85

姜瑩（2022）「ライブコマースにおけるインフルエンサーの顧客エンゲージメントに対する影響」『日本経営診断学会論集』第22号, pp.89-95

許伸江（2005）「都市型クラスターの地域ブランド力: 原宿地域にみる複合サブクラスターのダイナミズム」『三田商学研究』第48巻第1号, pp.265-277

許伸江（2009）「東京都原宿地域のアパレル産業集積と中小企業の役割」『企業環境研究年報』第14号, pp.115-132

楠木建（2006）「次元の見えない差別化: 脱コモディティ化の戦略を考える」『一橋大学イノベーション研究センター』第53巻第4号, pp.6-24

楠木建・阿久津聡（2006）「カテゴリー・イノベーション: 脱コモディティ化の理論」『組織化学』第39巻第3号, pp.4-18

熊倉雅仁（2016）「小売業態の変革の理論的考察: チャネル革新がもたらすオムニチャネル業態」『高千穂論叢,』第51巻第3号, pp.47-74

経済産業省編集（2014）『平成25年度クールジャパンの芽の発掘・連携促進事業: ファッション業況調査及びクールジャパンのトレンド・セッティングに関する波及効果・波及経路の分析』一般財団法人経済産業調査会

小泉真理子（2017）「コンテンツのローカライゼーション・フレームワークに関する研究: 米国の日本アニメビジネスを基に」『文化経済学』第14巻第2号, pp.20-32

黄愛珍（2017）「訪日中国人観光客の旅行とインバウンド消費の動向」『アジア研究』第12巻, pp.25-40

康賢淑（1998）「戦後日本のアパレル産業の構造分析」『經濟論叢』第161巻第4号, pp.86-109

小島健輔（2020）『アパレルの終焉と再生』朝日新書

後藤和子（2014）「クリエイティブ産業の産業組織と政策課題: クールジャパンに求められる視点」『日本政策金融公庫論集』第22号, pp.57-70

齋藤通貴・三浦俊彦（2020）『文化を競争力とするマーケティング: カルチャー・コンピタンスの戦略原理』中央経済社

坂口昌章（2010）「中国ビジネスの発想の転換」『繊維トレンド』2010年7・8月号, pp.15-17

佐々木康祐（2020）「D2C「世界観」と「テクノロジー」で勝つブランド戦略」ニューズピックス

島田浩司（2013）「中国ファッションビジネスの戦い方が変わった」『繊維トレンド』第9号3・4月号, pp.38-41

島田正徳（2011）「インタビュー豊田通商の海外ファッションリテールビジネス: 特集　商社とファッションビジネス」『日本貿易会月報』第689号, pp.18-20

島根県立石見美術館・国立新美術館（2021）『ファッションインジャパン1945-2020流行と社会』青幻舎

周敏棠（2018）「中国における無印良品の事業展開に関する一考察」『商大ビジネスレビュー』第7巻

第4号, pp. 81-93

杉浦非水（2021）『ファッションインジャパン1945-2020流行と社会』青幻舎

杉田宗聴（2016）「国内ファストファッションによるクイック・レスポンスとグローバル化の現状」『阪南論集. 社会科学編』第52巻第1号, pp.31-61

杉原淳一・染原睦美（2017）『誰がアパレルを殺すのか』日経BP社

鈴木絢子（2013）「クールジャパン戦略の概要と論点」『国立国会図書館』804号, pp.1-13

宋立水（2012）「ファッションビジネス学会第10回定期総会講演 ファッションビジネスにおける中国事情」『ファッションビジネス学会東日本支部講演論文集』第6号, pp. 1-10

蘇文（2015）「ネット・クチコミが消費者行動に及ぼす影響のメカニズム: 中国の旅行サービスに関する実証的研究」『北海道大学博士（国際広報メディア）』甲第11942号

高橋哲郎（2014）「韓国のコンテンツ産業の現状と輸出振興策に関する一考察」『富山国際大学現代社会学部紀要』第6巻第128号, pp.127-142

竹之内玲子・原田保（2012）『コンテクストデザイン戦略: グローバル戦略のコンテクストデザイン: グローバルブランドの構築』芙蓉書房出版

田中則仁（2010）「企業のものづくり戦略: 品質への一考察」『国際経営論集』第40巻, pp.1-10

田中洋（1997）「ブランド志向のマーケティング管理概念序説」『城西大学経済経営紀要』第15巻第1号, pp.71-85

田村正紀（2016）『経営事例の物語分析: 企業盛衰のダイナミクスをつかむ』白桃書房

田柳優子（2021）「インド・コットン生産における児童労働課題の現状とサステナブルコットンの可能性」『繊維学会誌』第77巻第1号, pp.18-21

千村典生（1996）「アパレル・ファッション「繊維の50年を振り返る」（その3）」『繊維機械学会誌』第49巻第5号, pp.262-268

張国峰（2018）「訪日中国人観光客による爆買いに関する一考察」『長崎県立大学東アジア研究所・東アジア評論』第10号, pp.105-117

月泉博（2015）『ユニクロ世界一をつかむ経営』日本経済新聞出版社

電通総研（2013）「中国における日系ブランドの軌跡:中国市場のマーケティングは日本式品質主義から中国式定評ブランディングへ」『GLOBAL INSIGHT REPORT』2013年8月第3号

豊島昇（2019）「国境を超える日本食文化: タイにおける日本食人気のメカニズム」『共立女子短期大学生活科学紀要』第62巻, pp.1-13

長沢伸也（2020）「「旗艦店戦略」によるブランド構築 ユニクロと無印良品の海外事例に見る」『商品開発・管理研究』第17巻1号, pp. 26-46

中野香織（2020）『「イノベーター」で読むアパレル全史』日本実業出版社

中村博之（2013）「「オムニチャネル」活用による顧客接点の再構築に向けて: チャネルの融合を促進する技術と推進体制（特集 ネットとリアルの融合 ICT を活用したビジネスモデル改革の実践）」『知的資産創造』第21巻第5号, pp.28-39

中村由佳（2006）「ポスト80年代におけるファッションと都市空間」『年報社会学論集』2006年第19号, pp.189-200

難波功士（2006）「戦後ユース・サブカルチャーズをめぐって(5): コギャルと裏原系」『関西学院大学社会学部紀要』第100号, pp.101-132

西川英彦・澁谷覚（2019）『1からのデジタル・マーケティング』碩学舎

日本ファッション教育振興協会（2003）『ファッションビジネス（Ⅱ）』日本ファッション教育振興協会

日本ファッション教育振興協会（2017）『ファッションビジネス用語辞典（改訂第3版）』日本ファッション教育振興協会

延岡健太郎（2006）「意的価値の創造: コモディティ化を回避するものづくり」『國民経済雑誌』第194巻第6号, pp.1-14

延岡健太郎（2008）「価値づくりの技術経営: 意的価値の創造とマネジメント」『一橋大学イノベーションセンター』第8巻第5号

延岡健太郎（2011）『価値づくり経営の論理: 日本製造業の生きる道』日本経済新聞出版社

朴正洙（2012）『消費者行動の多国間分析: 原産国イメージとブランド戦略』千倉書房

馬場正実（2017）「ファッション産業における価値共創」『サービソロジー』第4巻第3号, pp. 4-11

馬場正実（2021）「ファッション産業におけるオムニチャネル戦略に関する考察: DX 推進に着目して」『桜美林大学研究紀要社会科学研究』第1号, pp.161-175

原田保（2012）『コンテクストデザイン戦略: コンテクストデザインの戦略的意義』芙蓉書房出版

原田保・三浦俊彦（2012）『コンテクストデザイン戦略: コンテクストデザイン戦略枠組み:競争優位の獲得のために』芙蓉書房出版

原田保・三浦俊彦・高井透編著・戦略研究学会編集（2012）『コンテクストデザイン戦略:価値発現のための理論と実践』芙蓉書房出版

東野充成（2003）「ファッション誌の受容と青少年のアイデンティティ構成」『飛梅論集』第3号, pp.31-49

ファッションビジネス学会監修（2017）『ファッションビジネス用語辞典改訂第3版』日本ファッション教育振興協会

フェデリカ, カルロット（2014）「明治初期・中期日本における「洋装化」に関する一研究:「服装」と「社会的アイデンティティの位置」との関連性を中心に考える」アルザス日欧知的交流事業日本研究セミナー「明治」報告書

深井晃子（1993）『パリ・コレクション: モードの生成・モードの費消』講談社現代新書

福田泰生（2023）「アダストリアのサステナビリティ: ファッションのワクワクを, 未来まで」『繊維製品消費科学』第64巻, pp.434-441

福田稔（2019）『2030年アパレルの未来』東洋経済新報社

福田康典（2013）「価値共創概念の再考」『日本経営診断学会論集』第13号, pp.1-6

藤井孝宗（2017）「海外からのインバウンド旅行者の国内消費行動に関する考察: RESAS ビッグデータにもとづく定量的把握」『産業研究: 高崎経済大学地域科学研究所紀要』第52巻第2号, pp.108-121

藤田結子・成実弘至・辻泉（2017）『ファッションで社会学する』有斐閣

古川裕康（2016）『グローバル・ブランド・イメージ戦略: 異なる文化圏ごとにマーケティングの最適化を探る』白桃書房

方弘琛（2020）「インフルエンサーマーケティングが消費者行動に対する影響要因」『慶應義塾大学』2020年度経営学修士学位論文

本庄加代子（2020）「新しい「服」を創造するユニクロのブランド・イメージの変化とそのアイデンティティのマネジメントの考察」『マーケティングジャーナル』第40巻第2号, pp.94-103

増田明子（2010）「製造小売業のグローバル化におけるストア・ブランド移転:「MUJI」日本から香港へ」『商学研究科紀要』第71号, pp.215-230

松井剛（2019）『アメリカに日本のマンガを輸出する: ポップカルチャーのグローバル・マーケティング』有斐閣

松下久美（2010）『ユニクロ進化論』ビジネス社

松本一朗（2016）「訪日外国人観光客の増加とインバウンド・ツーリズムの興隆: 小売業への影響に関する一考察」『日本経大論集』第46巻第1号, pp.237-247

三浦俊彦（2014）「クールジャパンの理論的分析: COO（原産国）効果・国家ブランドと快楽的消費」『商学論纂』第56巻第3・4号, pp.123-167

三田知実（2006）「消費下位文化主導型の地域発展」『日本都市社会学会年報』第2006巻第24号, pp.136-151

三田知実（2007）「文化生産者による文化消費者の選別過程: 東京渋谷・青山・原宿の「独立系ストリートカルチャー」を事例として」『応用社会学研究 』第49巻, pp.227-240

南目美輝（2021）『ファッションインジャパン1945-2020流行と社会』青幻舎

宮本文幸（2013）「中国における化粧品市場の成り立ちと今後の展望」『愛知大学国際問題研究所紀要』第141号, pp.81-97

森井結香（2018）「近代女性の洋装化とファッションからみるその生き方」『京都学園大学人文学部学生論集』2018年, pp.1-21

森英恵（1993）『ファッション: 蝶は国境をこえる』岩波新書

矢部直人（2012）「「裏原宿」におけるアパレル小売店集積の形成とその生産体制の特徴」『地理学評論 Series A』第85巻第4号, pp. 301-323

山村貴敬（2011）「ファッション産業の現状と今後の展望」『日本貿易会月報』第689号, pp.10-13

山本浄邦（2023）『K-POP現代史: 韓国大衆音楽の誕生からBTSまで』ちくま新書

山本耀司・宮智泉（2013）『服を作る: モードを超えて』中央公論新社

姚峰・李瑶・李艶紅（2015）「訪日中国人観光客旅行先選択の影響要因分析」『香川大学経済学部・研究年報』第55巻, pp.27-50

横川美郁（2006）「中国ファッション誌」『繊維トレンド』11・12月号. pp.46-52

吉井健（2019）「オムニチャネル環境におけるアパレル商品のビジュアル・マーチャンダイジング研究と課題」『大妻女子大学家政系研究紀要』第55号, pp.45-55

吉井健（2020）「アパレル商品を購買するマルチチャネルショッパーのリアル店舗内行動の考察: リアル店舗内での情報への満足感と知覚リスク低減効果への満足感との相関性に関する実証研究」『人間生活文化研究』第30号, pp.202-232

吉井健（2021）「SNS を活用したファッションマーケティングと消費者の満足感」『人間生活文化研究』第31号, pp.37-51

吉澤かおる・阿久津聡（2003）「ブランド想起調査と考慮集合」『マーケティングジャーナル』第23巻第2号, pp.57-71

米倉誠一郎（2009）「北陸繊維産業シンポジウム講演抄録 常識なんてぶっ飛ばせ! イノベーションは辺境から」『経営センサー: 産業と経営の情報誌』第113号, pp.4-14

鷲田祐一（2014）『デザインがイノベーションを伝える』有斐閣

李希・小林敏男（2018）「訪日観光者の情報探索と購買行動に関する考察: 中国観光者の日本での購買経験をケースとして」『国際 P2M 学会研究発表大会予稿集2018春季』一般社団法人 国際 P2M 学会, pp.1-16

李玲（2013）「中国市場におけるグローバル・ブランドと原産国イメージの関係」『関西学院大学』2013年商学博士学位論文

和田充夫（2002）『ブランド価値共創』同文舘出版

渡辺明日香（2011）『ストリートファッション論: 日本のファッションの可能性を考える』産業能率大学出版部

渡辺明日香（2019）「ストリートファッションに見られるコーディネートの変遷と自己」『Fashion talks: the journal of the Kyoto Costume Institute: 服飾研究』第9巻, pp. 30-39

渡部順一（2021）「中国におけるクール・ジャパン戦略の進展: 上海市における日系食品企業のビジネス展開を事例として」『宮城學院女子大學研究論文集』第132号, pp.47-65

渡部順一・宮原育子・渡部美紀子・土屋純・兼子良久（2019）「国際異文化ビジネスの進展: 日本から台湾に進出した「うどん」企業を事例として」『人文社会科学論叢』第28号, pp.87-100

**（中国語文献）**

李琰（2021）「优衣库品牌中国市场营销策略优化」『昆明理工大学 专业学位硕士（在职）学位论文』

王一（2013）「社会化媒体发展背景下优衣库 的营销模式研究」『华东理工大学硕士专业学位论文』

**（官公庁・各種団体・調査会社資料）**

JETRO（2022）「これからの消費の牽引役: Z世代の攻略方法を探る（中国）」2022年1月19日 https://www.jetro.go.jp/biz/areareports/2022/ee67fb2ea2448399.html（2023年2月25日アクセス）

260

JETRO（2023）「海外向けEC利用に対する意欲は衰えず2023年EC化率予測」
　　2023年3月28日
　　https://www.jetro.go.jp/biz/areareports/special/2023/0303/e94b3327efa2b61a.html
　　（2023年12月17日アクセス）
Roland Berger（2016）「相手国の産業政策・制度構築の支援事業（中国：我が国のファッション産
　　業の国際競争力強化及び関係機関の連携を通じた中華圏市場への進出可能性の検討）最終報告
　　書」chrome-extension://efaidnbmnnnibpcajpcglclefindmkaj/https://dl.ndl.go.jp/view/
　　prepareDownload?itemId=info%3Andljp%2Fpid%2F11279584&contentNo=1
　　（2023年2月18日アクセス）
Roland Berger（2022）「Withコロナ時代のアパレル市場の展望」https://rolandberger.tokyo/
　　rolandberger-asset/uploads/2022/08/RB_apparel-study_summary_20220823.pdf
　　（2023年2月18日アクセス）
Statista（2022）"Fashion-China: Global Comparison"
　　https://www.statista.com/outlook/dmo/ecommerce/fashion/china（2023年 2 月25日
　　アクセス）
華通証券国際（2023）「居民対性价比关注度提升，凭借供应链优势海澜之家品牌有望提升市场份额 —
　　海澜之家（600398.SH）投资价值分析报告」
　　https://pdf.dfcfw.com/pdf/H3_AP202311141610699493_1.pdf?1699975726000.pdf
　　（2023年12月10日アクセス）
観光庁（2019）「訪日外国人の消費動向: 訪日外国人消費動向調査結果及び分析」
　　https://www.mlit.go.jp/kankocho/siryou/toukei/content/001345781.pdf（2023年 2 月
　　18日アクセス）
韓国国会予算政策処（2021）「2021年度予算案総括分析Ⅰ」
　　（2021년도 예산안 총괄 분석 I）
　　https://nabo.go.kr/Sub/01Report/01_01_ajaxBoard.jsp?bid=19&item_id=7361&arg_i
　　d=7361&funcSUB=view（2023年2月25日アクセス）
韓国文化体育観光部（2021）「2020年コンテンツ産業白書」（2020 콘텐츠 산업백서）
　　chrome-extension://efaidnbmnnnibpcajpcglclefindmkaj/https://welcon.kocca.kr/
　　cmm/fms/CrawlingFileDown.do?atchFileId=FILE_761d69a9-41ac-4e8a-bf46-
　　9b468b8ff0ae&fileSn=1（2023年2月25日アクセス）
環境省（2021）「SUSTAINABLE FASHION: これからのファッションを持続可能に」
　　https://www.env.go.jp/policy/sustainable_fashion/（2023年2月25日アクセス）
経済産業省（2007）「感性価値創造イニシアティブ: 第四の価値軸の提案」2007年5月22日https://
　　nopa.or.jp/copc/pdf/kansei-gaiyou.pdf（2023年3月11日アクセス）
経済産業省（2022a）「ファッションの未来に関する報告書」https://www.meti.go.jp/shingikai/
　　mono_info_service/fashion_future/pdf/20220428_1.pdf（2022年9月7日アクセス）
経済産業省（2022b）「2030年に向けた繊維産業の展望」https://www.meti.go.jp/shingikai/
　　sankoshin/seizo_sangyo/textile_industry/pdf/20220518_1.pdf（2022年9月7日アクセス）
経済産業省（2022c）「責任あるサプライチェーン等における 人権尊重のためのガイドライン」
　　chrome-extension://efaidnbmnnnibpcajpcglclefindmkaj/https://www.meti.go.jp/press
　　/2022/09/20220913003/20220913003-a.pdf（2023年2月25日アクセス）
経済産業省「電子商取引に関する市場調査: 衣類服飾雑貨等」https://www.meti.go.jp/policy/it_
　　policy/statistics/outlook/ie_outlook.html（2022年9月7日アクセス）
経済産業省「商業動態統計: 業種別商業販売額: 織物・衣服・身の回り品小売業」https://www.meti.
　　go.jp/statistics/tyo/syoudou/result-2/index.html（2022年9月7日アクセス）
財務省「第1表　明治初年度以降一般会計歳入歳出予算決算」
　　https://www.mof.go.jp/policy/budget/reference/statistics/data.htm（2023年 2 月25日
　　アクセス）

上海市統計局（2019）
　　　https://tjj.sh.gov.cn/tjgb/20200329/05f0f4abb2d448a69e4517f6a6448819.html
知的財産戦略本部（2019）「クールジャパン戦略」　http://www.kantei.go.jp/jp/singi/titeki2/
　　　kettei/cj190903.pdf（2023年2月20日アクセス）
内閣府「第1節日本経済とグローバル化：1グローバル化の意味」
　　　https://www5.cao.go.jp/j-j/wp/wp-je04/04-00301.html#:~:text=%EF%BC%91
内閣府（2020a）「クールジャパン関連予算（令和2年度政府提出予算）」
　　　chrome-extension://efaidnbmnnnibpcajpcglclefindmkaj/https://www.cao.go.jp/cool_
　　　japan/platform/budget/pdf/2020_gaiyou.pdf（2023年2月25日アクセス）
内閣府（2020b）「クールジャパン関連予算（令和2年度3次補正予算）」
　　　chrome-extension://efaidnbmnnnibpcajpcglclefindmkaj/https://www.cao.go.jp/cool_
　　　japan/platform/budget/pdf/2020-2_gaiyou.pdf（2023年2月25日アクセス）
日本繊維産業連盟・富吉賢一（2021）「我が国繊維産業の現状」
　　　chrome-extension://efaidnbmnnnibpcajpcglclefindmkaj/https://www.meti.go.jp/
　　　shingikai/sankoshin/seizo_sangyo/textile_industry/pdf/001_07_00.pdf（2023年2月25
　　　日アクセス）
日本総研（2020）「環境省令和2年度ファッションと環境に関する調査業務:「ファッションと環境」
　　　調査結果」
　　　https://www.env.go.jp/policy/pdf/st_fashion_and_environment_r2gaiyo.pdf（2023年
　　　2月18日アクセス）
日本百貨店協会（1991-2021）「日本百貨店協会統計年報」
北京市統計局（2020）
　　　https://nj.tjj.beijing.gov.cn/nj/main/2021-tjnj/zk/indexch.htm
矢野経済研究所（2020）「アパレル産業白書」

## （WEB情報誌）

Cafe24 Newsroom（2020）「ECビジネスを拡大する韓国発アパレルブランド」2020年4月14日
　　　https://news.cafe24.com/jp/k-fashion-designers-scaling-their-business-through-e-
　　　commerce/（2023年12月17日アクセス）
DIAMOND online（2008）「「所詮，中国」の意識から抜け出せず上海進出で成果を出せない日本企
　　　業」2008年10月16日
　　　https://diamond.jp/articles/-/3688（2023年2月25日アクセス）
ELLE（2021）「"国潮"が空前の大ブーム　中国ファッション市場のリアルを深堀り」2021年10月
　　　26日　https://www.elle.com/jp/fashion/fashion-column/a37981093/china-fashion-
　　　interview2110/（2023年2月25日アクセス）
ESMOD Fashion Work Media（2021）「コラボはファッションブランドに何をもたらす？」
　　　https://www.esmodjapon.co.jp/column/brand/brand-collaboration
　　　（2022年6月8日アクセス）
FASHIONSNAP.COM（2011）「香港企業「I.T」がA BATHING APE を買収」2011年2月1日
　　　https://www.fashionsnap.com/article/2011-02-01/it-a-bathing-ape/
　　　（2022年6月8日アクセス）
Hizasi（2021）「裏原系（裏原宿ファッション1990～2000年代）を思い出して色々考えてみるの巻」
　　　2021年5月17日
　　　https://hizasi.com/uraharajuku1/（2022年11月4日アクセス）
NHK（2022）「悩みが起業の原動力に」2022年1月14日
　　　https://www3.nhk.or.jp/news/special/news_seminar/senpai/senpai94/（2022年10月
　　　18日アクセス）

Power Reviews（2016）"5 Ways Product Reviews Benefit Independent Retailers"
https://www.powerreviews.com/blog/5-ways-product-reviews-benefit-independent-retailers/（2023年2月18日アクセス）

Record China＜中華経済＞（2008）「伊勢丹が上海の中国一号店を11月閉店—中国」2008年9月4日
https://www.recordchina.co.jp/b23583-s0-c30-d0000.html（2023年2月25日アクセス）

SB Payment Service（2023）「D2Cとは何か？従来販売モデルとの違いやメリット・デメリットを解説」2003年6月30日
https://www.sbpayment.jp/support/ec/d2c-merit/（2023年2月25日アクセス）

WFN（2020）「香港アパレル企業I.Tの業績の落ち込みから見る中国アパレルの動向」2020年12月14日
https://world-fn.com/it-hongkong-china/（2022年6月8日アクセス）

WWD（2018a）「気がつけばみんな「ユニクロ」を着ている　平成に起きたアパレル革命」2018年11月5日
https://www.wwdjapan.com/articles/733849（2023年2月18日アクセス）

WWD（2018b）「香港資本で絶好調な「ベイプ」今秋ウィメンズ向けの「ベイピー」を復活」2018年11月15日
https://www.wwdjapan.com/articles/740672（2022年6月8日アクセス）

WWD（2019）「松本恵奈の「クラネ」が好調　3年後に直営7店，売上高30億円目指す」2019年9月19日
https://www.wwdjapan.com/articles/938241（2022年10月18日アクセス）

WWD（2021）「「ベイプ」に英ファンドが投資　海外展開やECを強化」2021年6月8日
https://www.wwdjapan.com/articles/1220708（2022年6月8日アクセス）

WWD（2022a）「「D2Cとは呼ばれたくない」売上高38億円に育った「アメリ」に聞く，ファンに刺さるモノ作り【前編】」2011年4月19日
https://www.wwdjapan.com/articles/1353436（2022年10月18日アクセス）

WWD（2022b）「韓国発大手ファッションEC，「ムシンサ」が日本展開を開始　限定コラボや未上陸ブランドも多数登場」2022年7月5日
https://www.wwdjapan.com/articles/1391821（2023年12月17日アクセス）

WWD（2022c）「急成長「シーイン」に相次ぐ模倣品訴訟　「ドクターマーチン」「ステューシー」ともトラブル」2022年7月15日
https://www.wwdjapan.com/articles/1398100（2023年12月17日アクセス）

WWD（2022d）「売らない店「シーイン　トーキョー」，静かなオープン　行列は100人」2022年11月13日
https://www.wwdjapan.com/articles/1460966#:~:text（2023年12月17日アクセス）

現代ビジネス（2018）「アパレル業界を追い詰めた「三度の裏切り」…これではもう売れない」2018年9月19日
https://gendai.media/articles/-/57499（2023年3月5日アクセス）

現代ビジネス（2021）「韓国発の「縦読み漫画」が業界を席捲…「日本式漫画が駆逐される」は本当か」2021年8月2日
https://gendai.media/articles/-/85712（2023年3月5日アクセス）

繊研新聞（2019）「売れてる理由: 勢い増すビーストーン「アメリ・ビンテージ」売れ筋しか作らない　凝ったデザイン生かし」2019年3月28日
https://senken.co.jp/articles/edb82663-2321-4772-add2-8869b1bce0f5（2022年10月18日アクセス）

繊研新聞（2022）「クラネデザインの「マノフ」期間限定店で記録的販売　ディレクターの人気と商品力」2022年9月15日
https://senken.co.jp/articles/36a7c17e-87b4-46f0-8c78-4b76d06726de（2022年10月

18日アクセス）

中国網日本語版（2011）「東京ガールズコレクションが北京で開催　鳩山前首相も登場」2011年5月9日
　　http://japanese.china.org.cn/life/txt/2011-05/09/content_22526258.htm（2023年2月25日アクセス）

東洋経済（2020）「アパレル苦境下で200%伸びたブランドの正体」2020年6月23日
　　https://toyokeizai.net/articles/-/357339（2022年10月18日アクセス）

東洋経済（2021）「アパレル初！　謎の1兆円未上場企業「SHEIN」の正体: 中国発！　Z世代を引き付ける「理由」と「課題」は」2021年9月7日
　　https://toyokeizai.net/articles/-/452310（2023年12月17日アクセス）

日本経済新聞電子版（2011a）「アジアBiz・東京ガールズコレクション，北京開催　観衆3000人超す」2011年5月9日
　　https://www.nikkei.com/article/DGXNASDW09004_Z00C11A5000000/（2023年2月25日アクセス）

日本経済新聞電子版（2011b）「日本発「カワイイ」アプリ，アジアを席巻」2011年10月17日
　　https://www.nikkei.com/article/DGXNASGF17003_X11C11A0EB2000/（2023年2月25日アクセス）

日本経済新聞電子版（2013）「アジアを魅了「カワイイ」文化　吉本興業の“伝道師”」2013年5月28日
　　https://nikkei.com/article/DGXBZO55508270X20C13A5000000/（2023年2月25日アクセス）

日本経済新聞電子版（2022）「漫画アプリ首位LINE，迫るピッコマ　韓流「縦読み」席巻」2022年10月10
　　https://www.nikkei.com/article/DGXZQOUC30AJQ0Q2A930C2000000/（2023年3月5日アクセス）

文化通信（2012）「中国・上海で開催された大規模ファッションショー」2012年4月4日
　　https://bunkatsushin.com/varieties/article.aspx?bc=1&id=1628（2023年2月25日アクセス）


**（各ブランド情報）**

17kg：WWD（2019）「平均年齢23歳　インスタ発アパレル「17kg」塚原健司の挑戦」2019年6月7日　https://www.wwdjapan.com/articles/872421（2022年10月18日アクセス）
　　公式通販サイトhttps://17kg.shop/（2022年10月18日アクセス）

ab.f.z：http://m.abfz.co.kr/abfz/main.asp（2023年12月10日アクセス）；
　　https://www.instagram.com/abfz_official_/?hl=ja（2023年12月10日アクセス）；
　　http://www.chinasspp.com/brand/13911/（2023年12月10日アクセス）

Ameri VINTAGE：HR NEWS TOPICS（2021）「企業の源泉に根差す新しい「女性活躍施策」「サステナブル」が産み出す急成長と本当の豊かさ B STONE株式会社」2021年7月10日　http://sr-shinjukushibu.jp/bstone_sdgs20210305123456789/（2022年10月18日アクセス）
　　Original Lab（2020）「最初はなんでも自分たちでやっていました」第1回目ゲスト・Ameri VINTAGE黒石奈央子さん」https://studio.fabric-tokyo.com/original-lab/posts/20201001-report（2022年10月18日アクセス）
　　公式通販サイトhttps://amerivintage.co.jp/?utm_source=google&utm_medium=cpc&utm_campaign=brand&utm_content=responsive&gclid=CjwKCAiAjPyfBhBMEiwAB2CCIq9r2s9R4Kh_GR5FWRYXi6R8Q4f-h7_xqYisfsBkriWBY80L_v3BEhoCrZ0QAvD_BwE（2022年10月18日アクセス）

ánuans：PR TIMES（2021）「"anuans" EC初日売上9,200万円　国内売上レコードを達成　DOTONE
　　　が展開するD2Cブランドが日本記録TOP3を独占」
　　　https://prtimes.jp/main/html/rd/p/000000006.000064732.html（2022年10月18日アク
　　　セス）
　　　公式通販サイト　https://anuans.com/shop/default.aspx?gclid=CjwKCAiAjPyfBhBMEi
　　　wAB2CCIlorESFPwxYXk_AOhIimZ3NQhm8TPArn53sJnqscu9lSMDZEh14EpRoChjsQ
　　　AvD_BwE（2022年10月18日アクセス）
apres jour：ADASTRIAブランド紹介https://www.adastria.co.jp/brands/apresjour/
　　　（2022年10月18日アクセス）
　　　ZOZOTOWN公式apres jour通販　https://zozo.jp/shop/apresjour/?utm_source=google&
　　　utm_medium=cpc&utm_campaign=lis_010_General&utm_content=010_001_test2207
　　　25&gclid=CjwKCAiAjPyfBhBMEiwAB2CCItjBWWRlSaf19tct8KGhEtQucmxzCBUliK
　　　bm8HEdbaWUnMh9qKE21BoCihcQAvD_BwE（2022年10月18日アクセス）
ASICS：https://www.asics.com/jp/ja-jp/（2023年12月10日アクセス）；
　　　https://www.instagram.com/asics/（2023年12月10日アクセス）；
　　　https://corp.asics.com/jp/investor_relations/individual_investor/asics-history（2023年
　　　12月10日アクセス）
BAPE：HP https://jp.bape.com/（2023年12月10日アクセス）；
　　　https://bape.com/pages/store-list/isetan-mens（2022年11月4日アクセス）；https://
　　　jp.bape.com/pages/profile（2023年12月10日アクセス）；
　　　https://www.instagram.com/bape_japan/（2022年6月8日アクセス）；
　　　https://www.facebook.com/search/top?q=a%20bathing%20ape%C2%AE%20official
　　　（2022年6月8日アクセス）；
　　　https://twitter.com/BAPEOFFICIAL（2022年6月8日アクセス）；
　　　https://weibo.com/1910487803?refer_flag=1001030103_（2022年6月8日アクセス）
BASICHOUSE：https://www.tbhshop.co.kr/main/html.php?htmid=proc/basichouse.html
　　　（2023年12月10日アクセス）
　　　https://www.instagram.com/basichouse_kr/（2023年12月10日アクセス）
　　　http://tbhglobal.co.kr/HTML/03_BASIC.php（2023年12月10日アクセス）
BEANPOLE：https://www.beanpole.com/index.bp（2023年12月10日アクセス）；
　　　https://www.instagram.com/beanpole_official/（2023年12月10日アクセス）；
　　　https://www.beanpole.com/heritage/history.bp（2023年12月10日アクセス）
CAWAII：CAWAIIオーナー久本和明氏インタビュー聴取（2021年3月26日）
　　　公式通販サイト　https://www.rakuten.ne.jp/gold/onepi-c/?gclid=CjwKCAiAjPyfBhBM
　　　EiwAB2CCImBNV4e5vMA92HNhhY3-unsN2DHuDvnXAz1l5mKbI_nVoqm-
　　　TVBG8BoCxhYQAvD_BwE（2022年10月18日アクセス）
CLANE：WWD（2019）「松本恵奈の「クラネ」が好調　3年後に直営7店，売上高30億円目指す」
　　　2019年9月19日
　　　https://www.wwdjapan.com/articles/938241（2022年10月18日アクセス）
　　　FASHION PRESS「クラネ松本恵奈にインタビュー：販売員からデザイナーへ，洋服に込める
　　　等身大の自分
　　　https://www.fashion-press.net/news/24710（2022年10月18日アクセス）
　　　公式通販サイト　https://clane-design.com/（2022年10月18日アクセス）
COHINA：日経クロストレンド（2022）「1200日連続インスタライブ　COHINAが3年で月商1億
　　　円越えの原動力」2022年10月7日；NEWS PICKS「田中絢子　COHINA代表」
　　　https://newspicks.com/user/939102/#:~:text=%E6%97%A9%E7%A8%B2%E7%94%B
　　　0%E5%A4%A7%E5%AD%A6%E6%94%BF%E6%B2%BB%E7%B5%8C%E6%B8%88%E5
　　　%AD%A6%E9%83%A8,%E7%8F%BE%E5%9C%A8%E3%83%87%E3%82%A3%E3%83

%AC%E3%82%AF%E3%82%BF%E3%83%BC%E3%82%92%E5%8B%99%E3%82%81%
E3%82%8B%E3%80%82（2022年10月18日アクセス）；

日本青年国際交流機構（2019）「OB/OG紹介　XS〜Sサイズ専門ブランドCOHINA（こひ
な）創業: 清水葵さん」

https://www.iyeo.or.jp/storymuseum/entrepreneurship/2019/06/10/5533/#:~:text=
%E5%9C%A8%E5%AD%A6%E4%B8%AD%E3%81%AB%E3%82%A2%E3%83%91%E3
%83%AC%E3%83%AB%E3%83%96%E3%83%A9%E3%83%B3%E3%83%89,%E3%82
%92%E7%AB%8B%E3%81%A1%E4%B8%8A%E3%81%92%E3%81%BE%E3%81%97%E3
%81%9F%E3%80%82（2022年10月18日アクセス）；

公式通販サイト　https://cohina.net/（2022年10月18日アクセス）

Comme des GARÇONS：https://www.comme-des-garcons.com/（2023年12月10日　アクセ
ス）；https://www.instagram.com/commedesgarcons/（2023年12月10日アクセス）；
https://www.farfetch.com/jp/style-guide/brands/rei-kawakubo-and-comme-des-
garcons-history/（2023年12月10日アクセス）

CREDONA：WWD（2020）「D2Cの新ブランド「クレドナ」，初日で4,000万円を売り上げる」
2020年9月3日

https://www.wwdjapan.com/articles/1115912（2022年10月18日アクセス）

公式通販サイト　https://credona.jp/shop/default.aspx（2022年10月18日アクセス）

eimy istoire：WWD（2021）「「エイミーイストワール」が先行受注で1日1.6億円を売り上げ」
2021年9月29日

https://www.wwdjapan.com/articles/1266472（2022年10月18日アクセス）

PR TIMES（2016）「インスタグラマーMANAMIによるディレクションのブランド「eimy
istoire」始動！先行受注会で約2,000万円を獲得！」2016年7月13日

https://prtimes.jp/main/html/rd/p/000000043.000011770.html（2022年10月18日ア
クセス）；

Instagram「official_manami」https://www.instagram.com/p/BAcQBiQLPjm/（2022
年10月18日アクセス）

公式通販サイト　https://eimyistoire.com/shop/default.aspx?gclid=CjwKCAiAjPyfBhB
MEiwAB2CCIoBap17qdZYwi2ghuFDTvqVZRijoayg6vOr-zoafmIeJBq
ZFD9OAeRoCtQAQAvD_BwE（2022年10月18日アクセス）

E.LAND：http://www.eland.co.kr/（2023年12月10日アクセス）；
http://www.eland.co.kr/about/history（2023年12月10日アクセス）

ELENORE：株式会社GOOD VIBES ONLY（2020）「未来のD2Cを創る。元カリスマショップ店
員がブランドを立ち上げた理由」2020年6月25日

https://www.wantedly.com/companies/company_8043345/post_articles/250175
（2022年10月18日アクセス）:

公式通販サイト　https://elenoretokyo.shop/（2022年10月18日アクセス）

ETRE TOKYO：FASHION SNAP（2020）「TSIホールディングス，3ミニッツのライフスタイル
ブランド「エトレトウキョウ」を事業譲受」2020年7月2日

fashionsnap.com/article/2020-07-02/tsi-etretokyo/（2022年10月18日アクセス）；

ELLE girl（2018）「vol.5: これぞ現代版シンデレラストリー！　ジュンナさんのスタイルをつ
くる10のモノ・コト」2018年6月18日

https://www.elle.com/jp/fashion/trends/g474786/fpi-style10-fashionista-junna18-
0618/?slide=1（2022年10月18日アクセス）

公式通販サイト　https://etretokyo.jp/shop/pages/snap_index.aspx?utm_source=google
&utm_medium=cpc&utm_campaign=etretokyo&gclid=CjwKCAiAjPyfBhBMEiwAB2C
CIjqxYCG_s8YRReTsYuPHC1BlpVld2THPTxe4w5toRd76BBo17SlgyRoCn54QAvD_
BwE（2022年10月18日アクセス）

EVISU：https://www.evisu.com/ja_jp/（2023年12月10日アクセス）；
　　　https://www.instagram.com/evisu.official/（2023年12月10日アクセス）；
　　　https://www.evisu.com/ja_jp/history/（2023年12月10日アクセス）；

EXR：https://www.zcool.com.cn/work/ZNDcwMjY0MjQ=.html?（2023年12月10日アクセス）；
　　　http://www.chinasspp.com/brand/10920/（2023年12月10日アクセス）

FABRIC TOKYO：ひろしまスターターズ「あの！起業家に聞く　株式会社FABRIC TOKYO代表
　　　取締役社長森雄一郎さん」https://hiroshima-starters.com/life/special_fabric_tokyo.html
　　　#:~:text=%E4%B8%8D%E5%8B%95%E7%94%A3%E3%83%99%E3%83%B3%E3%83
　　　81%E3%83%A3%E3%83%BC%E3%80%8C%E3%82%BD%E3%83%BC%E3%82%B7%E
　　　3%83%A3%E3%83%AB%E3%82%A2%E3%83%91%E3%83%BC%E3%83%88%E3%83
　　　A1%E3%83%B3%E3%83%88%E3%80%8D%E3%80%81,%E3%82%A6%E3%82%A7%E3
　　　%82%A2%E3%83%96%E3%83%A9%E3%83%B3%E3%83%89%E3%82%92%E3%82%B
　　　9%E3%82%BF%E3%83%BC%E3%83%88%E3%81%97%E3%81%9F%E3%80%82（2022
　　　年10月18日アクセス）
　　　公式通販サイト　https://fabric-tokyo.com/（2022年10月18日アクセス）

FILA：https://www.fila.co.kr/main/main.asp（2023年12月10日アクセス）；
　　　https://www.filaholdings.com/kr/brand/index.asp（2023年12月10日アクセス）

foufou：東洋経済（2020）「アパレル苦境下で200%伸びたブランドの正体」2020年6月23日
　　　https://toyokeizai.net/articles/-/357339（2022年10月18日アクセス）；
　　　公式通販サイト　https://the-museum-foufou.com/（2022年10月18日アクセス）

Gentle monster：https://www.gentlemonster.com/kr/（2023年12月10日アクセス）；
　　　https://www.instagram.com/gentlemonster/（2023年12月10日アクセス）；
　　　https://www.ssense.com/en-us/men/designers/gentle-monster（2023年12月10日アク
　　　セス）

GRL：Word Press「ECサイト「GRL」を運営する会社のあゆみ」http://snasgg.com/15.html
　　　（2022年10月18日アクセス）
　　　公式通販サイト　https://www.grail.bz/（2022年10月18日アクセス）

GUCCI：HP「ZEPETO×GUCCI：グッチは，自分好みのアバターを作成し架空の世界を作り上げ
　　　ることができりソーシャルアプリ，ZEPETOとコラボレーションします」
　　　https://www.gucci.com/jp/ja/st/stories/inspirations-and-codes/article/zepeto-x-gucci
　　　（2023年2月18日アクセス）

Her lip to：FASHION SNAP（2018）「小嶋陽菜がブランドを立ち上げ，オンラインストアがオー
　　　プン」2018年6月20日
　　　https://www.fashionsnap.com/article/2018-06-20/haruna-kojima-herlipto/（2022年
　　　10月18日アクセス）
　　　公式通販サイト　https://herlipto.jp/（2022年10月18日アクセス）

ISSEY MIYAKE：HP store list　https://www.isseymiyake.com/ja/stores/
　　　（2022年11月4日アクセス）；
　　　https://www.isseymiyake.com/pages/isseymiyake#section0（2023年12月10日アクセス）
　　　https://www.instagram.com/isseymiyakeofficial/（2023年12月10日アクセス）
　　　https://www.isseymiyake.com/blogs/corporate/missionstatement（2023年12月10日ア
　　　クセス）

I.T HP（2010）「I.T联袂A Bathing Ape开辟中国内地首间BAPE STORE：BAPE STORE®
　　　SHANGHAI 11月13日于上海新天地注目登场」2010年11月12日
　　　https://site.douban.com/ithk/widget/notes/1429928/note/100304913/（2022年6月
　　　8日アクセス）；
　　　（2013a）「A BATHING APE® x SCC超跑俱乐部绿色猿人迷彩McLaren MP4-12C与
　　　Ferrari F458掀起赛车热潮！！」2013年9月30日

　　　https://site.douban.com/ithk/widget/notes/1429928/note/307058720/（2022年6月8日アクセス）；

　　　（2013b）「A BATHING APE®×SCC超跑倶乐部绿色猿人迷彩McLaren MP4-12C与Ferrari F458迎战极速赛车节」2013年10月22日

　　　https://site.douban.com/ithk/widget/notes/1429928/note/311885008/（2022年6月8日アクセス）

JENNE：WWD（2021）「知名度ゼロから二年で売上高10億円　金沢発D2C「ジェンヌ」が表参道の一等地に出店」2021年8月18日

　　　https://www.wwdjapan.com/articles/1246129（2022年10月18日アクセス）；

　　　公式通販サイト　https://www.parisjenne.jp/?gclid=CjwKCAiAjPyfBhBMEiwAB2CCIi0fndbaiObbv1qJgONkB52oPGIokNhfAgDN12I47U9NJuHsug_2XhoC3CEQAvD_BwE（2022年10月18日アクセス）

LEANN MOMENT：PR TIMES（2020）「国内初“第二弾”CG技術を活用した最先端D2Cファッションブランド「LEANN MOMENT」をローンチ！　販売開始2分で限定300着のCGアイテムが完売」2020年6月15日https://prtimes.jp/main/html/rd/p/000000007.000040500.html（2022年10月18日アクセス）；modelpress（2020）「ショップ店員時代から注目の的　低身長コーデ＆美容YouTubeで話題のファッションディレクター谷川菜奈とは」https://mdpr.jp/interview/detail/2111897（2022年10月18日アクセス）

　　　公式通販サイト　https://leannmoment.shop/（2022年10月18日アクセス）

LIBJOIE：PR TIMES（2019）「初動売上1500万！　次世代インフルエンサーYUKIプロデュースの“LIBJOIE”がブランドとして二回目の展示会LIBJOIE SUMMER COLLECTIONを二日間限定で開催」2019年7月2日

　　　https://prtimes.jp/main/html/rd/p/000000002.000040500.html（2022年10月18日アクセス）

　　　公式通販サイト　https://libjoie.com/?utm_source=google&utm_medium=cpc&utm_campaign=shimei&gclid=CjwKCAiAjPyfBhBMEiwAB2CCIqjmxNUUuxEp1D4OnmOFAT2nQhZRENdJHUOamPwHxXFRT87QGr31choCjfMQAvD_BwE（2022年10月18日アクセス）

LOHEN：繊研新聞（2022）「DtoCブランド「ローヘン」が好調　上質なスタイル好む大人女性に支持」2022年10月21日

　　　https://senken.co.jp/posts/lohen-221021（2022年10月18日アクセス）；

　　　公式通販サイト　https://www.lohen-official.com/（2022年10月18日アクセス）

MACHATT：MACHATTオーナー正中雅子氏よりインタビュー聴取（2021年3月26日）；

　　　公式通販サイト　https://machatt.jp/（2022年10月18日アクセス）

Master Mind Japan：HP https://mastermindtokyo.com/pages/world（2022年11月4日アクセス）

MCM：https://kr.mcmworldwide.com/ko_KR/home（2023年12月10日アクセス）；

　　　https://forbesjapan.com/articles/detail/20438/page2（2023年12月10日アクセス）

MECRE：FASHION SNAP（2021）「TSIグループ，インフルエンサーMAIが手掛ける新D2C「メクル」を公開　3年後に年商5億円規模のブランドに」2021年7月29日

　　　https://www.fashionsnap.com/article/2021-07-29/mecre/（2022年10月18日アクセス）

　　　公式通販サイト　https://mecre.jp/shopdefault.aspx（2022年10月18日アクセス）

Mindbridge：https://www.tbhshop.co.kr/goods/goods_list.php?cateCd=004002（2023年12月10日アクセス）

　　　https://www.instagram.com/mindbridge_kr/（2023年12月10日アクセス）

　　　http://tbhglobal.co.kr/HTML/01_HISTORY.php（2023年12月10日アクセス）

MIZUNO：

268

    https://jpn.mizuno.com/?utm_source=google&utm_medium=cpc&utm_campaign=adec0000_tc-syamei&utm_content=230401&gad_source=1&gclid=CjwKCAiAvoqsBhB9EiwA9XTWGUyUNbm2xyHdcU9f4YLfc02DedZpXv4LjwH9i3J2kCO3c0Gj-xK_aBoClAIQAvD_BwE（2023年12月10日アクセス）；
    https://www.instagram.com/mizuno_official_shop/（2023年12月10日アクセス）；
    https://corp.mizuno.com/jp/about/history#:~:text=MIZUNO%E3%81%AE%E6%AD%B4%E5%8F%B2%E3%81%AF%E3%81%BE%E3%81%95%E3%81%97%E3%81%8F,%E5%85%84%E5%BC%9F%E5%95%86%E4%BC%9A%E3%80%8F%E3%81%A8%E3%81%97%E3%81%A6%E5%89%B5%E6%A5%AD%E3%81%97%E3%81%9F%E3%80%82（2023年12月10日アクセス）

MOUSSY：HP store list http://www.moussy.ne.jp/store.html（2022年11月4日アクセス）

NAGIE：WWD（2021）「コロナ禍で加速するSC革命　三菱商事ファッションのサステナブルなD2Cプロジェクトとは？」2021年3月2日
    https://www.wwdjapan.com/articles/1183217（2022年10月18日アクセス）；
    公式通販サイト　https://nagi-e.com/（2022年10月18日アクセス）

NEIGHBORHOOD：HP https://www.neighborhood.jp/pages/dealer（2022年11月4日アクセス）

N.O.R.C：日刊工業新聞（2018）「現代女性のリアルクローズを追求した究極のネオベーシックアイテムが充実の「N.O.R.C」デビュー」2018年12月18日
    https://www.nikkan.co.jp/releases/view/88115（2022年10月18日アクセス）；
    PR TIMES（2020）「「N.O.R.C」「N.O.R.C by the line」が東京・大阪と初の名古屋・札幌にてPOP UP STOREを開催」2020年10月21日（2022年10月18日アクセス）

OBLI：VERY 2021年8月号，光文社）
    公式通販サイト　https://www.obli.tokyo/（2022年10月18日アクセス）

ON&ON：https://www.lounge-b.com/product/list.html?cate_no=42（2023年12月10日アクセス）
    https://www.instagram.com/style_onandon/（2023年12月10日アクセス）
    https://blog.jandi.com/ko/2022/05/26/customercase-beaucremerchandising/（2023年12月10日アクセス）

RANDEBOO：ELLE girl（2019）「経験ゼロでブランドを立ち上げ，3年で人気ショップに成長！「RANDEBOO」ディレクター，SEIKAさんの起業経緯」2019年6月17日
    https://www.ellegirl.jp/career/g85576/l-feat-girlswill-seika-19-0617/?slide=2（2022年10月18日アクセス）；
    公式通販サイト　https://randeboo.shop/（2022年10月18日アクセス）

re:mine：FASHION SNAP（2020）作り直さないリメイク　イトキンが立ち上げたD2Cブランド「リマイン」とは」2020年10月22日
    https://www.fashionsnap.com/article/2020-10-22/remine/（2022年10月18日アクセス）
    公式通販サイト　https://www.itokin.net/brand/remine?utm_source=google&utm_medium=cpc&utm_campaign=AW_ITOKIN_00_Brand_re:mine&utm_content=long&argument=v5qfV5u4&dmai=a62bc284bce0e4&gclid=CjwKCAiAjPyfBhBMEiwAB2CCIr7FtMLogkRNXQovGayUOdXC_23DOJ-q3pZabDtyESLFMSL3Ax9StBoCl_sQAvD_BwE#women（2022年10月18日アクセス）

ReZARD：YouTube（2021）「年商25億　アパレルReZARDが1周年を迎えたので皆さんに感謝を込めて」2021年2月20日
    https://www.youtube.com/watch?v=yM88u44mOcY
    （2022年10月18日アクセス）；
    公式通販サイト　https://rezard.jp/（2022年10月18日アクセス）

ROEM：https://roem.com/（2023年12月10日アクセス）

　　　https://www.instagram.com/roem_official/?hl=ja（2023年12月10日アクセス）；
　　　https://roem.com/company.html（2022年10月10日アクセス）
SJSJ：https://m.thehandsome.com/ko/DP/brandMain/BR04（2023年12月10日ア ク セ ス ）；
　　　https://www.instagram.com/sjsjofficial/?hl=ja（2023年12月10日アクセス）；
　　　https://m.thehandsome.com/ko/DP/brandAbout/BR04（2023年12月10日アクセス）
SJYP：https://m.hfashionmall.com/display/brand?brndCtgryNo=BDMA21A02（2023年12月
　　　10日アクセス）
　　　https://www.instagram.com/sjyp.kr/?hl=ja（2023年12月10日アクセス）
　　　https://www.dfointernational.com/brands/sjyp/（2023年12月10日アクセス）
SNIDEL：HP store list https://snidel.com/Page/shoplist.aspx#china（2022年11月4日アクセ
　　　ス）
　　　https://snidel.com/（2023年12月10日アクセス）
　　　https://www.instagram.com/snidel_official/（2023年12月10日アクセス）
　　　https://snidel.com/Page/feature/sustainability/（2023年12月10日アクセス）
SPAO：https://spao.com/（2022年10月10日アクセス）；
　　　https://www.instagram.com/spao_kr/?hl=ja（2023年12月10日アクセス）；
　　　http://www.fukudb.jp/node/26380（2023年12月10日アクセス）
STELLA VIANA：WWD（2018）「初回で1,100万円を受注　テラハの人気モデル又来綾がD2Cブ
　　　ランドを立ち上げた理由」2018年12月21日
　　　https://www.wwdjapan.com/articles/760837（2022年10月18日アクセス）
Studio Tomboy：https://www.studiotomboy.com/en/main（2023年12月10日アクセス）；
　　　https://www.instagram.com/studiotomboy/（2023年12月10日アクセス）；
　　　https://www.studiotomboy.com/en/about（2023年12月10日アクセス）。
TREFLE+1：TREFLE+1オーナー長尾崇仁氏よりインタビュー聴取（2022年4月24日）
　　　公式通販サイト　https://www.trefle-plus1.com/（2022年10月18日アクセス）
Uncrave：FASHION NETWORK（2022）「セットアップに強み，オンワード樫山のECブランド
　　　「アンクライヴ」が好調維持」2022年12月5日
　　　https://jp.fashionnetwork.com/news/%E3%82%BB%E3%83%83%E3%83%88%E3%82
　　　%A2%E3%83%83%E3%83%97%E3%81%AB%E5%BC%B7%E3%81%BF-%E3%82%AA%
　　　E3%83%B3%E3%83%AF%E3%83%BC%E3%83%89%E6%A8%AB%E5%B1%B1%E3%81
　　　%AEec%E3%83%96%E3%83%A9%E3%83%B3%E3%83%89-%E3%82%A2%E3%83%B3
　　　%E3%82%AF%E3%83%AC%E3%82%A4%E3%83%B4-%E3%81%8C%E5%A5%BD%E8
　　　%AA%BF%E7%B6%AD%E6%8C%81,1464940.html#fashionweek-paris-chloe（2022年
　　　10月18日アクセス）
　　　HAPPY PLUS「エディター・東原妙子さんが作る人気ブランド「uncrave」に上質WHITEライ
　　　イン登場！」
　　　https://voice.hpplus.jp/fscts5167/（2022年10月18日アクセス）；
　　　公式通販サイト　https://crosset.onward.co.jp/items?bc=095&cid=ls_gg_sm_1342619_
　　　lsgg1342619&gclid=CjwKCAiAjPyfBhBMEiwAB2CCIiQDumL0rD6ZAZC8HPRIHDR0
　　　BwfCARfRBYhJmQh28-_-JvY3DIcHexoCyYkQAvD_BwE（2022年10月18日アクセス）
UNDERCOVER：HP store list　https://undercoverism.com/sp/stores/?s=ASIA&name=
　　　（2022年11月4日アクセス）
UNIQLO：https://www.uniqlo.com/jp/ja/（2023年12月10日アクセス）；
　　　https://www.instagram.com/uniqlo/（2023年12月10日アクセス）；
　　　https://www.uniqlo.com/jp/ja/contents/sustainability/sdgs/index.html（2023年12月
　　　10日アクセス）
Y3：https://y-3.com/（2023年12月10日アクセス）
　　　https://www.instagram.com/adidasy3/（2023年12月10日アクセス）

https://y-3.com/about.html（2023年12月10日アクセス）
Yohji Yamamoto：https://www.yohjiyamamoto.co.jp/（2023年12月10日アクセス）；
　　　https://www.instagram.com/yohjiyamamotoofficial/（2023年12月10日アクセス）；
　　　https://www.gsc-rinkan.com/column/yohji-yamamoto/yohji-yamamoto-history/
　　　（2023年12月10日アクセス）
YOUTHLOSER：YouTube（2019）「KEI（Youth Loser）1997-YOUNG GENERATION」
　　　https://www.youtube.com/watch?v=cJgh4KIn9Tw（2022年10月18日アクセス）；
　　　公式通販サイト　https://youthloser.com/（2022年10月18日アクセス）
オニツカ　タイガー：
　　　https://www.onitsukatiger.com/jp/ja-jp/?utm_source=google&utm_
　　　medium=cpc&utm_campaign=gs_simei&gad_source=1&gclid=CjwKCAiAvoqsBhB9Ei
　　　wA9XTWGa_7M6oEc_pGEXz7SB2NcDmjDVMF0xMEPQVEdRiBDBhYVfewiqLXyBo
　　　Ckf0QAvD_BwE（2023年12月10日アクセス）；
　　　https://www.instagram.com/onitsukatigerofficial/（2023年12月10日アクセス）；
　　　https://corp.asics.com/jp/p/history（2023年12月10日アクセス）
ファーストリテイリング：アニュアルレポート 2012
　　　chrome-extension://efaidnbmnnnibpcajpcglclefindmkaj/https://www.fastretailing.
　　　com/jp/ir/library/pdf/ar2012.pdf（2022年11月4日アクセス）；
　　　アニュアルレポート2014
　　　chrome-extension://efaidnbmnnnibpcajpcglclefindmkaj/https://www.fastretailing.
　　　com/jp/ir/library/pdf/ar2014.pdf（2022年11月4日アクセス）；
　　　アニュアルレポート2016
　　　chrome-extension://efaidnbmnnnibpcajpcglclefindmkaj/https://www.fastretailing.
　　　com/jp/ir/library/pdf/ar2016.pdf（2022年11月4日アクセス）；
　　　アニュアルレポート2018
　　　chrome-extension://efaidnbmnnnibpcajpcglclefindmkaj/https://www.fastretailing.
　　　com/jp/ir/library/pdf/ar2018.pdf（2022年11月4日アクセス）；
　　　アニュアルレポート2019
　　　https://www.fastretailing.com/jp/ir/library/pdf/ar2019.pdf（2022年11月4日アクセス）；
　　　アニュアルレポート2020
　　　chrome-extension://efaidnbmnnnibpcajpcglclefindmkaj/https://www.fastretailing.
　　　com/jp/ir/library/pdf/ar2020.pdf（2022年11月4日アクセス）；
　　　アニュアルレポート2021
　　　chrome-extension://efaidnbmnnnibpcajpcglclefindmkaj/https://www.fastretailing.
　　　com/jp/ir/library/pdf/ar2021.pdf（2022年11月4日アクセス）
無印良品：https://www.muji.com/jp/ja/store（2023年12月10日アクセス）；
　　　https://www.instagram.com/muji_global/（2023年12月10日アクセス）；
　　　https://www.muji.com/jp/about/?area=footer（2023年12月10日アクセス）
良品計画：DATEBOOK 2013-2014
　　　chrome-extension://efaidnbmnnnibpcajpcglclefindmkaj/https://ssl4.eir-parts.net/
　　　doc/7453/ir_material_for_fiscal_ym/36842/00.pdf（2023年2月20日アクセス）；
　　　DATEBOOK 2016-2017
　　　chrome-extension://efaidnbmnnnibpcajpcglclefindmkaj/https://ssl4.eir-parts.net/
　　　doc/7453/ir_material_for_fiscal_ym/36854/00.pdf（2023年2月20日アクセス）；
　　　DATEBOOK 2019-2020
　　　chrome-extension://efaidnbmnnnibpcajpcglclefindmkaj/https://ssl4.eir-parts.net/
　　　doc/7453/ir_material_for_fiscal_ym/79546/00.pdf（2023年2月20日アクセス）；
　　　DATEBOOK 2021-2022

chrome-extension://efaidnbmnnnibpcajpcglclefindmkaj/https://ssl4.eir-parts.net/doc/7453/ir_material_for_fiscal_ym/124965/00.pdf（2023年 2 月20日アクセス）

# 索　引

**【著者紹介】**

江上美幸（えがみ　みゆき）

日本経済大学　経営学部　芸創プロデュース学科
ファッションビジネスコース　コース主任　准教授
法政大学大学院政策創造研究科博士後期課程修了
博士（政策学）
アパレル各社をクライアントとする繊維関係の企業・商社でのデザイン企画職責任者を経て，
デザインコンサルタントとして独立。2024年より現職。
専門は，マーケティング論，ブランド論，クリエイティブ産業論，ファッションビジネス論
主著：「中国における日本ファッションの人気の系譜と受容性に関する考察」『ファッション
　　　ビジネス学会』（第25号, pp.1-14, 2020年）。
　　　「カスタマージャーニーを用いた「裏原宿」におけるインバウンド旅行者への誘因性に
　　　関する考察: 中国人来街者を事例として」『マーケティングジャーナル』（第41巻第4号,
　　　pp.80-92, 2022年）。
　　　「中国における日本ファッションブランドの受容性: 日韓ファッションブランドへのイ
　　　メージと認知に対する比較」『文化経済学会』（第19巻第1号, pp.20-33, 2022年）。
　　　「Ｄ２Ｃアパレルブランドの類型及び特性に関する考察」『ファッションビジネス学会
　　　GAKKAI PRESS』（第1号研究報告3, 2022年）。
　　　「日本ファッションブランドにおける価値創造に関する研究」（法政大学博士学位論文,
　　　2024年）。

## 日本ファッションブランドの価値創造

2025年2月20日　第1版第1刷発行

著　者　江　上　美　幸

発行者　山　本　　　継

発行所　㈱中　央　経　済　社

発売元　㈱中央経済グループ
　　　　パ ブ リ ッ シ ン グ

〒101-0051　東京都千代田区神田神保町1-35
電話　03 (3293) 3371(編集代表)
　　　03 (3293) 3381(営業代表)
https://www.chuokeizai.co.jp
印刷／三英グラフィック・アーツ㈱
製本／誠　製　本　　㈱

© 2025
Printed in Japan